JN234054

（WGBH）
# ボストン公共放送局と市民教育
## マサチューセッツ州産業エリートと大学の連携

Boston Public Broadcasting Station(WGBH) and its Mission in Education for Citizens
In Cooperation with the Industrial Elite of Massachusetts and Universities and Colleges

赤堀 正宜

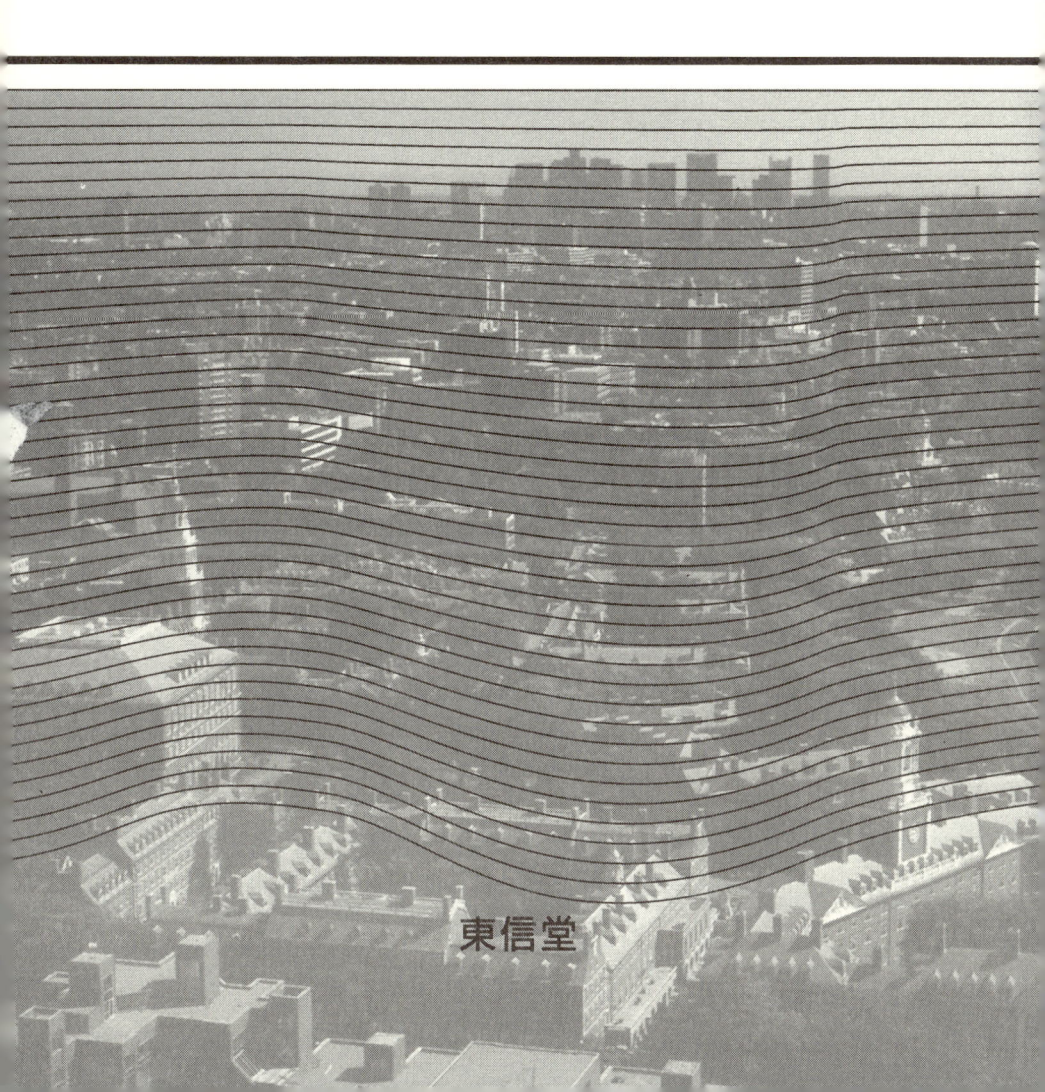

東信堂

# 序

## はじめに

　1997年にNHK衛星第一放送で放送され、1998年に再放送された「市民の20世紀（The People's Century）」は、20世紀の人類の歴史を映像で綴ったドキュメンタリー番組で、1時間番組を13本で構成した大作であった。この番組はボストンに本拠をおくボストン公共放送局（コールレター：WGBH）が同局のテレビジョン開局40周年を記念してイギリス放送協会（BBC）と共同して制作したものである。歴史的に貴重な多くの映像を駆使して、希望に満ちて船出した20世紀が資本主義の崩壊、世界を巻き込む戦争の時代、そして冷戦、ベトナム戦争、中東戦争、東西融合の時代、未来を展望する情報化の時代へと変化してきた過程を丹念に記録した番組であり、日本でも多くの感動を呼んだ。

　これに引き続いて1999年1月から3月に放送された「発見の20世紀」は医学、地球科学、人間学、宇宙学、先端技術をテーマとし、人類の技術への挑戦をあつかった10本シリーズのドキュメンタリー番組であった。

　これらの番組を制作したボストン公共放送局は職員が700人、マサチューセッツ州内に2つの支局を持つアメリカにおける公共放送局としてはごく普通の規模の放送局である。1950年に創設され最初はFM放送から出発して、その後1955年にテレビの放送を開始した。

　ボストンは17世紀にイングランドからの移民が入植してから、産業社会と

して発展し北米における一大工業地帯を形成し，その後産業、文化の中心地として繁栄してきた。教育においてもアメリカにおける最初の義務教育制度を確立し、師範学校を創設して教員養成に乗り出した歴史を持っている。

産業界の指導者は古くから民衆の教育に強い関心を示し、大学や文化機関と協力して公共放送局を設立して、民衆教育のメディアとして利用してきた。ボストン公共放送局もこれに応えて多くの優れた番組を制作し、それらはマサチューセッツ州やニューイングランド地方だけでなく全米へそして海外へ放送されるようになった。

さらに学校の教室で利用される学校放送番組の制作でもアメリカにおいて指導的役割を果たし、1974年に制作が開始され現在でも放送され続けている科学番組「ノバ（NOVA）」は、中学校、高等学校で最も優れた番組として教師に高く評価されている[1]。

アメリカにおいては1967年に非営利の教育放送局を経済的に安定させる目的で公共放送法（the Public Broadcasting Act 1967）がL．ジョンソン大統領（Lyndon B. Johnson）のもとで成立したが、この法に従って現在公共放送局と呼ばれている非商業放送局は元来教育放送を主目的に設立され運営され、その伝統は今日でも引き継がれている。

アメリカにおける公共放送局は属領を除く合衆国本土およびハワイに1999年現在369局あるが、設立母体や放送免許所有組織の違いから通常次のように4つに分類される。①地域社会局：地域社会によって設立された放送局、②大学局：大学によって設立された放送局、③学校区局：学校区によって設立された放送局、④地方行政府局：州や郡の行政組織によって設立された放送局である。ボストン公共放送局は地域社会局として分類され、ボストン市民や企業家、大学、文化機関、篤志基金などの支援によって運営されている。

本書は、アメリカにおける公共放送局の中で古い伝統を持ち、全米の公共放送局の指導的役割を果たしているボストン公共放送局の成立過程とその役割を、産業社会の発展の中で明らかにし、民衆教育における公共放送の持つ社会的使命を追求するものである。

## 研究の契機

　筆者の大学院在学時代に所属していた教育社会学ゼミにおいては、社会階層と教育との関係について多角的に分析が行われていた。1950年代すでに「階層移動と教育」、「社会階層による教育機会の不均衡」などが教育社会学の主要テーマとして研究の対象となっていたのである。私の所属していた馬場四郎研究室では、アメリカにおけるコミュニティの階層研究で注目を浴びていたロイド・ウォーナー（W.Lloyd Warner）の多くの著書のうち「ヤンキーシティ・シリーズ」の第一巻『現代地域社会における社会生活』[2]を講読し、引き続いて『誰が教育を支配するか』[3]、『深南部』[4]にも手をのばし社会階層と教育の関係を追求していた。

　エール大学出版部から出版された「ヤンキーシティ・シリーズ」は4巻からなる大作である。その第一巻『現代地域社会における社会生活』は、W.ウォーナーとP.ラント（Paul S.Lunt）の編集によるもので、ニューイングランドで階層構造が固定しているある小都市を「ヤンキーシティ」と称して取り上げ、住民を6つの階層に区分して、それぞれの階層集団の生活文化の違いを調査してまとめたものである。階層区分は「上の上」、「上の下」、「中の上」、「中の下」、「下の上」、「下の下」となっていて、結婚、教会生活、居住区、通学校、学歴などにおいて各階層毎に明確な差があり、教育は一般に階層移動を促進する手段と考えられるが、ここでは階層差を流動化（Mobilizing）するより、むしろ固定化（Stablization）する機能を果たしていると結論づけた。

　対象とされた都市は人口が1万7000人、ある川の河口に開けた町でボストンに車と列車で1時間の距離の「ヤンキーシティ」となっているが、メリマック河口に位置するニューバリポートであることは明らかである。しかし私にとってヤンキーシティはボストンのイメージと重なって記憶に残っていた。ヤンキーシティやボストンは当時学生の身の私にとってはるか彼方の町で、将来訪問できるとは考えられなかったが、しかし何時の日にかこの目で

確かめたいと心の底に刻み込んだのである。

これに先立つこと4年、学部2年生の時に東京文理科大学教育学科の卒業論文発表会を傍聴して、感銘を受けた発表に出会った。テーマは「アメリカマサチューセッツ州における義務教育制度の成立」で、主題はホーレス・マン（Horace Mann）の教育思想とアメリカ民主主義の理念が民衆教育制度を立ち上げた原動力であることを追求した研究であった。高等学校を卒業してまだ日の浅かった私にとって、研究をどのような方法で行えばよいのか、テーマの選定はどうしたらよいのか、マサチューセッツとはどのような土地か、ホーレス・マンはどのような人物なのか、義務教育制度とは、なぜ民衆教育が必要とされたのかなど理解できないことが多かったが、新鮮な刺激を受けたのもたしかであり、以後ボストン、マサチューセッツ州やホーレス・マンに興味を持ったのである。

この本書に直接取りかかる契機は、アメリカにおける教育放送制度の成立に興味を持ったことである。日本の教育放送は西本三十四氏らの努力によって1933年（昭和8年）大阪放送局でスタートし、その後放送開始10周年記念として1935年（昭和10年）全国放送となった。

イギリスにおいては1924年学校放送が開始された。イギリス放送会社（the British Broadcasting Company）が発足して2年後のことである。1927年国王の勅許によりイギリス放送協会が認可されると、学校放送中央委員会が設立され、この委員会の下で放送の計画と内容が決められるようになった。

日本、イギリスにおける教育放送の発祥は民衆の努力というより公的勢力や国の支援と統制によるところが大きい。しかし、アメリカの場合は違うのではないかという疑問にかられた。この疑問を解明するために、R．ブレイクリー（Robert J. Blakely）の『公共の利益への奉仕：アメリカの公共放送』[5]を通読した。この書物はアメリカにおける教育放送の初期の発達史を詳述しており、これを通してアメリカにおける教育放送の発展が大学、篤志財団や民衆の力に負うところが大きいことを知った。さらに、公共放送成立の初期の1950年代に設立されたボストン公共放送局が大ボストン地域の大学群と地域社会の指導者の努力の結晶であることをブレイクリーが述べている。

ボストンを中心とするマサチューセッツ州は、アメリカ独立後の産業と文化の発祥の地として知られている。思想的にはハーバード大学におけるプラグマティズムの形成、さらに産業の発展過程におけるボストンブラーミン (Boston Brahmin) と呼ばれる産業エリートの形成、そしてイギリスのイングランドに源を発した講演運動 (Lyceum Movement) の影響を受けてアメリカに広がった様々な形式の講演運動を基礎として、産業エリートによって市民教育のための講座が開かれ、その運動が発展してボストン地域に本拠を置く大学や文化機関の協力を得て、大学拡張講座となり、この大学拡張講座が教育放送局の創設によって市民社会の発展に貢献してきた事実が明らかになってきた。

本書をまとめるに当たり、ボストンを訪問することはもちろんのことボストン公共放送局および同局公文書館、ハーバード大学プシー公文書館、メリーランド大学米国公共放送公文書館、イリノイ大学（アーバナシャンペーン校）公文書館、フォード財団公文書館などを訪問して資料の収集を行った。各公文書館におけるご好意に対し感謝を捧げるものである。

## 本書の内容

本書では、第1章と第2章において18世紀から20世紀にかけてのマサチューセッツ州とボストンにおける産業社会の成立と産業エリート集団の形成、さらに彼らによる市民講座の開設と市民教育への貢献を明らかにする。また当時マサチューセッツ州に発生し、その後全米に広がった講演運動と市民講座の開設との関係をも追求する。そして第3章では、大ボストン地域の大学群が協力して市民のために大学教育への機会を広め、市民と協力して公共放送局を立ち上げていったが、それを支えた6大学について触れる。次に、第4章では市民講座が大学拡張講座へ発展した経緯を明らかにし、第5章と6章ではローウェル協会とハーバード大学の指導のもとに、大学拡張講座を受講する機会をより広く人々へ公開するために、大学や教育機関が協力して教育放送局を設立した経緯を述べる。第6章ではテレビジョンによる大学講

座の実施、学校向け教育番組の放送、そして市民講座の放送と、これらの番組に対する市民の反応を紹介する。教育放送の発展の初期に財政的援助を惜しまなかったフォード財団の思想と貢献については第7章で詳しく触れる。そして第8章では番組制作においても、教育放送局から公共放送へ発展しアメリカにおいて指導的役割を果たしてきたボストン公共放送局の活躍を詳述する。また、公共放送の発展には大学長の教育理念とその指導力に負うところが大きい。そこで、第9章では第二次世界大戦直後アメリカ教育使節団長として来日し、日本の教育改革を行ったことでよく知られているイリノイ大学長のG.ストッダード（George D. Stoddard）とその協力者であるコミュニケーション学部長のW.シュラム（Wilbur Schuramm）の活躍を中心に、イリノイ大学放送局の設立と地域社会教育における貢献について触れる。第10章では、公共放送の社会的使命について考え、まとめにかえる。

さて、マサチューセッツにおける産業の発達が、マックス・ウェーバー（Max Weber）が指摘したプロテスタンティズムの精神を基盤とし、合理性にもとづく新しい資本主義の経営形態としての協業体（Corporation）を採用したことに起因していることは明らかである。実はボストンにおける市民教育講座の形態と公共放送の形成にもこの方式が採用され、成功した。アメリカ社会の核を形成している組織が地域社会（Community）であるといわれる。ボストンにおける公共放送の発達も、地域社会の発達と無縁のものでないことはたしかである。本書ではこの点にも触れる。

さらに市民運動を支えた基盤にキリスト教に基礎を置く篤志思想がある。ニューイングランド社会を作り上げた人々は、理想に燃えてイギリスからはるばる海を渡って来た清教徒とその子孫であった。教育についても人々の基本的人権としての教育権を早くから認め、無償学校を作り人々の教育に努力を傾注した。アメリカで最初の義務教育制度を確立したのもマサチューセッツ州であった。こうした民衆教育思想が公共放送局の設立に影響を与えたこともまたたしかな事実である。本書では、公教育および公共放送の成立に及ぼした教育権の思想をも明らかにしていく。そして、フォード財団などの篤志財団の篤志行為によってアメリカの公共放送の基礎が築かれた事実を追求

する。

注
1) the Corporation for Public Broadcasting (1997), *Study of School Uses of Television and Video*, pp.60-62
2) W. Lloyd Warner & Paul S. Lunt (1955), *The Social Life of a Modern Community" Yankee City Series*, Vol.1, Yale University Press
3) W. Lloyd Warner, Robert J. Havighurst, Martin B. Loeb (1944), *Who shall be Educated?*, Harper & Brothers Publishers
4) W. Lloyd Warner directed, Allison Davis & Others (1947), *Deep South*, University of Chicago Press
5) Robert J. Blakely (1979), *To Serve the Public Interest: Educational Broadcasting in the United States*, Syracuse University Press

参考
「市民の20世紀」全13本　BBCとWGBH共同制作（NHK衛星第一、1997年、1998年に放送）
1．「変貌する国家　市民意識の高まり」
2．「変貌する国家　革命の赤い旗」
3．「変貌する国家　ベルサイユ体制」
4．「繁栄の光と影　トーキーの誕生」
5．「繁栄の光と影　大恐慌」
6．「引き裂かれた平和　第二次世界大戦」
7．「豊かさを求めて　ヨーロッパの復興」
8．「豊かさを求めて　医学の進歩」
9．「自由への代償　ゲリラ戦の勝利」
10．「自由への代償　苦悩の独立運動」
11．「新たなる解放　反抗する若者たち」
12．「新たなる解放　神々への反撃」
13．「21世紀への道　進むグローバル化」

「発見の20世紀」全10本　WGBH制作　1999年1月-3月放送（NHK衛星第一）
第一部　人間の生と死
　　1．「医療科学の貢献」
　　2．「臓器移植と癌への挑戦」
第二部　宇宙への挑戦
　　3．「ハレー彗星と大空の魅力」
　　4．「どこまで解明できたか」

第三部　地球と生命
　　5.「人類の起源」
　　6.「遺伝子と進化」
第四部　人間の探求
　　7.「遺伝と環境」
　　8.「精神分析と環境論」
第五部　技術革新
　　9.「時代の最先端」
　　10.「戦争がもたらしたもの」
　なおこれらの番組は、ボストン地域において大学の単位認定用の教材としても使用されている。
　また教育番組の世界的コンクールとして知られている日本賞教育番組国際コンクール（NHK主催）に、多くの作品を出品してきているが、2000年11月に開かれた第27回大会には、幼児向け英語番組"Touching the Moon"を参加させている。

ボストン公共放送局（WGBH）と市民教育
　―マサチューセッツ州産業エリートと大学の連携―／目次

序 ……………………………………………………………………… i
　　はじめに　　i
　　研究の契機　iii
　　本書の内容　v
　　略称一覧　　xv

第1章　18世紀マサチューセッツにおける
　　　　産業社会の発展とエリートの形成 ………… 3
　1　ボストン地域の夜明け …………………………………… 3
　2　自然と調和した工業化とニューイングランドの川 …… 4
　3　工業人口の増加と女子と子どもの就業 ………………… 7
　4　ボストンにおける産業エリートの形成 ………………… 10
　5　富の利用と篤志事業 ……………………………………… 13
　6　ボストンエリートの市民教育思想 ……………………… 16
　7　チャリティと篤志行為 …………………………………… 16
　8　マサチューセッツにおける民衆教育の思想 …………… 18
　　　　―ホーレス・マン
　9　工場労働者の教育 ………………………………………… 23

　注 (24)

第2章　ローウェル家の形成と市民講座の開設 …… 27
　1　ローウェル協会とローウェル協会講座の創設者
　　　　ジョン・ローウェル Jr. ……………………………… 28
　2　講演運動とローウェル協会講座 ………………………… 32
　　　　(1) ライシャム運動の起源(32)　(2) ボストンにおけるライ
　　　　シャム運動(33)　(3) 他の州への広がりと移民の教化(35)
　3　ローウェル協会講座設立の前史 ………………………… 37
　4　講座の開設者　J.アモリー・ローウェル ……………… 39
　5　教養講座から実用講座へ ………………………………… 43

6　大学拡張講座設立への始動……………………………………47
   注（52）

## 第3章　市民教育と大学──公共放送局を支えた6大学……………55
   1　概　観………………………………………………………………55
   2　リーダーとしてのハーバード大学………………………………58
   3　独立戦争と南北戦争の間に創設された2つの大学………61
     (1) タフツ大学(61)　(2) ボストンカレッジ(62)
   4　マサチューセッツ工科大学（MIT）………………………………64
   5　勤労者のための大学としてのノースイースタン大学……66
   6　都市大学としてのボストン大学…………………………………68
   7　地域社会と連携するボストンの大学群…………………………69
   注（70）

## 第4章　大学拡張講座の開設とA.ローレンス・ローウェル……73
   1　A.ローレンス・ローウェルによる
       ローウェル協会講座の改革………………………………………73
     (1) 大学改革(73)　(2) A.ローレンス・ローウェルの教育観
     (75)　(3) ローウェル協会講座の改革(77)
   2　大学拡張委員会と大学拡張学部の設置……………………79
   3　大学拡張講座の内容──受講案内から…………………………83
   4　大学拡張運動の潮流………………………………………………87
   5　現在のハーバード大学大学拡張学部…………………………90
   注（93）

## 第5章　ローウェル協会とローウェル協会放送委員会の設立……97
   1　ラジオ時代の到来…………………………………………………97
   2　ラジオによる教育放送の開始と大学の関与…………………99
   3　ボストン地域における初期のラジオ放送……………………101
   4　WGBH-FM局設立の経緯…………………………………………103

5　ローウェル協会放送委員会の設立と
　　　ボストン地区大学群の協力……………………………104
   6　ローウェル協会放送委員会の報告書………………………107
   7　WGBH-FM 局の放送開始 …………………………………110
   8　ラジオによる大学拡張講座の放送……………………………113
   9　ラジオ放送と人々の反応………………………………………114
　　注（116）

# 第6章　WGBH-TV 局の放送開始と市民への奉仕……………………………119

   1　WGBH-TV 局とラルフ・ローウェルの尽力 ……………119
   2　WGBH-TV 局の最初の年 …………………………………120
   3　学校放送「21インチ・クラスルーム」……………………122
   4　成人教育番組……………………………………………………124
   5　ボストン公共放送局の視聴者…………………………………125
   6　大学および文化機関の番組制作への協力……………………127
   7　テレビ放送による大学拡張講座の実施………………………128
   8　WGBH 年報より―1956年-1957年の大学拡張講座 ………130
   9　WGBH-TV 局による大学拡張講座の放送 ………………132
  10　新しい教育専門局 WGBX-TV 局の誕生 …………………134
  11　ボストン公共放送局への視聴者からの手紙…………………135
　　注（138）

# 第7章　公共放送発展におけるフォード財団の貢献とその思想……………………………141

　　はじめに……………………………………………………………141
   1　フォード財団の教育放送観……………………………………142
　　　(1) 教育放送の枠組み(142)　(2) 教育放送の課題(143)　(3) 現代社会が求める人間像(143)　(4) 教育番組の構造(144)
   2　フォード財団の成立と教育放送への関与……………………145
　　　(1) フォード財団の成立(145)　(2) 財団の時代(146)
   3　フォード財団の政策決定………………………………………148

　　　　　(1) ガイザー報告と二つの基金の成立(148)　(2) 二つの基金
　　　　　ともう一つの基金(150)

　4　教育放送育成への具体的働き……………………………151
　　　　　(1) 教育チャンネル獲得への方針(151)　(2) 地方教育局育成
　　　　　への援助(152)　(3) 番組供給機関の設立(157)

　5　番組開発への援助……………………………………………162
　　　　　(1) 総合番組「オムニバス」の開発(162)　(2) ボストン公共放
　　　　　送TV局(163)　(3) チルドレンテレビジョン・ワークショッ
　　　　　プ・ニューヨーク(163)

　6　学校向け番組開発および効果調査…………………………163
　　　　　(1) ヘーガースタウン・プロジェクト(164)　(2) 中西部航空
　　　　　機教育テレビジョン・プロジェクト(164)　(3) 教師教育
　　　　　(165)

　7　フォード財団の公共放送に果した役割……………………166
　　　　　(1) 篤志主義の原点：キリスト教主義(166)　(2) 富の分配論
　　　　　(167)　(3) 教育革新の時代(167)　(4) 1977年における公共放
　　　　　送への補助の終焉(168)

　注(170)

# 第8章　ボストン公共放送局とフォード財団およびハーバードグループ ……………175

　1　フォード財団とボストン公共放送局…………………………175
　2　ボストン公共放送局開局時における援助……………………176
　3　番組制作の経費…………………………………………………178
　4　都市環境学習におけるテレビジョンの教育効果実験………179
　　　　　(1) アメリカにおける「環境保護」の概念(180)　(2) 都市環境
　　　　　保護の倫理(180)　(3) ボストン公共放送TV局の実験の目的
　　　　　と番組制作(181)　(4) 制作された番組(182)　(5)番組のあらす
　　　　　じと目的(183)　(6) 学習カード(184)　(7) 結果の考察(184)
　5　火事による局舎の焼失と再建への援助………………………186
　6　フォード財団からボストン公共放送局へ
　　　提供された補助金………………………………………………188
　　　　　(1) ボストン公共放送局への直接補助(188)　(2) ボストン公
　　　　　共放送局への間接補助(189)

目次 xiii

  7 公共放送の発展におけるハーバードグループの活躍……190
      (1) 公共放送指導者としてのR.ローウェル(190)  (2) カーネギー教育TV委員会長J.キリアンの活躍など(192)
      (3) J.キリアンとR.ローウェルとその人脈(192)

  注(195)

## 第9章　地域社会と公共放送 ……………………197
### ―マサチューセッツとイリノイの場合

  1 国有地交付大学としてのイリノイ大学……………………197
  2 ラジオ放送局の成立………………………………………199
      (1) 初期のWILLラジオ局(199)  (2) 全米教育放送者協会とWILL局(202)
  3 イリノイ大学長G.ストッダードとW.シュラム…………204
      (1) W.シュラムとマスコミュニケーション研究所(204)
      (2) W.シュラムとアラートンハウスセミナー(205)
  4 G.ストッダードの放送教育理念 …………………………207
      ―大学拡張講座による州民への奉仕
      (1) 心理学者として(208)  (2) 大学経営者として(209)
  5 G.ストッダードの説得 ……………………………………210
  6 G.ストッダードとW.ベントン ……………………………214
  7 WILL局年報からみた活動…………………………………217
      (1) 1954年-55年報より(217)  (2) 1955年-56年年報より(218)
  8 「クラスルーム・コネクション」…………………………221
      イリノイ公共放送TVによる学校放送
      (1) 「クラスルーム・コネクション」(222)  (2) 「クラスルーム・コネクション」契約(222)  (3) 利用ガイド「クラスルーム・コネクション」の発行(223)  (4) 教師との連携(224)
  9 イリノイ大学TV局とボストン公共放送TV局との比較……………………………………224

  注(227)

## 第10章　公共放送の社会的使命 ………………231
### ―民衆の、民衆による、民衆のための

  1 放送の公共性…………………………………………………231

  2 アメリカにおける公共放送の思想……………………234
  3 大学の使命と公共放送……………………………235
    (1) **大学の理念——公共奉仕の精神**(236) (2) **新しい大学の使命と市民教育（J.コナントの思想）**(237) (3) **大学教育の公開化、弾力化の思想**(239) (4) **地域社会の再生とプラグマティズム**(239) (5) **大学大衆化の潮流**(240) (6) **電波の利用に対する自由開放の精神**(241) (7) **民間主導型の教育放送**(242)
  4 地域放送局としてのボストン公共放送局………………243
    (1) ボストン公共放送局の使命に示される地域性(244) (2) 経営の方略に示された地域性(244) (3) 財政基盤の構成に示される地域性(244) (4) 番組制作に示された地域性(245) (5) 財政（1999年）(247)
  5 アメリカにおける公共放送の課題…………………248
    (1) 多様化する情報伝達媒体(248) (2) 社会奉仕への工夫(248) (3) 資金不足の克服(249)
  6 教育メディアとしての放送の再考……………………250
    (1) テレビ教育番組の利用(251) (2) マサチューセッツ教育通信機構のスタート(251)

  注（254）

引用文献一覧………………………………………………257
資　料………………………………………………………263
 資料Ⅰ 米国教育放送の発達に関する年譜……………………264
 資料Ⅱ WGBH（ボストン公共放送）局年譜……………266
 資料Ⅲ フォード財団からWGBH局へ提供された補助金…271
 資料Ⅳ (1)教育テレビ局の開局数の推移……………………273
    (2)アメリカ放送システムの総計……………………273
 資料Ⅴ アメリカ公共（教育）放送局一覧……………………274
あとがき……………………………………………………285
事項索引（287）
人名索引（294）

# 略称一覧

| | |
|---|---|
| ABC | 米国放送会社 (the American Broadcasting Company) |
| ACUBS | 大学放送局協会 (the Association of College and University Broadcasting Stations) |
| BBC | イギリス放送協会 (the British Broadcasting Corporation) |
| BMC | ボストン産業会社 (the Boston Manufacturing Company) |
| CBS | コロンビア・放送システム (the Columbia Broadcasing System) |
| CPB | 公共放送協会 (Corporation for Public Broadcasting) |
| CTW | チルドレン・テレビジョン・ワークショップ (Children's Television Workshop) |
| ETRC | 教育テレビジョン・ラジオセンター (the Educational Television and Radio Center) |
| FCC | 連邦逓信委員会 (the Federal Communications Commission) |
| FCR | 連邦ラジオ委員会 (the Federal Radio Commission) |
| JCEB | 教育放送合同委員会 (the Joint Council on Educational Broadcasting) |
| JCET | 教育テレビジョン連合委員会 (the Joint Committee on Educational Television) |
| LICBC | ローウエル協会放送委員会 (the Lowell Institute Cooperation Broadcasting Council) |
| MIT | マサチューセッツ工科大学 (Massachusetts Institute of Technology) |
| NAEB | 全米教育放送者協会 (the National Association of Educational Broadcaster) |
| NBC | ナショナル放送会社 (the National Broadcasting Company) |
| NCCET | 教育テレビジョン全米市民委員会 (the National Citizen's Committee for Educatinal Television) |
| NET | 全米教育テレビジョン (the National Educational Television) |
| NETRC | 全米教育テレビジョン・ラジオセンター (the National Educational Television and Radio Center) |
| PBS | 公共放送サービス (the Public Broadcasting Service) |

ボストン公共放送局（WGBH）と市民教育
──マサチューセッツ州産業エリートと大学の連携──

# 第1章 18世紀マサチューセッツにおける産業社会の発展とエリートの形成

## 1 ボストン地域の夜明け

　鋼鉄王としてまたカーネギー財団の創始者として知られるA. カーネギー(Andrew Carnegie)は、1885年、アメリカの繁栄は民主主義の勝利による果実であるとして『勝利を得た民主主義』(Triumphant Democracy)を著した。その中で、ボストンについて「ボストンに人々が住み始めたのは1630年のことであるが、その後の人口の増加はゆっくりであった。50年後に近代化の象徴である最初の火力発電所が建設され近代都市としての前進を開始した。1704年にイギリスの北アメリカ植民地における最初の新聞『ボストン・ニュースレター』が発行され、新聞社として木造の家が建てられた。清教徒のボストンへの入植が終わって80年後の1710年、郵便局が開局しプリマスやメインへは週に一度、ニューヨークへは2週に一度郵便が届けられるようになった。1786年最初の大企業が生まれ、チャールズ川に橋が架けられた。ボストンは近代都市に成長するのに150年を費やしたのである。」[1]と述べている。

　米国の初期の歴史で明らかなように、1620年の12月21日にボストンの南70キロのプリマスにメイフラワー号による1か月の航海を終えた清教徒102人によってマサチューセッツへの最初の植民が行われた。人々は生まれ故郷のイングランドになぞらえて、植民地にボストン、ヨーク、ブリトン、ハートフォード、エジンバラ、ケンブリッジ、オックスフォード、マンチェスター、バーミンガムなどの名前をつけた。そしてこの地を「新しいイングランド」

と考えてニューイングランドと呼んだ。A.カーネギーは「神は故郷の地と同じように居ますばかりではなく、同じように彼らを愛された」[2)]と書いている。

その後マサチューセッツ植民地はボストン周辺に広がり、人々は教会堂を中心とした集落（タウン）を形成し、農業と同時に工業生産へと産業構造を変化させていった。このようにしてアメリカ文化は建国以来基盤をこのタウンすなわち「コミュニティ」に置くことになったのである。この事実は放送の発達にも影響を与えていくこととなる。

さて、マサチューセッツ植民地の中心ボストンのその後の発展の歩みはカーネギーが指摘したようにゆっくりであった。表1-1で明らかなように人口の増加も他の都市と比べて急速ではなく、清教徒が入植して150年後の1800年においても2万7000人に過ぎなかった。しかし、工業化に必要な自然条件に恵まれ、バージニア植民地に比較して工業の発達は急速であり、植民地時代から19世紀へかけてのアメリカの工業化の先陣を切っていった。

表1-1　アメリカの都市化 1775-1910

| | | 都市の人口（千人以上の都市） | | | | | |
|---|---|---|---|---|---|---|---|
| | 都市化人口の比率 | ニューヨーク | フィラデルフィア | ボストン | ボルチモア | シカゴ | セントルイス |
| 1775 | N.A. | 25 | 40 | 16 | 6 | | |
| 1800 | 6.1 | 61 | 62 | 25 | 27 | | |
| 1820 | 7.2 | 131 | 109 | 54 | 63 | | |
| 1840 | 10.8 | 349 | 220 | 119 | 102 | 4 | 16 |
| 1860 | 19.8 | 1,175 | 566 | 179 | 212 | 112 | 161 |
| 1890 | 35.1 | 2,507 | 1,047 | 449 | 434 | 1,100 | 452 |
| 1910 | 45.7 | 4,767 | 1,549 | 671 | 559 | 2,185 | 687 |

出典）Richard B. Duboff (1989) *Accumulation & Power: an economic history of the U.S.*, M.E. Sharp Inc., p.17

## 2　自然と調和した工業化とニューイングランドの川

第1章 18世紀マサチューセッツにおける産業社会の発展とエリートの形成 5

アメリカの経済学者T.スタインバーグ（Theodore Steinberg）は、19世紀におけるニューイングランドの工業化、主として紡績産業の発展とマサチューセッツ州を流れるチャールズ川とメリマック川の関係を明らかにしている。

T.スタインバーグ（1991）は「アメリカの工業化の第一歩は、1813年ボストンの実業家P.ジャクソン（Patrick Tracy Jackson）がチャールズ川沿いのウォルサム（Waltham）に煉瓦積みのダムを建設し、水力による紡績工場を開設した時である」[3)]とする。

チャールズ川はボストンの西160キロを源としておよそ100mの落差を流れ降りボストン湾に注ぐ。現在この川畔にハーバード大学やマサチューセッツ工科大学、ボストン大学など、ボストン地域の主要大学がキャンパスを構え

図1-1 マサチューセッツ州の町と川

ており、夏にはチャールズ川でレガッタを楽しむ学生の姿を見ることができる(図1-1)。

さてチャールズ川は決して急流とは言えないが水量が豊かで川幅が広い。P.ジャクソンはボストン産業会社BMC (Boston Manufacturing Company)の会員で1813年に偶然ウォルサムへ旅行し、地形の状態からここをダムの建設箇所として最適な場所と考え、この地を買い取り4階建ての高さのダムを建設した。

F.カボット・ローウェル (Francis Cabot Lowell) がここに新しい工場を建設したエピソードはアメリカ史上よく知られた事実である。ウォルサム・ローウェルシステムと呼ばれる綿織物の大量生産システムはチャールズ川から始まった。F.カボット・ローウェルとN.アップルトン (Nathan Appleton) はともにイギリスへ留学し、水力利用の綿織物工業の生産方式を学び、帰国後協力して紡績工場をこの地に建設した。彼らにとって、ニューイングランドの地形はスコットランドとよく似ていて、紡績工場建設には最適であったのである。

次に、メリマック川は220kmの長さを持ち、流量はチャールズ川の18倍、ニューイングランド第二の湖ウイニピアキーに流入し、流出している。ボストン協会 (Boston Associates) がこの川の流域の小さな村ローウェルに綿織物工場を開設したのは1820年である。当時、ローウェル (Lowell) はわずか12軒の家があるだけの寒村であった。しかしボストン協会によってダムが築かれ工場建設が可能になると、トレモント、ローレンス、ボット、サフォーク、ハミルトンなど経営者の名前をつけた紡績工場が次々に建設されマサチューセッツ州第一の工業都市に成長する。

ボストン協会は公式の団体ではないが友人、姻戚関係者で構成され、経済的つながりがあり、アップルトン、ジャクソン、ローウェル、ウエブスターなどボストンにおいてよく知られた人々がメンバーであった。彼らは保険、銀行なども共同で経営し、得た利益を篤志行為として人々の福祉のために役立てていた。「30年後の1850年ローウェルの人口は3万3000人に増加し、マサチューセッツの第二の都市に成長した。」[4)]とT.スタインバーグは書いて

いる。

1800年代の生産工場はほとんどが従業員2人か3人の小工場が普通で、動力も人間の力に頼り、水力を利用する工場は非常に少なかった。また生産物も農業生産に役立つ素朴な農機具や馬具、荷車、馬車および家庭用品などが中心であった。こうした工場に比較して、ローウェルに建設された綿紡績工場は大規模で例えばボストン協会のメリマック工場は2400人の従業員が働き、当時としては最大の工場であった。

表1-2 1860年、米国における10大産業

| | 工業種目 | 付加価値（単位百万ドル） |
|---|---|---|
| 1. | 綿織物工業 | 58.8百万ドル |
| 2. | 木工製品工業 | 54.0 |
| 3. | 製靴工業 | 52.9 |
| 4. | 製粉工業 | 43.1 |
| 5. | 男子綿製品工業 | 39.4 |
| 6. | 工作機械工業 | 31.5 |
| 7. | 毛織物工業 | 26.6 |
| 8. | 皮革工業 | 24.5 |
| 9. | 鋳型工業 | 22.7 |
| 10. | 印刷、出版工業 | 19.6 |

注）付加価値＝生産額－原料代
出典）J. Atack & P. Passell (1994) *A New Economic View of American History*, p.461

19世紀に綿紡績工業がアメリカ産業で中心的地位を占めていた事実は、表1-2からも明らかである。

## 3 工業人口の増加と女子と子どもの就業

英国は、北米植民地の発展が自国の輸出の障害となることを恐れて、北米植民地の工業化を規制していたが、植民地の人々は種々の工業化に成功していった。製粉、製材、皮なめし工業、銑鉄などである。1776年の独立後、T.ジェファーソン大統領が1807年にアメリカの工業化を促進する目的で、輸入を制限する通称「禁止令（Jeffersonian Embargo）」を公布したが、それまでは多くの工業製品がイギリスから輸入されていた。しかしその後、工業製品の需給化の必要からアメリカ国内の工業化が急速に進み工業製品の内需化傾向が促進された。図1-2に示されるように、ジェファーソン禁止令後に工場開設が急激に進み、紡績工場の場合ボストン産業会社がメリマックダムを築いた1813年以後に急増している。こうして新しく興された工業は従来の工業と異なり新しい技術や組織および生産設備を持ち、新しい労働者としての

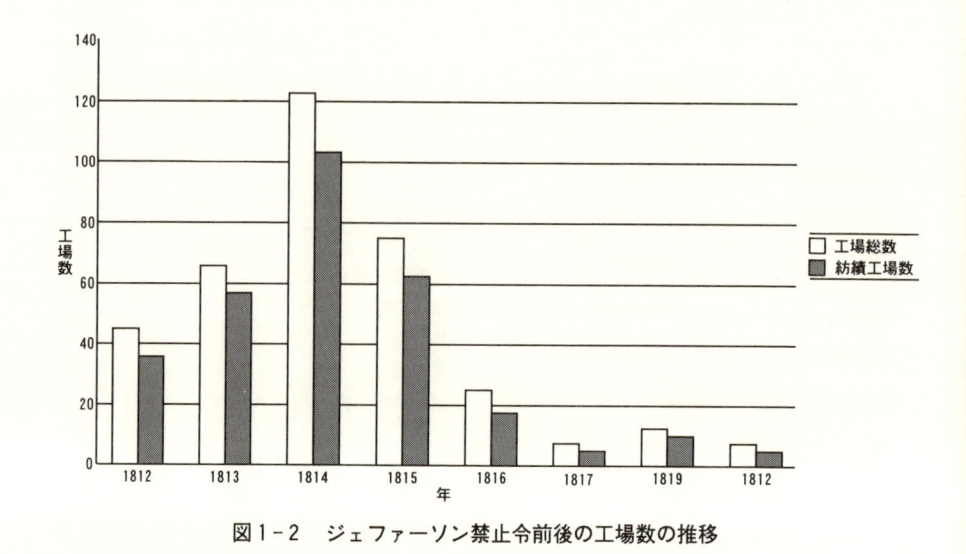

図1-2　ジェファーソン禁止令前後の工場数の推移

出典）J. Atack & P. Passell *A New Economic View of American History*, p.122

女子労働者や年少労働者そして農民から転職した労働者によって支えられていた。

　J．アタックとP．パッセル（Jeremy Atack & Peter Passell）によると「1820年にはマサチューセッツの総労働人口の58％は農民であった。マサチューセッツの農民人口が増加しピークに達したのは1840年であったが、州民に対する農民の割合は40％に低下していた。これは工場労働者の増加によるものである。次の10年間に農民労働者は8万7800人から5万5700人となり労働人口の15％へとさらに減少した。この減少は西部へ鉄道が開通したことも原因」[5]となっている。農民人口の減少は、新しく発展してきた紡績業、製粉業、製靴業、製鉄業へ吸収されたこと、鉄道の開通によって5大湖地方など内陸部へ工業地域が拡大していったことが原因である。

　1790年に紡績工場がロードアイランドのポータケット（Pawtucket）に、サムエル・スレイター（Samuel Slater）によって盗み出されたイギリスの技術を使って開業した。この工場がアメリカにおける最初の紡績工場であった事実は、多くの歴史書に明らかである[6]。工場の労働者の多くは婦人と子どもで

## 第1章　18世紀マサチューセッツにおける産業社会の発展とエリートの形成

あった。その後、すでに述べたがボストンのローウェル家とその友人たちはメリマックダムを建設してアメリカで最初の工業都市ローウェルを発展させた。

　J.アタックとP.パッセルによれば、紡績工業の発達した原因は「①農業労働に対する工業労働の賃金の優位的格差、②農業と工業との生産性の格差、③婦人と子どもの労働可能な産業としての工業」[7]である。農業においては婦人と子どもの労働力は微々たるものであったが、工業においては賃金上の問題、とくに低賃金労働者として主力を占めるようになった。さらに④工業生産品の方が農業生産品より価格が高かったことが、産業構造を農業から工業へシフトさせた原因である。「工業化は北部から始まった」[8]と彼らは書いている。

　婦人の労働者の増加に伴って彼女たちの賃金も上昇し1850年には男子労働者の賃金の46％−51％の額となった。ニューイングランドにおいて、1850年までに全労働者に占める婦人労働者の比率は19世紀初めの0％から20％へと上昇した。ニューイングランドの紡績業の発達は技術の発達とならんで婦人と子どもの労働者が大きく貢献したのである。

　1814年にウォルサムのF.カボット・ローウェル・ボストン工業会社の工場が30万ドルをかけて建設され、強力な紡織機を使った最初の工場となった。この工場は新技術の使用により、組織的な生産工程すなわち紡績と紡織が統合されたプラントであり、労働力の効率化を可能にする高度なシステムを採用していた。労働コストを効率化するために24時間操業を実施し、労働者として独身の女子を雇用した。彼女らは「ローウェルの乙女」と呼ばれ、結婚資金を稼いで退職していった。J.アタックとP.パッセルは、「綿織物の生産増加率は1815年から1833年までに年率15.4％、1834年から1860年までに5.1％となった。」[9]と書いている。5％の増加率はほぼ10年で生産額が70％増になる上昇率である。

　南北戦争前までに、綿紡織工業は11万5000人を雇用し、アメリカにおける工業生産収入の7％を占めた。また1833年から1839年の間に労働生産性は年率6.67％の高い伸びを示した。

表1-3 1850年代の産業別工場数
（紡績業と鉄鋼業を除く）

| 製材工場 | 17,895（全米） |
|---|---|
| 製粉工場 | 11,891 |
| 製靴工場 | 11,305 |
| 鍛冶工場 | 10,373 |

出典）Jeremy Atack & Peter Passell
(1994) p.191

繊維工業と銑鉄工業はアメリカにおける産業革命のシンボルであり、工場はニューイングランドとペンシルベニアに集中していた。1850年の統計によると「繊維工場は1074であり、ほぼ半分の561はニューイングランドにあり、同様に銑鉄工場の404のうち178はペンシルベニアにあった。紡績工場では1工場あたり91人の労働者が働き、そのうちの60％が女性であった。」[10] 1850年の紡績と製鉄を除く産業別工場数は表1-3のとおりである。

工業化の影響により、19世紀にはアメリカ各地で人口の都市集中が起った。1800年の都市人口（2000人以上の都市の人口）は6.1％であったが40年後の1840年には10.8％となり、人口の都市集中はニューヨーク、フィラデルフィア、ボストン、ボルチモアなどに集中したが、R.ダボフ（1989）はこれらの都市以外に新興工業都市として「ローウェル（マサチューセッツ州）、ロチェスター（ニューヨーク州）にもそれぞれ2万人が生活していた。」[11]と書いている。ローウェルは言うまでもなく紡績の町、ロチェスターは銑鉄工業の町である。

## 4 ボストンにおける産業エリートの形成

ボストンにおける産業エリートの形成は、1811年F.カボット・ローウェルがイギリスに滞在し、最新の紡績工業、特に強力な織機の研究を行い、ボストンへ帰国後、親戚や親友とともにアメリカにおける最初の近代的な紡績工場を創設したことが端緒である。すでに述べたが、彼はイングランドから帰国後親友のP.ジャクソンとN.アップルトンと協力して最初チャールズ川沿いのウォルサムに、その後メリマック川沿いのローウェルに強力水車を動力とするウォルサムシステムと呼ばれた最新式の工場を建設し、綿糸および綿織物の一貫大量生産に成功した。成功の原因は技術革新のみならず、協会方式による新しい管理経営方式を取り入れたことによるものであったと言わ

れる。ボストン協会と呼ばれる同志的運営組織はその後、強力水車を動力とする大量生産の工場を多数建設した。工場の所有者は後にボストン協会の運営委員となり、ニューハンプシャ、ローレンス、コネチカット、チコピー、ホリヨーク、マサチューセッツなどの各地に次々に工場団地を建設していった。彼らは工場を新設する際に株券を発行して資金を調達した。この株券はボストン協会員のみが引き受け権をもつもので、広く市民に公開されず、したがって産業エリート集団を形成する原因の一つとなった。

R.ダルゼルの記述によれば「1813年10月20日、F.ガボット・ローウェルがイングランドから帰国してローウェルに最新式の工場を建設しようと計画した時、ボストン協会は工場建設に40万ドルが必要であると算定し3回に分けて株式を発行して資金を調達した。最初1株100ドルで株式の募集を行った。最初に株主になったのは12人であった。その後2年間に各10万ドルずつ増資され、目標の40万ドルとなった。この株式は所有者が引退するか、死亡しないかぎり譲渡は認められなかったので、ボストン協会の経営は安定していた。」[12]のである。この株主として、P.ジャクソン、N.アップルトン、ジャクソンの兄弟のジェイムスとチャールス、カボット・ローウェルの友人J.ゴー、I.ソーンダイク、U.カティングなどが名を連ねている。R.ダルゼルによれば「その後7人が株主として加わり19人となったが、それらはすべて血縁者で占められていたので、協会の基盤は少しも変わらなかった。」[13]のである。これらの人々がボストンエリート集団の中核を形成したことは明らかである。

なお「1860年にボストン株式市場で47生産会社の株式が取引されたが、1株の値段が1000ドルで、一般に流通する値段としては非常に高価な故に、ほとんど特定の人々によって取引された。」[14]とJ.アタックらは述べている。このように株式の売買が行われても、一般市民にとっては関係のないことであった。

さてローウェルで生産された綿織物は「ローウェル布」と呼ばれ、アメリカ内外に広く販売され年率で20％の伸びを示し莫大な富をボストン協会にもたらした。協会はこうした富を鉄道、銀行、保険会社に投資し、紡績産業の

繁栄に役立てた。一方協会は富の一部を篤志事業に提供した。非営利機関、たとえばマサチューセッツ総合病院、ハーバード大学、ローレンス科学学校、ウイリアム・カレッジ、ボストン・アテナウム、ローウェル協会などへである。こうした歴史的事実は、経済学者のR.ダルゼル（Robert F. Dalzell Jr.）が詳細に明らかにしている。

R.ダルゼルは前書き（序）で、「私は最初にF.カボット・ローウェルとウォルサムのボストン株式会社の設立について説明しよう。ウォルサム・ローウェル紡績工場は当時のアメリカにおける最大の産業組織であった。経営者と労働者が同じ場所で生活し、地域社会の結びつきはキリスト教の福音によって強められた。経営者は労働者の間に宗教的精神をひろめ、社会的道徳性を高めるように努力した。」[15]と述べ経営に新しい方式を取り入れ、経営の効率化と合理化を計り、得た利益を市民の福祉と教育に役立てた事実から、彼らが経営の基本にキリスト教の精神を置いたことを明確にしている。

ウォルサム・ローウェル紡績工場が当時アメリカにおける最大の紡績工場であったことはP.ファラー（Paul G. Faler）の次の記述でも明らかである。

「沿岸の州で最大の紡績工場であったウォルサム・ローウェル株式会社の給与支給記録によると、1850年から55年にかけて、労働者の転職率は35％であった。」[16] P.ファラーはマサチューセッツ州のリン市（Lynn）における製靴工業発展に関する研究を行い、当時の労働者の社会移動に触れて上記の文章を書いた。彼の記録によるとウォルサム・ローウェル工場における労働者の転職はかなり多いものだったことが分かる。事実、M.ノートン他（Mary Beth Norton）によると「労働者（主として若い女子である）の一日の労働は午前5時から夜の7時まで続き、その間休憩は朝食に30分、夕食に45分が許されるだけであった。」[17]こうした過酷な労働が多くの転職を生み、労働争議を頻発させた。

ボストンにおけるエリート集団の形成は、姻戚関係と協業（Corporation）と言われる新しい企業形態によって生み出された。「従来の工場は個人経営による工場が多かったが、株式を発行して経営を安定させた方式は当時でもそう多くなかった」[18]とダルゼルは書いている。

第1章 18世紀マサチューセッツにおける産業社会の発展とエリートの形成　13

　エリート集団はインドのカースト制度の最上級階級になぞらえて「ブラーミン（Brahmins）」と呼ばれた。ボストンの歴史家T.オコナー（Thomas H.O'Connor）によると、「彼らは自由と正義を愛し、奴隷解放に好意的であった。そして、彼らは自分たちの時間と富と才能は貧しい人も富んだ人へも分け隔てなく奉仕されるべきものだという信念をもっていた。」[19]と述べている。事実紡績王であったA.ローレンスは奴隷をアフリカに戻してやるべきだと、N.アップルトンや後にボストン市長に就任したH.オーチス（Harrison Gray Otis）に呼びかけて州議会へ提案している。
　このように、ニューイングランドにおける紡績工場は、株式組織により運営され、株主はF.ローウェル、P.ロジャース、N.アップルトン、A.ローレンス（Abbott Lawrence）、P.ジャクソンなどすべて姻戚関係や親しい友人関係にある人々によって構成された。彼らがボストンのエリート集団を形成し、キリスト教の信仰に沿ってボストンの文化、社会の発展に大きな役割を果たしたのである。
　彼らの多くは、ボストンの中心街にほど近いビーコン・ヒル（Beacon Hill）に建てられたブルフィンチの設計した家に住み、部屋には始祖の肖像画を掲げ、中国産の陶器を飾り、万人救済説を信じた敬虔なユニテリアンであったと言われる。

## 5　富の利用と篤志事業

　1810年、ボストンの著名な2人の物理学者ジェイムス・ジャクソン（James Jackson）とジョン・ワレン（John C.Warren）は、ボストンの裕福な人々へ手紙を書き、精神病やその他の病気の人々を収容し治療するための病院の建設を訴えた。R.ダルゼルは、「その手紙には『これはキリスト教国における第一の義務である。なぜならすべての人は我々の隣人だからである。』と書かれていた。二人の手紙は、明確にボストンの富裕階級への篤志行為への要請であった。」[20]と述べボストンの富裕階級への社会的奉仕を彼らの信仰するキリスト教の精神に訴えて実行するよう要請したことを明らかにしている。

当時のボストンは産業が勃興し、アメリカ国内のみならず海外の多くの国から働く場所を求めて人々がやってきていた。こうした人々は孤独で、粗末な家に住み、低賃金で工場労働に従事した。この結果、ニューイングランドの各都市には明確な階層集団が生まれ、社会学の恰好な研究対象を提供することとなった。1930年代ハーバード大学、シカゴ大学、エール大学の合同研究チームが、ボストンにほど近いニューバリポートにおける階層分化の研究を行い4巻のヤンキーシティ・シリーズとして発表したが、これは代表的ニューイングランド社会の研究である。

　1811年ボストン協会のP.ジャクソンとF.カボット・ローウェルを理事とするマサチューセッツ総合病院（the Massachusetts General Hospital）経営委員会が結成され、病院の建設が開始された。それから1851年にかけての40年間にわたりボストンの篤志団体、ボストン協会の会員は一人年間4ドルを病院のために提供した。

　1807年にボストン文化人類学会によってボストン・アテナウム（Boston Athenaeum）の開設が計画された。その趣意書にはアテナウムは「読書ホールであり図書館である」[21]と書かれている。設立資金を調達する目的で、アテナウムは会員権を販売した。永久会員権は300ドル、個人会員権は100ドルであったが、この会員権はごく限られた人々にのみ分配され、高価な故に限られた人しか購入できなかった。ボストン協会の50％の会員がアテナウムの会員となり、この会員はボストンにおける上流階級の象徴となった。したがって初期のボストンアテナウムは公立図書館ではなく、限られた人々が利用する文化施設であった。この図書館のモデルとなったのはリバプール・アテナウムとロンドンにあるアテナウムである。ボストンの上流階級はイギリスの伝統に従って、このような文化施設を建設していった。ダルゼルによると、当時ボストンは「イギリス文化を模写する時代にあった。」[22]のである。なおこのアテナウムは後に一般に公開されることになる。

　マサチューセッツ総合病院設立委員会が設置され7年を経た1818年6月4日に州知事、市長その他多くの市民の列席のもとにマサチューセッツ総合病院の礎石が埋められ建築が開始され、3年後にアレン街に煉瓦づくりの病院

第1章　18世紀マサチューセッツにおける産業社会の発展とエリートの形成　15

が完成した。この間多くの市民から献金が寄せられた。R.ダルゼルは「裕福な人からの献金はもちろんであるが、注目すべきことは、すべての階層の人々から献金が寄せられたことである。そしてこれらの人々の氏名は病院の寄付者名簿に記録された。病院の完成はJ.ジャクソンとJ.ワレンが病院設立に関する手紙を回した時から15年後のことであった。」[23)]と書いている。なおこの病院は現在市の中心部のチャールズ川沿いにある。

　19世紀の中期、ボストンにおけるF.カボット・ローウェルと同世代の指導者達が篤志事業に支出した金額は、ざっと計算して100万ドルである。1855年に死去したF.カボット・ローウェルは産業のみならず篤志事業をも発展させ、それらを特色ある組織に育て上げた功績によってボストンにおける最も重要な人物として賞賛されている。彼は事業の運営組織として新しい方式を考案した。それは多くの人々の参加と協力による協業(Corporation)形式であり、これによって彼が中心になって進めた事業は、産業組織としての「ボストン協会」、教育分野で勤労青少年教育を目的とした「ローレンス科学学校」、そして宗教組織としてのキリスト教信仰による「ハーバードアップルトン教会の建設」などであった。

　しかし彼の功績は富裕階層による協会を通しての篤志活動だけでなく、州や市政府を巻き込んだ事業においても見られる。例えば、ボストン公立図書館の建設において、彼は率先して1万ドルを寄付し、続いてJ.フィリップス(Jonathan Phillips)が1万ドルを、そしてJ.ベイツ(Joshua Bates)が5万ドルを寄付して1852年に完成させている。

　またF.カボット・ローウェルはすべての人に教育の機会を与えるべきだとの堅い信念を持っていた。彼によれば、人々は道徳に関心がうすく、そして読書の習慣が少ない。これらは人々の弱点である。そこで市民の人間性を高めるために、限られた階層に利用されているアテナウムを広く一般の人々に開放すべきであると考えた。そして後にアテナウムはローウェル協会講座(the Lowell Institute Lecture)の主会場となり市民に解放され図書館として利用されることとなった。

## 6 ボストンエリートの市民教育思想

1836年にF.カボット・ローウェルの跡を継いだJ.ローウェル Jr.（John Lowell Jr.）によって文化基金、教育研究組織としてのローウェル協会（the Lowell Institute）が設立され市民のための無償のローウェル協会講座を開設する準備が整った。これと平行して、ボストンのエリート（ブラーミン）は彼らの篤志行為を遂行する目的で市民教育の促進に貢献するマーカンタイル図書館協会、ボストン文化会館、マーチャント協会などを設立した。オコナーはこうした活動の中でボストン公共図書館（the Boston Public Library）の設立基礎を作ったG.ティクナー（George Ticknor）の功績を高く評価して、「彼は私財を投じて当時全米で最大の個人図書館を公園通りに建設し、すべての市民へ無料で開放した。」[24]と書いている。その後彼は、時のハーバード大学長のC.W.エリオットと協力してボストン市の行政当局を動かしてアメリカで最初の総合図書館を1848年に完成させている。

さらに、「1839年ホーレス・マンの親友で医師のS.G.ハウ（Samuel Gridley Howe）がボストンの富商T.パーキンスの援助によって盲学校を創立する。T.パーキンス（Thomas Handasyd Perkins）は盲学校のために5万ドルを寄付した。S.G.ハウは後に盲学校内にパーキンス研究所を設立するが、この研究所は楽器を使った盲教育や盲児のためのアルファベットの創作などによって世界的に知られるようになった。」[25]とT.オコナーは述べている。

このように1830年代のボストンにおいて、エリート集団が市民教育のために様々な貢献を行った。

## 7 チャリティと篤志行為

1845年以後、ボストンにおける篤志行為は2つの形があった。その一つは貧しい人々の救済である。例えば、貧しい人々のための宿泊所の建設である。これは純粋なチャリティ（Charity）である。

第1章　18世紀マサチューセッツにおける産業社会の発展とエリートの形成　17

　もう一つはある種の教育的、文化的活動である。「後者は篤志行為（Philan-thropy）という言葉で表現することができる。」[26]とR.ダルゼルは述べている。

　チャリティもフィランスロピーもともに同じ意味を持った言葉で、宗教的行為である。いろいろ議論はあるが、チャリティはキリスト教義が示す「もてる者は貧しい者に分け与える」という精神に由来していると考えられる。神から永遠の命を与えられる希望をもっていたボストンの指導的地位にあったほとんどの人々は、A.ローレンス（ボストンのエリートの一人、紡績の町ローレンスを開発しそれ故に町には彼の名前が付けられている。）の言葉「よきことをしなさい」に代表されるように、キリスト教に対して敬虔な信仰を持っていた。さらに、チャリティは寄付行為によって心が満たされ、神の教えに従う自己充実感のもとでの寄付を意味する。当時、ボストンには、篤志家を必要とする様々な社会問題が存在していた。多くの移民が流入し、過酷な労働と低い賃金の故に貧しい暮らしを強いられていた。篤志事業はこうした人々の心を癒し、苦しみを救う大きな使命を担っていたのである。特に1845年から46年にかけて、ジャガイモの大凶作を原因としてアイルランドからの大量の移民の処置が大きな社会問題となっていたのである。J.アタックらによれば「毎年10万にのぼる移民がボストンへやって来た。アイルランドからの移民は技術を持った者が少なく、非識字者が多く、彼らは低賃金の単純労働に従事するしか働く方法を持たなかった。」[27]

　こうしたアイルランドからの移民の悲惨な様子は、1992年に制作されたユニバーサル映画「遥かなる大地へ（Far and Away）」によく描かれている。ロン・ハワード（Ron Haward）監督、トム・クルーズ（Tom Cruise）主演のこの映画は、西アイルランドの自由を求める地主の娘と土地を求める小作人の息子が、ボストンへ上陸してからオクラホマで無償の土地を手に入れるまでの苦難を描いた物語である。

　2人の若者に待ち受けていたボストンにはまともな職場や住居が無く、売春宿の片隅に住み食肉工場や洗濯工場で慣れない労働に従事し、またボクサーのまねごとや鉄道敷設の重労働にも耐えた。結局、最後はハッピーエン

ドで終わるのであるが、移民の下積みの生活が土地を手に入れたときの喜びを増幅させる構成になっていて、歴史的資料としても価値ある映画である。

また、彼らの最終目的地「遥かなる大地」がボストンから1500キロも離れたオクラホマに設定されたのは、R.ハワード監督の出身地がオクラホマであったからである。ボストンへ押し寄せた多くの移民の救済がボストンの指導者にとって焦眉の急であったのである。

一方フィランスロピーは別の意味を持ち、民主主義社会における人類の救済を行う社会的行為と考えられ、図書館の建設、大学の開校、病院や慈善施設の設置などへの貢献がフィランスロピーの中心をなすものとされた。

1840年代のボストンにおける篤志活動に投じられた金額は100万ドルをくだらないと考えられる。マサチューセッツ総合病院へは1851年に20万ドル、ハーバード大学へは1840年に65万ドルが、さらに、アテナウムには1849年に15万ドルが提供された。またJ.ローウェルJr.の遺志によってローレル協会（the Lowell Institute）には25万ドルが基金として寄託された。これらを総計すると125万ドルとなる。こうした多くの人による篤志事業が市民講座を支え、それらがやがて公共放送を生み出す萌芽となったのである。

## 8 マサチューセッツにおける民衆教育の思想
―ホーレス・マン

篤志事業としての市民教育は、いわば成人教育、工場労働者の現職教育といった形で具体化した。しかし、この時期、制度としてマサチューセッツ州では民衆教育を目的とした普通教育（Common Education）思想を基盤に義務教育制度が確立していった。

アメリカの義務教育制度はマサチューセッツ州から始まった。その基礎を築いた教育者がホーレス・マン（Horace Mann 1796-1859）である。よく知られているように、1837年にマサチューセッツ州に教育委員会が設立されホーレス・マンが教育長に選任され、彼は、全米で最初の教育長となった。

H.F.モルガン（Hoy Flmer Morgan 1936）は、ホーレス・マンについて

第1章 18世紀マサチューセッツにおける産業社会の発展とエリートの形成

「ホーレス・マンは"アメリカ公立学校の父（the Father of the American Public School)"として知られている。そして、G.ワシントンやA.リンカーンと並んでアメリカの創設者の一人と考えられ、国家の精神的発展に貢献した。」[28]と述べ、その偉大な功績を称えている。

さらに、H.モルガンは「ホーレス・マンの教育理念によって新しい生命を与えられた公立学校（Common School）は、国家の統一への理想を追求する教育を行った。例えば、アメリカの独立宣言と憲法は学校で必ず児童生徒に教えられることとなった。」[29]H.モルガンはこうした経過から「学校は"人々の家"（the House of People）となった」とし、コミュニティの中心に学校が根づいていたことを明らかにしている。

ホーレス・マンが生まれた1796年にはジョージ・ワシントンがすでに大統領に就任し、民主主義が広まりつつあった。ホーレス・マンは人々に高い道徳性、市民性や判断力を培うためには一般教育（Universal Education）が不可欠であり、人々にとって民主主義の根源である自己管理力、自己判断力もまたその一般教育によって獲得される。したがって、人々がその才能や能力を開発する機会を持つことなしには平等や民主主義は育たないと考えた。

ホーレス・マンは教育長として活躍した1837年から1849年までの14年間に毎年報告書をマサチューセッツ州教育委員会へ提出している。第1年報から第14年報である。この報告書を通して、彼の思想を知ることができるが、特にこの中で、第10年報（1846年）がホーレス・マンの民衆教育論をよくあらわしている。タイトルは「無月謝公立学校に関する一般原則」（the general principles underlying the idea of the free public school）である。主題はマサチューセッツ州の発展と公教育の関係を明らかにしたものである。

L.クレミン（Lawrence A. Cremin 1957）の編集したマン年報集により第10年報を要約すると「マサチューセッツの教育法は1635年に法制化された。さらに無月謝学校制度が創設されて1847年はそれから200年にあたる。教育法が制定されたとき、植民地の人口は2万1000人であり、窮乏の中で『民衆に万人共通の教育』を施す制度が考案された。人々は神に対する義務と子孫に対する義務を負っており、前者に対しては教会を作り、後者に対しては学校

を創設した。」[30]となる。

　ホーレス・マンは公立学校の法制化がすでに1600年代に行われたこと、この伝統を受け継いで早急に無月謝学校の制度化を推進すべきであると主張した。彼は無月謝学校支持の一般論として民主政治の維持に無月謝学校は欠くべからざるものと考えた。つまり民主政治の唯一の基礎として無月謝学校を置いたのである（民主主義政治の基礎）。さらに、生を受けたすべての人間が教育を受ける絶対的権利を持っていること、その権利を保障する機関として無月謝学校を設置すべきものと考えた。そしてマンは「神は最初の世代に対すると同様に第二の世代に対しても世界の富や利潤に対する完全な権利を与えた」[31]とし、教育は富を民衆に与える手段であると主張した。

　渡部晶（1978）によると「マンが活躍した1830年代のニューイングランドは、羊毛工業、木綿工業、鉄工業、靴製造工業などを中心として、アメリカの産業革命が急速に発展していった時代である。」[32]

　すでに述べたが、当時ニューイングランドにはいくつかの工業都市が発達した。ボストン、ローウェル、ニューベッドフォード、ウォルサムなどである。ホーレス・マンは民衆教育を普及するためにこうした企業家の助けを借りた。例えば、ローレンス家、ローウェル家、アップルトン家などであり、最初の師範学校を設立するに際しては、エドモンド・ドワイト（Dwight, E. 1780-1848）から1万ドルの寄付の提供を受けた。E.ドワイトはボストンの資産家である。

　当時、ヨーロッパからの移民が増加し、これらの移民は工場労働者として都市に住み着いた。少年たちは若年労働者として工場で働いたが、貧困と生活環境の悪化は青少年の教育の障害となっていた。

　ホーレス・マンは「教育はこの世に生まれた人間の絶対の権利であり、一国の政府はこの教育という本来の権利をすべての人に付与するようにしなければならない」と考えた。ホーレス・マンはこのように教育を受ける権利、言い換えれば学習権でもあるこの権利を「この世に生まれた人間の絶対的権利」つまり基本的人権と考え、「そのような権利を保障する義務が政府にある」と主張した。したがって、すべての人が共通に教育を受ける公立学校が

必要であり、当然その学校は無月謝学校（Free School）でなければならなかった。

公立学校制度は(1)人権的理由、(2)経済的理由、(3)民族的理由から必要な制度と考えられた。すなわち、

1) 学習者に基本的人権としての教育を受ける権利、学習する権利を保証するための制度
2) 社会的、経済的発展を支える社会成員の教育を行う制度
3) 複合民族国家としてのアメリカにおいて、国民が共通文化をもつことによって国家の統一を目指す教育（社会秩序論）

である。

ところで、マサチューセッツ植民地において公立学校設立の規定が施行されたのは、いわゆる1642年のマサチューセッツ学校法である。T．オコナーによると「マサチューセッツ州知事のJ．ウインスロップ（John Winthrop）はタウンの人口が50戸を越えると、一人の教師を雇って公立学校を開設しなければならず、さらに100戸を越えるとグラマースクール（中学校）の開設をタウンに義務づけた。費用は親、子どもの雇い主、タウンの住民が負担することになっていた。」[33]

この制度は1789年に改正され、さらに1827年にも再び改正されたが、改正の内容は主として教育課程の改正であった。子どもたちが学ぶべき教育課程として、読み方、書き方、英語、算数、習字、作法、簿記、幾何学、測量術、代数などであった。

実際に公立学校制度が確立するのは、1878年マサチューセッツ州が学区制（School District System）を敷いてからである。これはタウンが拡大して１つの学校でタウンの教育がまかない切れなくなったからである。ホーレス・マンが教育長に就任した1837年には307のタウンに対して2500の学校区があり、そこにある学校の多くは児童生徒が100人以下であった。

これらの学校は貧弱な教材と正規の教員資格を持たない教師によって支えられていたと言われる。こうした理由から、ホーレス・マンは質の高い教師を養成するために師範学校の設立が必要であると考え、設立に努力したので

ある。

　T．オコナーは「1830年以前の学校は教会によって運営され、専門的な訓練を受けていない教師が子どもたちを教えていた。ホーレス・マンは学校教育の質の向上と教師の質の改善のために多くの試みを行った。」[34)]その1つが師範学校（Normal School）の設立であるとしている。

　1838年3月9日、E．ドワイト宅における州立師範学校設立のための会合が終わった後、ドワイトは1万ドルを寄付することを約束した。この申し出をもとにホーレス・マンは議会に対して師範学校設立の請願を行った。

　議会において審議が重ねられ、1838年4月14日に州は師範学校設立のために1万ドルを支出することを決定した。この日がマサチューセッツ州、ならびにアメリカにおける州立師範学校が設立された記念すべき日である。

　その後13カ所から師範学校誘致の申し出があったが、結局1838年12月レキシントンが女子師範学校の開校地に決定された。つづいて、バーおよびブリッジウォータが師範学校の所在地として認められた。

　レキシントンに開設されたアメリカにおける最初の師範学校の校長として、ホーレス・マンと同じユニテリアンのC．ペリス（Cyrus Peirce）が選任された。彼が教え子のメアリー・スイフト（Mary Swift）との間に交わした多くの手紙が書簡集（the Journals of Cyrus Peirce and Mary Swift）となって残っているが、それによると「最初の卒業生は24人であった。彼の行った師範教育は、プロテスタントの宣教師を養成する学校と似通ったもので、宣教の使命に通じる公教育への献身を生徒に教えた。」[35)]と書かれている。M．スイフトはこの教えを忠実に守り、教職は児童に対してもっとも崇高な使命を持った職業であると信じて教師として17歳から30年間を働いている。

　M．ボローマン（Merle L. Borrowman 1965）によれば、「師範学校は中等教育や専門教育を受ける機会が限られている学生に教育を受ける機会を与えた。そうした機会は急速に発達した紡績工場に働く女子工員にとって貴重なものであった。」[36)]この記述から、高等教育に進学する機会の乏しかった貧しい階層の子弟にとって師範学校は高等教育を受けることのできる教育機関として貴重な存在であったことが分かる。

ユニテリアンは神の唯一性を信じ、新しい知識に対する開放的な態度と弾力的な考え方により、万人救済を唱えたユニバーサリストと共通した考え方をもち、その信条はニューイングランドの指導者層に浸透していった。こうした思想が一般教育 (Universal Education) の思想を産みさらに公立学校を成立させたと思われる。

師範学校は普通義務教育の普及に貢献したが、義務教育に連携する中等教育の普及に伴って、大学における教員養成が復活していく。教員は専門的な特別の知識、例えば教育信条、教育技術、専門教科に関する知識、教育課程に関する知識などを必要とする職業と認められ、1年ないし2年の教育課程が構成された。しかし、中等教育にとっては初等教育より知的で、教養的な教師を必要とし、こうした教師は大学やカレッジで養成されるべきであると多くの人に認められるようになり、後年マサチューセッツ工科大学に理科教員養成を目的とした学部（スクール）が付設され、理科を専門とする現職教員の再教育が行われた。

H.モルガンの紹介によるとホーレス・マンは1848年教育長を退任する直前に書いた第12年報において在任中の過去12年間のマサチューセッツ州の教育を回顧して、「民主主義の社会を建設するために若者を教育すべきである」[37]と締めくくっている。

## 9 工場労働者の教育

M.ノートンは紡績工場で働く女子労働者に対する経営者の家族主義的な温情的取り扱いを次のように述べている。「ウォルサムは田舎だったので、工場に必要な人員を集めることはできなかった。そこで経営者はニューイングランドの農家の娘たちを、彼女たちに対する生活面と道徳面の責任を引き受ける形で雇い入れた。若い女性たちが工場で喜んで働くようにと、彼らは現金による報酬、会社が運営する寄宿舎などの生活環境、そして夜間の講演といった文化的な催しなど農村では得ることのできないものを提供した。この温情的なアプローチの仕方は、ウォルサムまたはローウェル方式と呼ばれ、

ニューイングランドの河川沿いに建設された他の工場でも採用された。」[38]

R.ダルゼルはまた、「ウォルサム・ローウェル紡績工場は当時のアメリカにおける最大の産業組織であった。経営者と労働者が同じ場所で生活し、地域社会における人々の結びつきはキリスト教の福音によって強められた。経営者は労働者の間に宗教的精神を広め、社会道徳性を高めるように努力した。」[39]と述べ、経営の基本にキリスト教の精神があったこと、そして経営者が民衆の教育に努力したことを証言している。こうした思想が、ジョン・ローウェルJr.によるローウェル協会公開講座や無月謝学校制度を生む基盤となったと言えるのである。

注

1) Andrew Carnegie (1885), *Triumphant Democracy*, Doubleday, Doran & Company, p.55
2) Andrew Carnegie (1885), *ibid.*, p.56
3) Theodore Steinberg (1991), *Nature Incorporated Industrialization and the Waters of New England*, Cambridge University Press, p.23
4) Theodore Steinberg (1991), *ibid.*, p.53
5) Jeremy Atack & Peter Passell (1994) *A New Economic View of American History from Colonial Times to 1940*, Second Edition W.W. Norton & Company, p.178
6) メアリー・ベス・ノートン他著、白井洋子他訳（1996）『アメリカ合衆国の発展』三省堂、p.135
7) 8) Jeremy Atack & Peter Passell (1994), *op.cit.*, p.179
9) Jeremy Atack & Peter Passell (1994), *op.cit.*, p.181
10) Jeremy Atack & Peter Passell (1994), *op.cit.*, p.191
11) Richard B. Duboff (1989), *Accumulation & Power: an economic history of the U.S*, M.E. Sharp Inc., p.16
12) Robert F. Dalzell, Jr. (1987), *Enterprise Elite: The Boston Associates and the World They Made*, Harvard University Press, p.28
13) Robert F. Dalzell, Jr. (1987), *ibid.*, p.41
14) Jeremy Atack & Peter Passell (1994), *op.cit.*, p.461
15) Robert F. Dalzell, Jr (1987), *op.cit.*, p.XI
16) Paul Faler (1981) *Mechanics and Manufactures in the Early Industrial Revolution*, State University of New York Press, p.140
17) Paul Faler (1981), *ibid.*, p.146

18) Robert F. Dalzell, r. (1987), *op.cit.*, p.28
19) Thomas H. O'Connor (1991), *Bibles, Brahmins, and Bosses: A short history of Boston*, Trustees of the Boston Public Library, p.96
20) Robert F. Dalzell, Jr. (1987), *op.cit.*, p.124
21) Robert F. Dalzell, Jr. (1987), *op.cit.*, p.125
22) Robert F. Dalzell, Jr. (1987), *op.cit.*, p.126
23) Robert F. Dalzell, Jr. (1987), *op.cit.*, p.127
24) Thomas H. O'Connor (1991), *Bibles, Brahmins, and Bosses: a short history of Boston*, Boston, Trustees of the Public Library, p104
25) Thomas H. O'Conner (1991), *ibid.*, pp.107-108
26) Robert F. Dalzell, Jr. (1987), *op.cit.*, p.157
27) Jeremy Atack & Peter Passell (1994), *op.cit.*, p.232
28) Hoy Flmer Morgan (1936), *Horace Mann: His Ideas and Ideals*, National Home Foundation Washington D.C., p.3

(註) H.モルガン(1936)の前書きによるとこの書物はホーレス・マンの教育長就任100記念祭の一環として出版された。マンは1837年、マサチューセッツ州の初代の教育長に就任した。書物の目的はマンの生涯と著作の紹介である。無償の公教育に理解を示すすべての人々のために書かれた。

　　　内容は4部に分かれている。
　　　　1部　生涯とその時代
　　　　2部　教育についての講義
　　　　3部　学校児童にあてた手紙
　　　　4部　思想と理想

29) Hoy Flmer Morgan (1936), *ibid.*, p.4
30) Lawrence A. Cremin (1957), *The Public and The School: Horace Mann on The Education of Free Man*, Teachers College Press N.Y., p.13
31) Lawrence A. Cremin (1957), *ibid.*, p.32
32) 渡部晶 (1973)『ホーレス・マン教育思想の研究』学芸図書、p.25
33) Thomas H. O'Conner (1991), *op.cit.*, pp.21-22
34) Thomas H. O'Conner (1991), *op.cit.*, p.106
35) Merle L. Borrowman ed. (1965), *Teacher Education in America*: A Documentary History, Teachers College Press Columbia University, p.55
36) Merle L. Borrowman ed. (1965), *ibid.*, p.22
37) Hoy Flmer Morgan (1936), *op.cit.*, p.28
38) M.B.ノートン、白井洋子他訳 (1996)『アメリカ合衆国の発展』三省堂、p.137
39) Robert F. Dalzell, r. (1987), *op.cit.*, p.XI

**注　現在のマサチューセッツ州の特徴**

現在マサチューセッツ州の人口は600万人、全米の州のうち13番目にあたる。一方面積は1万平方マイルで44番目、したがって人口密度は非常に高く大ボストン地域に人口の8割に当たる500万人が住んでいる。ほぼ9割が白人で有色人種、ヒスパニックは1割に過ぎない。海上交通の要衝として栄え、また繊維工業、電子工業、商業、金融業、印刷業、水産業などが主とした産業である。歴史的遺跡も多く観光都市として多くの人が訪れ、また文化都市として学生、研究者も多い。

# 第2章 ローウェル家の形成と
市民講座の開設

 ボストンにおけるエリート中のエリートと呼ばれ、ローウェル協会 (the Lowell Institute) と市民教育のためにローウェル協会講座 (the Lowell Institute Lecture) を開設し、その後ボストン公共放送局 (WGBH) の基礎をつくったローウェル家はどのように形成されたのであろうか。ローウェル家研究に関する多くの書籍があるが、本書ではE.ウィークス (Edward Weeks) の『ローウェルとその協会』(1966) を中心に、その150年にわたるローウェル家のボストン市民およびハーバード大学への多方面にわたる貢献を明らかにしていく。

 E.ウィークスはまえがきで「この本では、1839年ローウェル協会講座が、ジョン・ローウェルジュニア (John Lowell Jr.) によって開設された経緯とその後今日に至るまでこの講座を発展継続させてきた4人の後継者を紹介する。彼らは一貫して新しい知識の創造に努力してきた。〈中略〉ローウェル協会は数学、歴史学、政治学、企業経営に優れた人材を育成してきた。ローウェル家のうちの幾人かは科学の発展の指導者となった。アメリカにおける代表的詩人に成長した者もいる。」さらに「家系を継続していくことは、往々にしてむずかしいものであるが、ローウェル家にはそうした問題もなく、ボストンにおける教育と科学の発展への貢献を続けた。それはアメリカの年代記の中でも特色あるものである。」[1]と述べている。ローウェル家はマサチューセッツの社会の発展に欠くことのできない貢献をし続けたのである。そして、4代目のラルフ・ローウェル (Ralph Lowell) は市民教育の手段としての公共

放送を建て上げた功労者として知られている。

さてE．ウィークスはローウェル協会の設立者J．ローウェル Jr. とその後継者4人を扱っているが、この中には24年間ハーバード大学長を務めたA．ローレンス・ローウェルが含まれている。4人の後継者はすべてローウェル協会とローウェル協会講座の発展に尽力を惜しまなかった。E．ウィークスが取り上げた人物は以下の5人である。

1) 創立者ジョン・ローウェルジュニア（ローウェル協会の創設者）John Lowell, Jr.
2) 改革者ジョン・アモリ・ローウェル（ローウェル協会講座の実質的な開設者）John Amory Lowell
3) 第二代の会長オーガスタス・ローウェル（ローウェル協会講座の改革者）Augustus Lowell
4) 政治学者アボット・ローレンス・ローウェル（ハーバード大学長）Abbott Lawrence Lowell
5) ボストン公共放送局の創設者ラルフ・ローウェル Ralph Lowell

なおこの5人以外に、ローウェル家の始祖であり、「老判事」とボストン市民から親しまれた、ジョン・ローウェル（John Lowell）がいる。

## 1　ローウェル協会とローウェル協会講座の創設者
ジョン・ローウェル Jr.

ローウェル協会が創設された1830年代のボストンはすでに述べたように、産業革命によって、北米第一の工業地帯に成長していた。ローウェル家の始祖ジョン・ローウェル（John Lowell）がボストンに移住してきたのはアメリカ独立直前の1776年である。彼はハーバード大学を卒業した後に裁判官となり、独立戦争後大統領G．ワシントンからマサチューセッツ地方裁判所の主席判事に任命された。それ故、ボストンでは彼は固有名詞で「老判事（the Old Judge）」と呼ばれるようになった。

H．ヨーマンズ（Henry Aaron Yeomans）によると、「J．ローウェルの祖父

第2章　ローウェル家の形成と市民講座の開設　29

パーシバル・ローウェル(Percival Lowell)はイングランドの港町ブリストルで輸入商品を扱う商人であった。彼は1639年68歳の時、妻と2人の息子夫妻、娘夫婦、4人の孫を伴ってボストンの北にあるニューバリ (Newbury)へ移住した。この時がローウェル家のニューイングランドにおける出発の時である」[2]と述べている。J.ローウェルは17歳でハーバード大学を卒業し最初はニューバリポートの教会の牧師になる。その後ボストンに移住して、マサチューセッツ地方裁判所の主席判事になったのである。

E.ウィークスは「18世紀の前半に、ボストンは英国コロニーにおける4番目に大きい都市に成長し、その指導力と富は経営者（伝統的木造家屋に住むイギリス本国から任命されて来た統治者）に握られていた。しかし、独立革命への運動が次第に広がりボストンには新しい指導者が入ってきた。彼らは古いピューリタンの子孫で、セーラムからのT.ピッカリング(Timothy Pickering)、バーバリーからのG.カボット (George Cabot)、ニューバリポートからのJ.ローウェル(John Lowell)などである。彼らは活力にあふれ、議会設立の原動力となり、ボストンで人々に知られるようになった。」[3]と述べている。つまり、ローウェル家の始祖J.ローウェルは、マサチューセッツ・コロニー育ちの新しい指導者の一人であった。

A.カーネギーが述べたように、独立後のボストンの人口の伸びはゆっくりであった。T.オコナーによると「1790年から1800年代の初頭にかけてのボストンの発展は、人口の増加と住居地域の拡大によって明らかである。イギリス支配のコロニー時代6000人であった人口は1790年には1万8000人となり、1800年には2万5000人へ、そして1810年に3万人を越えて30年間かけて5倍になった。」[4]

このように人口の伸びはこの時期それ程急ではなかったが、富は海上貿易のおかげで増え続けた。1830年ボストン港には千艘の船が行き交い当時の金額で1100万ドルの貿易を行った。3本の鉄道が内陸の工業の町ローウェルとボルセスターとプロビデンスに延び、沿岸地域と内陸交易が盛んになった。この結果、繊維、皮革、羊毛、印刷、出版等の産業が内陸地域に広がった。
ボストンは植民地風の木造の伝統的家屋が建ち並び（この形式の家は今でも

独立の英雄ポール・リビアの家としてボストンに保存されている)、美しい都市へと発展していった。家々は楡の木に囲まれ、冬になると子どもたちがその下で雪だるまを作って遊ぶ姿が絵画に残されている。

しかし1772年11月の大火災 (the Great Fire) によりこうした伝統的町並みは消失し、建築家のC.ブルフィンチ (Charles Bulfinch) の30年にわたる努力によって現在見られるような白いドアーの赤煉瓦の家の立ち並ぶ町並みに変わった。C.ブルフィンチは18世紀の末から19世紀の初頭にかけて、州会議事堂、セントステファン・ローマンカトリック教会、ベンジャミン・フランクリン邸、ハーバード大学学生ホールなど数々の建築物を残している。

T.オコナーの記述によると、「この大火によって町が数百の区画に分けられ、各区画に自治消防団が組織され、数百人の若者を指揮するボランティアのリーダーが任命され、バッジが交付された。彼らはグループ毎に独特の衣装とカラーによって区別された。」5)つまり江戸と同じように、自営消防団が結成されたのである。また、C.ブルフィンチはコネチカット州議事堂、合衆国議事堂の設計も行った。

さて、ローウェル協会の創設者ジョン・ローウェルJr.はローウェル家の始

マサチューセッツ州議事堂、建築家C.ブルフィンチの代表作品、1795年に建設が開始され1798年に完成した。
円形のドームは独立戦争の英雄、ポール・リビアの手によって、金箔で覆われた。

図2-1　マサチューセッツ州議事堂

祖ジョン・ローウェルの孫、つまりローウェル家にとって3代目ということになる。ニューイングランド地方の冬は長く、人々は教会や集会場に集まって研究会や討論会を開くことが多かった。アメリカ独立戦争の契機となったボストン茶会(Boston Tea Party)もそうした会合から生まれた事件であった。

ジョン・ローウェルJr.は32歳の時、ボストンの人々が書物や講演を渇望していることに気づいた。彼自身も市内で開かれた多くの講演を聴いて回ったが、それらは彼にとって冬の夜のいわばサロンのようなものであると思えた。彼は、講演会を知的で格調の高いものに引き上げたいと考えた。このことがローウェル協会の設立の契機となった。

ジョン・ローウェル.Jr.は紡績業で得た富を市民の教育に使用したいと考え、友人に呼びかけて協業形式の研究所を設立した。これがローウェル協会である。この協会は以後150年にわたって市民教育、継続教育、大学拡張講座、さらに公共放送局の基となった。

彼は、まず一流の講師による成人対象の8-12回から構成される公開講座を企画し、プログラムの選定はローウェル協会のメンバーと相談して決めたが、年間に開かれるコースの一つは必ずキリスト教の歴史的、内面的証しを扱う講座にするように彼自身の主張を貫いた。しかしその他のコースはかなり自由にテーマの選定が認められ、哲学、自然科学、美学、科学などを扱う幅広いものとなった。E.ウィックスによると、キリスト教の教義に関する講座を設けた理由は「ジョン・ローウェルJr.が敬虔なピューリタンの故」[6]である。講座の中にキリスト教の教義を扱うコースを設けることは、以後ローウェル協会講座の伝統となった。

こうした公開講座の運動は産業革命後イギリス、スコットランドのグラスゴーで始まったジョージ・バークベック(George Birkbeck)の若い技術者向けの講座運動の影響によるもので、講演運動(lyceum movement)と呼ばれた。ボストンにおける公共放送の源をたどると、イングランドで発生した講演運動にたどり着くのである。

## 2 講演運動とローウェル協会講座

(1) ライシャム運動の起源

　講演運動はアメリカの成人教育運動の原点と言われる。この運動に使用されているライシャム (lyceum) の語源は古代ギリシャのアポロ神殿 (Apollo Lyceius) から由来しているとも、また小アジアの一地方リチア (Lycia) からであるとも言われるが明確ではない。しかし、たしかなことは、アリストテレスなどの哲学者が弟子と語らった森や庭をライセウムと呼び、その後アリストテレスが哲学を教えたアテネの園を「リュケイオン」と呼んだことから、教育の場所を表す言葉として使われるようになったことである。18世紀に入りスイス、フランス、イタリアの学校の教室をリセ (lycee) と言い、現在フランスの国公立の後期中学校をリセと称しているが、これもライシャムに由来している。

　アメリカにおけるライシャムの様々な定義をアメリカ英語辞典から見ると「地域社会へレクチャー、ドラマ、討論などを提供する教育機関 (institution)、各地の町や地域社会で冬に開かれる様々な講演会」と書かれている故、ここでは講座の開かれる場所よりむしろ、教育機関や講演会そのものを表現する言葉として使われていると考えられる。

　さて、講演運動の起源はC.ボード (Carl Bode) によるとG.バークベックの公開講演運動である。C.ボードはこの経緯を次のように書いている。「1800年、イギリスのグラスゴーにあるアンダーソニアン大学 (Andersonian University) の若き研究者G.バークベックが科学実験器具を集め、それを修理して使った自らの記録をロンドンの週刊誌『メカニック・マガジン』に掲載したところ、ガラス細工職人、鍛冶職人、木工職人などの職人から多くの反響があり、そのためバークベックは彼らに必要な知識の公開をしたいと考えた。そして、大学における彼の講義を公開することとし、1800年から1801年における大学案内にこのことを明記した。彼の専門は流体力学であったので、コース案内に実験を伴う流体の力学的特性に関するコースを公開すると

第2章　ローウェル家の形成と市民講座の開設　33

書いた。そして、アンダーソニアン大学に技術者向けの講座を設けた。」[7]このように、講演運動は産業革命後に技術を広く市民に公開する公開講座としてスタートし、それらは後に技術学校や工業大学へと発展したものもあった。

彼はその後ロンドンに出て、1809年に科学、文学、美術の普及のためのロンドン研究所（the London Institution for Science, Literature, and Arts）を設立し、ここで多くの市民に講座を公開した。彼の講座公開の原則は実践的（practical）で役に立つ（useful）技術を普及させることで、以後この運動の基本となっている。

アメリカにおける講演運動の先駆者はJ．ホルブルーク（Josiah Holbrook）である。彼はエール大学卒業後、1826年にアメリカ教育誌にライシャム運動を地域社会に広めるべきであると提案し、この提案に沿ってマサチューセッツ州ウースター（Worcester）郡のミルバリー（Millbury）において、銃、キャンバス、硬皮革、弾薬、鉄棒、鉄プレイトなどを生産する中小工場の熟練工を対象とする技術講座を開設した。1833年には171人、1835年には190人の受講者があったと記録されている。そしてこの運動は東部マサチューセッツ州、特に当時アメリカの文化の中心であったボストンへ拡大して行った。

(2)　ボストンにおけるライシャム運動

Ｃ．ボードは「マサチューセッツ州はアメリカにおける講演運動の指導的地域で、その指導者はJ．ホルブルークである。彼は、この運動を地域社会の教育機関として位置づけたいと考えていた。」[8]と述べ、J．ホルブルークが技術教育だけでなく教養講座への広がりを考えていたことを明らかにしている。当時マサチューセッツ州では、ホーレス・マンによる義務教育制度の確立が模索されていた時代であったので、無月謝学校と連携して地域の学校における教育の補完講座としても開かれ、1800年代には、ニューイングランドには100講座あったと記録されている。

J．ホルブルークは1826年にライシャムを以下の6項目の性格づけを行っている。

「1)　ライシャムはより一般的な教育の普及が可能である。

2) ライシャムは実践的である。
3) ライシャムは善良な道徳性を持っている。
4) ライシャムは政治的に穏健である。
5) ライシャムは経済的である。（受講料が安い）
6) ライシャムは無月謝学校の改善に有効である。」[9]

上記によれば、市民教育において、実用的技術の普及のみならず道徳性の教育をも指向していたことが明らかになる。また、経済的でしかも無償を原則としていたのである。

C.ボードによれば「ライシャム運動のボストンにおける最初の会合は、1828年11月7日金曜日の夜、コーヒハウスにおいてD.ウエブスター(Daniel Webster)の司会の下に開かれた。この席でJ.ホルブルークはマサチューセッツ州における実施状況とその効果、特に実用的技術分野に働くすべての階層の人々の研究心を刺激する効果があったことを説明した。」[10]となっている。

2週間後にD.ウエブスターを会長とする「ボストン有益な知識を普及する会 (the Boston Society for the Diffusion of Useful Knowledge)」の設立が提案され、1829年から1830年にかけての冬季、若い技術者向けの講座をボストン・アテナウムで開くことがこの会から発表された。この講座は午後開かれ、勤労者のために翌日の夜に再度同じ講座が開かれることとなり、アメリカにおける公開講座の開講システムすなわち昼夜開講制度の基礎となった。D.ウエブスターはハーバード大学ロースクールにおける有能な教授である。

アメリカにおけるライシャム運動はこのようにニューイングランドから始まったが、とりわけマサチューセッツ州はその中心であった。1830年にニューイングランドの6州の人口は195万人であったが、10年後の1840年には224万人に増加し、当然多くのコミュニティが形成されこうした集落は民衆教育のためにライシャムを必要としたのである。森や湖のほとりにある小さな家がライシャムの拠点となった。マサチューセッツ州においては、独立戦争の戦跡として名高いミルバリー、ウースター、セーラム、コンコードなどにライシャムが設けられた。こうしたライシャムには名の知れた学者が講

師として登場している。例えば1829年に開講したコンコード・ライシャムにはハーバード大学哲学科教授のエマーソン(Emarson)が「科学に対する先見性」と題して講演をしている。また1830年に最初の集会がもたれたセーラム・ライシャムにおいてはポーウエル(Powell)が「人類の心臓」について講義をしている。コンコードやセーラムのような小都市のライシャムは通常講師を地域社会から調達するのであるが、講座のマンネリ化をさけるために、エマーソンやポーウエルのような外部講師を招聘したのである。表2-1はセーラム・ライシャムの1838年における講座のリストである。

表2-1 セーラム・ライシャムの講座項目（1838年）

| 講座項目 |
|---|
| アメリカ革命の原因 |
| 太陽 |
| 国家福祉のための資源 |
| 無償教育学校 |
| 文化と開発への人間の精神の能力 |
| ミツバチ |
| 地理学 |
| 女性の権利 |
| 本能 |
| モハメッドの生涯 |
| オリバー　クローエルの時代 |
| 民主主義の進歩 |
| ノースマンによるアメリカの発見 |
| 悪魔派文学とその改良 |
| 子どもの教育 |

この講座の「子どもの教育」はホーレス・マンが講師として論じている。

(3) 他の州への広がりと移民の教化

　ライシャム運動の流れは、ボストンからマサチューセッツ州の他の地域へ、そしてニューイングランドへ、ニューヨークなど東部諸州へ、オハイオ州などの中西部へさらに西部諸州へ、最後に深南部のミシッピー州へ達した。ライシャムはこれらの州では主として産業都市において市民講座として定着し、通常講演会形式をとり市や企業経営者によって運営され、工場労働者や移民に開放された。図2-2に示されるように1840年代に入りヨーロッパからの移民の流入が急速にたかまり、これらの移民の教育が大きな社会問題となっていた。例えば1846年にニューヨークの人口は37万人に達したが、増加の大部分はヨーロッパからの移民によって占められていた。しかし、彼らの文化的環境は貧しく市は彼らのために、多くの講座を設け、さらに文化施設としてヨンカーズ・ライシャム、フランクリン・ライシャム、マンハッタン図書館、クラーク図書館などを建設し彼らの教化に努めた。これらの講座案

（単位 千人）

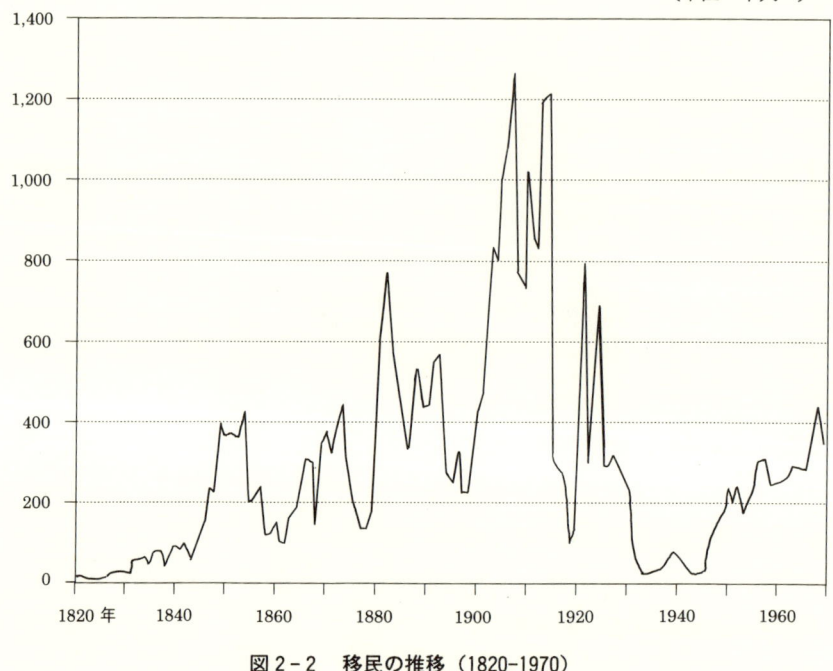

図2-2 移民の推移（1820-1970）

出典）Jeremy Atack & Passell (1994) *A New Economic View of American History*, p.233

内はニューヨークだけでなくボストンにおいても地方新聞にリストを掲載して周知を徹底した。

　産業化と移民の増加による教育需要はペンシルベニア州においても顕著で、州の人口は1840年に170万人であったものが、1860年に290万人に達し、各コミュニティは「若者図書館」「討論クラブ」などを開設しそこで、詩や文学、ファッションの講座を設け主として移民の学習要求に応じた。

　このように、アメリカのライシャム運動をたどると形態も目的も受講生も多様である。移民の救済に設けられたライシャムは小学校の代替としての役目を担ったが、移民の教育要求とズレがあり、次第に姿を消していった。

　また、あるライシャムは会員組織を採用し特定集団への奉仕機関となり、J.ホルブルークの理想とした市民教育機関と違った方向へ発展したものもあった。しかし、ライシャム運動ははるか南のニューオーリンズまで達して

「ニューイングランド文化 (New England Culture)」を全米へ伝播させた功績は明らかで、それはとりもなおさずイギリスのイングランドの文化を全米に広めたことになる。」[11]と考えられている。

ライシャム運動は南北戦争（1861-1865）を機に収束に向かい、形を変えてそれぞれの地域に定着して行った。そしてアメリカ市民教育運動の源流をなし、ボストンにおいてはローウェル協会講座の開設の礎石となった。

## 3 ローウェル協会講座設立の前史

ジョン・ローウェル Jr. はハーバード大学法律学教授 D. ウエブスターが講演運動を普及する目的で組織した「ボストン有益な知識を普及する会」の会員であった。そこでこの会の講座、会則、講師、運用規則などを参考にジョン・ローウェル Jr. はローウェル委員会の結成を計画し、1836年25万ドル（1966年当時、E. ウィークスの計算で800万ドルの価値）を協会の資金として拠出した。協会の基金は「老判事」の次男であった父親の F. カボット・ローウェルがイギリスにおいて紡織機の研究をし、紡績工場を創業して成功し、残してくれた遺産であった。

ジョン・ローウェル Jr. は講演運動よりも幅の広い総合的な講座を人々に提供したいと考えていた。講師は講座を継続して担当できる人で、より大衆的な人を選び、受講者が望むならできるだけ継続して講演できる人を基準とした。彼は父が残したウォルサムの紡績工場の経営者として若い従業員にも実践的な講座を提供したいと考えていたが、彼の真意は講演運動における実用的講座とは違った、成人対象の講座を充実し、内容も教養高いものに引き上げたいということであった。なぜなら、知的に高度な内容を求める受講者と魅力的な講義をしたいと考えている講師の熱意の一致によって講座は成功し、さらに講座の経済的安定も保たれるのではないかと考えたからである。

彼はボストンの人々に「旅人 (the Traveller)」と呼ばれるほど旅行好きで、ボストンを留守にして世界を旅して歩いたので、実際にローウェル協会講座を開講したのは、彼の後継者である J. アモリー・ローウェル (John Amory

Lowell)であった。開講の時期はローウェル協会が設立されて3年を経た1839年である。

すでに述べたが、彼の父、F.カボット・ローウェルは家族を伴いイングランドに住み紡績機械の改良研究に没頭した。この間1810年息子のジョン・ローウェルJr.を冬の間エジンバラの寄宿舎学校に入学させた。そしてF.カボット・ローウェルは機械で布を織る研究に熱中しマンチェスターやバーミンガムの綿織物工場を訪問して工場の仕組みををつぶさに見学した。この研究の結果、彼はアメリカへ帰国後N.アップルトンと協力して、今までにない新しい紡織機を1812年から13年にかけてウォルサムの工場に据えつけることに成功した。こうしてF.カボット・ローウェルはアメリカ紡績工業史における改革者と呼ばれるようになったのである。そして彼の功績によりローウェル一家は紡績産業界の指導者の地位を築いた。さらに一家は金融界に進出し、メリマック（Merrimack）銀行を設立した。

ジョン・ローウェル.Jr.は父と同様に少年時代に一時期をイングランドで、また他の時期をパリで過ごし学校に通った。この海外生活の経験と父から受け継いだ研究心、好奇心が彼を旅行好きにした原因である。彼は父から「高価だがあまりきれいでない」船を贈られ、この船に乗船してボストン港から世界各地へ旅行した。彼を旅行好きにしたもう一つの原因は、地理学に興味をもっていたことで、後のローウェル協会講座には彼の影響もあって多くの地理学の講座が設けられ、人々から歓迎された。

彼はほとんど旅をして暮らしたが、それを支えたのが従兄弟で義弟のJ.アモリー・ローウェルである。アモリー・ローウェルはジョン・ローウェル.Jr.と連絡を取りながらローウェル協会の経営に当たり、後にローウェル家を継ぐことになる。ジョン・ローウェルJr.は1832年イギリスに渡り父と同じように新しい紡織機の研究に没頭し、その成果を留守を守っていたJ.アモリー・ローウェルに送り、ローウェル協会の発展に尽力した。

1835年彼は長年暖めていた計画を実現するために旅行を終えてボストンのJ.アモリー・ローウェルの元に帰ってきた。講座のリストの中に第一の柱として「我らの救世主の遵奉に関する宗教コース」を置いた。次に彼は、

ニューイングランドの繁栄は人々の道徳性の高さに加えて知性と情報の豊かさによるものとし、第二の柱として科学分野に注目し物理、化学、植物学、動物学、地理学、鉱物学などの講座を作りたいと考えた。道徳性と知性の向上を目的とする講座の開設は、その後ローウェル協会講座の二本柱となった。

ジョン・ローウェルJr.は旺盛な進取の精神を持つ旅の愛好者であったが、1836年2月10日旅行先のインドのボンベイで客死する。彼はギリシャやアラブを愛し多くの文化財を収集してボストンへ送っていた。これらの収集品は後にボストン美術館に寄贈され展示されることになった。彼のたゆまぬ好奇心がローウェル協会の設立の基盤となり、その遺志はJ．アモリー・ローウェルに受け継がれたのである。

## 4 講座の開設者　J．アモリー・ローウェル

ローウェル協会講座の実際の開設者はJ．アモリー・ローウェルである。彼はジョン・ローウェルJr.の妹と結婚し、実質的に「旅人」ジョン・ローウェル・Jr.に替わってローウェル協会を運営していた。ローウェル協会の基金は25万ドル、一年間の経費は1万8000ドルである。当時ハーバード大学の教授の年収は1200ドルであったから、現在の貨幣価値で3億円から5億円程度と考えられる。

　J．アモリー・ローウェルは1811年13歳の時ハーバード大学へ入学し、ハーバード大学在学中に築いた人脈が、後にローウェル協会講座の運営に役立つことなった。彼は、1年生の時大学における保証人となったJ．カークランド（John Thronton Kirkland）学長の家に下宿した。J．カークランドはハーバード大学史研究者のS．モリソン（Samuel Eliot Morison）によって傑出した学長（1810年-1828年）として記述されている。J．アモリー・ローウェルは2年生の時に、後のボストン市長になるJ．ビッグロー（John P.Bigelow）と同室となり、さらに彼の大学における親友は神学者のジョン・ゴーハム・パルフレイ（John Gorham Palfrey）で、パルフレイも後にローウェル協会を援助することになった。

J．アモリー・ローウェルはハーバード大学を卒業した後1822年サフォーク（Suffolk）銀行に入り後に経営者となり、経営者として金融界において才能を発揮していく。

　この経営の才能は、ジョン・ローウェルJr.の意志を受け継いでローウェル協会講座を運営していく際の有力な武器となった。彼は指導力を発揮してボストンの銀行間の連携組織（Corporation）を作る。このお陰で彼は1837年から57年までの経済的恐慌をニューヨークの銀行よりはるか敏速にそして無事に乗り切ることができた。「この経営組織はボストンの指導者の連携と血縁による結びつきを基礎としたもので、彼らはボストンブラーミンと呼ばれエリート集団として相互の結びつきをより強固なものにしたのである。」[12]

　当時ローウェル一家の紡績工場は他の工場と同じように女子工員を宿舎に住まわせて働かせた。アメリカの評論家は「ローウェルは『食うや食わず』の代名詞で労働者の搾取工場、非人道的工場主の工場」を意味する町であると批評した。ウィークスによると「これは事実で、女子工員たちは毎日12時間働いて1週間に3.15ドルの賃金をもらい、宿舎代として1週間に1.25ドルを差し引き残りの1.90ドルが彼女らの手取りとなった。こうした乏しい給与の中から彼女らは、結婚資金や兄弟を大学へ進学させる資金として積み立て、その総額は10万ドルにもなった。したがって、世間の見方は彼女らに同情的であった。」[13]

　しかし、別の見方もあった。H．マチノー（Harriet Machineau ed. 1837）の記述によると彼女たちは良好な状況に置かれていたとも言える。H．マチノーは、「私はボストンから数マイルのウォルサムの会社組織の工場を訪れた。ウォルサムの工場はローウェルの工場より操業が早いのである。この地の工場は綿の紡績と織布の生産を行い、また必要な機械の組立を行うものである。私が訪れた時には500人が雇われていた。少女たちは賄い費の他に、週2ドル、ある者は3ドルを支給されていた。少女たちの大部分は会社が建てた宿舎に住んでいて、ここに彼女らの母親を連れてきて自分と同僚の者のために家事をさせるのが習わしであった。こうして彼女らは賄い費や衣料費を浮かして週に2ドルか3ドルを貯金することができ、ある者は父親の畑から借金

によって設定された抵当権を抹消させ、ある者は家族のうち優秀な兄弟をカレッジに学ばせている。

　会社は教会を建てたが、これは工場の敷地の真ん中にあり芝生の上にきわだっている。会社は彼女らに講堂を与え、よい図書館を備え、毎冬ここで講座を開く。その講座は財政の許すかぎりの最上のものである。彼女たちは自分の小さな図書のコレクションを持っている。人々は平均して週に70時間ほど働く。労働の時間は陽の長さによって異なるが、しかし賃金の額は変わらない。すべての者はよい身なりをして貴婦人のように見える。健康状態はよい。」[14]と書いていて、彼女たちが良好な労働条件の下で働き、その上学習の機会が与えられていたことを証言している。工場経営者は彼らの宗教的信条に従って女子労働者にも信仰心と教養を持つことを希望していた。

　いずれにしても、紡績工場が女子労働者によって支えられ、彼女たちは乏しい給料の中から貯金をして家計を助け、そして時には教会の礼拝や会社主催の講習会へ出席して学習したこともまたたしかである。この状況は英国のマンチェスターの女子工員とは比較にならないほどよくて、彼女たちは「若き貴婦人」とも呼ばれていた。こうした状況の差はニューイングランドにおける経営者の宗教観、人間観、経営観によるものである。

　さてJ.アモリー・ローウェルはこうした当時の社会状況を注意深く観察し、ローウェル協会講座開講の時期のくるのを待っていた。1840年代に近づくにつれて不況が峠を越す見通しが見えてきたので、彼は「ローウェル協会講座」の計画を実行に移すべく行動を開始した。

　まず講義を行う場所の確保であった。フェデラル・ストリート・シアター（ボストン市の中心にある旧州会議事堂前の通りにあったシアター）が火事の後再建されコンサートホールや講演会場として使用されオデオンと呼ばれていた。音響効果もよく2000人の収容が可能であったので、J.アモリー・ローウェルはそれを6年間借りる契約を結んだ。開講講座はすでにジョン・ローウェルJr.の遺言によって科学シリーズと決まっていたが、J.アモリー・ローウェルは彼の恩師E.エベレット（Edward Everett）を招き、開講の記念講演を依頼した。C.アダムスによれば「E.エベレットはハーバード大学で形而

上学を講義していて、当時東洋の人々の心を表現したオラトリオに関しては第一人者であった。」[15] E．エベレットは1839年12月31日の夜に講演をし、当日会場に入りきれなかった聴衆のために2日後に同じ講演を行った。彼は講演において「旅人」ジョン・ローウェルJr.を賞賛し、彼の卓越した観察力を高く評価した。実際、この時がローウェル協会講座の開講の時と言ってよいであろう。その後この講座は大学拡張講座に吸収されるまでおよそ150年続くことになった。

　1840年1月3日から最初のコースとして、エール大学教授のB．シルマン(Benjamin Sillman)の地理学の講座が始まった。彼は当時アメリカにおける優れた科学者の一人であり、ボストンまでその名が聞こえていた。「たくさんの聴衆が押し寄せチケット売場のガラスが割られるほどであった。」[16] とE．ウィークスは述べている。結局J．アモリー・ローウェルはB．シルマンに4年間地理学、化学、電気学、動電気学を講義してもらった。その他主な講座を挙げると以下のようになる。

　　J．オードボン（John J. Audobon）　　　　　鳥類学
　　J．パルフレイ（John Gorham Palfrey）　　　キリスト教の証し
　　T．ナサニエル（Treradwell Nathaniel）　　　力学
　　T．ナットオール（Thomas Nuttall）　　　　　植物学

各講義は大体一時間で終了し、同じ講義が別の日に再度行われた。講師謝礼は一回につき1000ドルで当時としては破格のものであった。その他アンコールの場合にはもう200ドルが支払われた。特に地理学は人々の興味の的であり、聖書の世界で語られている5000年前の地上および宇宙の世界が紹介され、聖書に記述されている事実が、掘り出された化石をもとに検証された。

　なお鳥類学の講座を担当したJ．オードボンの名前に因んだオードボン鳥類博物館がボストンに現存している。

　こうして1年目には64講座が開設され、そのうちの36講座が再度開講された。総計は100講座である。開講の時期は3月、この時期はニューイングランドでは殺人月と言われるほど気候の悪い時期であるのに、1万2000人もの受講者がT．ナットオールの植物学の講座に集まった。

2年目（1840-41）に入りローウェル協会はイギリスの著名な地理学者C.ライエル（Sir Charles Lyell）を招聘した。C.ライエルはチャールズ・ダーウィンが「地理学の科学はライエルによって打ち立てられた」と言わしめた人物である。彼は初夏に来米しカナダに旅行して講義に備えた。

講座の会場となったオデオンは美しく彩られ、新雪の中をフリルのついた衣装，毛皮，帽子をまとった婦人たちが馬車を連ねてやってきた。

結果として、ローウェル協会講座は一講座で1万人から1万2000人の受講者を集めた。受講者が多かったので夜間だけでなく午後のコースを新設した。この2コース制が現在実施されている大学拡張講座の2コース制の基礎となっている。オデオンはいつも満員であったので、受講者はよい席をとるために開講の1時間も前に来て開場を待った程である。ある時紳士が5分遅れてきて入ろうとしたがドアーがロックされていて入れず、怒ってドアーを蹴破ってしまった。結局この紳士は、修理代を支払い謝罪したという逸話まで残っているほど、盛況であった。

このように、ローウェル協会講座は当時としては学問の最高峰にある多くの学者を講師として招き、ボストン市民に最高の講演を提供したのである。いわば、ローウェル協会の資金を利用して、高い教養を市民に提供した一種の講演運動と考えられるのである。また、娯楽に乏しかった冬のボストンにおけるサロンとして人々に親しまれた。

## 5 教養講座から実用講座へ

南北戦争を契機として、アメリカは新しい時代を迎える。自由主義の理念のもとに大学への進学率が増加し、国有地交付法が議会を通過し多くの州立大学が生まれた。また、産業も急速に発達した。時代はマサチューセッツ工科大学 MIT（Massachusett Institute of Technology）を創設する機運が熟していた。

1861年4月10日、マサチューセッツ工科大学設立法案が知事W.アンドリュース（Wayne Andrews）によって認められた。設立基金の10万ドルは一年

で集めなければならなかったが、南北戦争の結果、募金ははかばかしく集まらなかった。そこでJ.アモリー・ローウェルは不足分を拠出したのである。1862年5月6日W.ロジャース（William Barton Rogers）はJ.アモリー・ローウェルの推薦によりマサチューセッツ工科大学の初代の学長に選ばれ、マサチューセッツ工科大学が発足した。そして、J.アモリー・ローウェルは4人の副学長の筆頭副学長に就任し、それ故彼はマサチューセッツ工科大学の創設者の一人として記録されている。

　J.アモリー・ローウェルの文化的活動は目覚ましいものであった。E.ウィークスのまとめによると「彼はハーバード大学から法学博士の称号を贈られ、アメリカ芸術・科学アカデミー会員に選出され、ボストンアテナウム協会長を1860年から1876年まで勤めた。この間ボストン美術館の建築に寄付し、ボストン美術館は1876年完成した。ジョン・ローウェル.Jr.がエジプトから送ったエジプトの彫刻品、絵画が寄贈された。彼は友人のW.ロジャースをマサチューセッツ工科大学の学長に推挙し、ハーバード大学とC.エリオット学長をサポートし、銀行や工場の経営に才能を発揮したばかりでなく、ボストンの科学文化の発展に多大の貢献を行った。」[17]のである。

　彼の跡を継いだのが息子のオーガスタス・ローウェル（Augustus Lowell）である。彼はローウェル協会の実質的な二代目と言ってよいであろう。事実E.ウィークスも彼を「第二代代表」[18]と書いている。彼によってローウェル協会講座は庶民に開放され、講座の内容も実用的なものが多くなっていく。

　オーガスタス・ローウェルはハーバード大学卒業後東インド会社の関連のブルックツリー協会に入り、ニューイングランドの紡績王の一人で父の親友のアボット・ローレンス（Abbott Lawrence）（メリマック川沿いにある紡績の町ローレンスは彼の名から由来する）の娘と結婚した。1875年アボット紡績会社の財政責任者となり、10の綿紡績工場の財政責任者となった。またいくつかの銀行の財政責任者となった。この働きによって父から受け継いだ財産を7倍に増やしたと言われる。

　彼がローウェル協会の代表に就任した1870年代は、南北戦争のため国が疲弊していたので、彼は教育によって奴隷、婦人を含むあらゆる階層の人々に

活力を与え、国力を回復しなければならないと考えた。オーガスタス・ローウェルはマサチューセッツ工科大学学長のロジャースと相談して、受講料があまりかからない誰もが参加できるコースの開設を考えた。これらの講座は通常マサチューセッツ工科大学の教授が担当し勤労青少年に講座を公開するために夜間に開かれるようにした。講座の内容は、マサチューセッツ工科大学で開講されている講座をモデルとして、数学、化学、物理学、絵画、キリスト教学、地理学、自然歴史学、生物学、英語、フランス語、ドイツ語、歴史学、航海学、天文学、建築学、工学などであった。ウィークスは「これらの講座の開講はまさに成人教育の始まりであった。」[19]と述べ、大学拡張講座への第一歩が開始されたと考えてよいものであった。

　南北戦争の終わった後の1870年代はアメリカにとって激動の時代である。鉄道の発達、産業構造の変化、それによる労働運動の活発化、女性参政権の取得、資本論の出版による資本主義の理論的構築などである。1870年5月23日に、米国で最初の大陸横断鉄道がボストンを起点としてサンフランシスコまで開通した。いわゆる「ファニュエルホールからゴールデンゲイトまで(From Faneuil Hall to Golden Gate)」[20]であり、運行された特急列車はプールマン・ホテル急行の愛称で呼ばれた。

　社会的変化として、労働者の権利意識の覚醒が見られる。例えば1875年紡績工場の労働者は一日10時間の労働を短縮するようにストライキを行ったが、しかし失敗に終わった。またクリミア戦争におけるナイチンゲール、南北戦争におけるクララ・バートン（Clara Barton）の戦場における働きは全国的な感動を引き起こし、赤十字の理念の基礎となった。さらに女性の権利運動の先駆者として1872年12月、V.ウッドフル（Victoria C.Woodhull）は全米婦人参政権協会から指名されて最初の婦人大統領候補となった。1884年カール・マルクスの『資本論』が出版され多くの国で読まれるようになった。このように人権意識の高まりが全米に広がって行った。

　1872年11月9日ボストンは大火災に見舞われ776の建物が消失し7500万ドルの損害を被った。これを契機としてC.ブルフィンチの都市改造計画が進行するのであるが、町には失業者があふれ、多くの銀行が破産した。この大

火（The Great Fire）による損失からボストンが立ち直るまでに7年の歳月を要したのである。経済不況の結果、多くの人々は子どもを大学へ進学させる財力を失い、マサチューセッツ工科大学では学生の減少の理由から教員の給与を半分に削らざるを得なかった。この窮状を救うため、ローウェル協会はW.ロジャース学長の要請により大学運営の資金援助を行った。

ローウェル協会はマサチューセッツ工科大学の協力により、新たに紡績業における工業美術の開発を目的としてローウェルデザイン美術学校をマサチューセッツ工科大学の中に設けることとした。繊維デザインの専門家C.カストナー（Chales Kastner）が校長に指名された。この学校は学部としての機能を持ち、デザイン室、染色実習室、羊毛綿織物などを実際に仕立てる縫製室などが完備していた。3年間の授業料は無料で、学生は綿織物、羊織物、絹織物のパターン（模様）を考案することに専念できた。最初の年に25人の学生が入学した。この学校は後にボストン美術館へ移管され美術学校となる。オーガスタス・ローウェルはローウェル協会講座と並んで、時代に即応する新しい学校の創設と運営にも努力を傾けたのである。

1876年建国100周年記念祭がフィラデルフィアで開かれた。テーマは2つ、第一は工業化の進むアメリカについてで、機械工業が手工業にとって代わりつつあることの認識、第二は婦人解放についてであった。

移民は引き続きボストンへ流入しそれ故ボストンは安い労働力の供給地であり、この労働力はボストンの工業化にとって他のアメリカの都市と比較してよりも有利な地位をもたらした。

オーガスタス・ローウェルは収入が増えたので、講師を年間12人に増やし伝統的に実施してきた1コース12講座による構成を、6－8講座で構成する短期コースに変更した。日本の開国による日米貿易が盛んになりボストンの人々のアジアに対する興味が深まった。そこでオーガスタス・ローウェルはボストン市民の東洋に対する興味を満たしたいと考え、中国や日本の文化および仏教についての講座を設けることにした。

彼の長男の科学者で天文学者のパーシバル・ローウェル（Percival Lowell）は日本における生活の経験を基に、日本の神秘主義について6回の講義を

1894年の春に行い、さらに天文学の研究の成果をまとめて、翌年火星について講義した。次男のA.ローレンス・ローウェル（A.Lawrence Lowell）はハーバード大学の歴史学部の時間講師であったが、「中央ヨーロッパの政府」についての講義を行った。オーガスタス・ローウェルは5人の子どもをもうけたが、長男パーシバルは天文学者へ、次男ローレンスはハーバード大学長へ、長女のアミー（Amy Lowell）はイマジズム詩人のアメリカの代表的詩人となった。イマジズム詩人たちは古代ギリシャ、ローマの古代詩や日本の俳句の影響を受け、イメージを重んじそれを自由な旋律や新しいリズムを持った詩で表現しようと創作に情熱を傾けた。

このように、彼の優れた子どもたちがローウェル協会講座の講師として、幅広いジャンルで活躍するようになったのである。

## 6　大学拡張講座設立への始動

オーガスタスの二人の息子のパーシバルとローレンスはともにフランスへ留学し寄宿舎学校に入り教育を受けた。当時米国の上流階級は競って子弟をフランスのリセやイギリスのパブリック・スクールと言った寄宿舎学校へ入学させて教育した。19世紀の中期においては、アメリカはまだ西欧文化から完全に離脱できず、過渡期にあり子弟の教育もヨーロッパに範を取っていたのである。さらにローウェル家は兄弟の母のキャサリン・ローウェルの病気療養のためボストンより気候のよいフランスに滞在していたので、兄弟は日曜日毎にはパリに住んでいた両親の元に帰ることもできた。彼らは夏にはイタリー、ドイツ、オーストリーへ旅行しそれぞれの土地の文化に接し、視野を広めていった。ローウェル家と彼らの母キャサリンの生家であるローレンス家との結びつきはすでに述べたがボストン・ブラーミンの典型的な関係を示すモデルであるが、しかし、非常によい取り合わせと言われた。ローウェル家は優秀な頭脳を持つ家系として尊敬され、ローレンス家は人間的な優しさと経営の才能をもつ家族として市民から認められていたからである。

パーシバルは少年の頃から天文学に興味を持ち、望遠鏡で火星を観察して

は火星に生物が存在するか否かの研究に没頭していた。事実、彼は1894年に私財を投じてアリゾナに有名なローウェル天文台を建設して天文学の研究に専念することとなった。そして火星に無数の運河状の地形のあることを発見する。宮崎正明（1994）によると「パーシバル・ローウェルの天文学上の功績の一つは、火星のユニークな研究に次いで冥王星の存在を予知したことである。」[21]すなわちパーシバルは優れた数学の才能を生かして、天王星の外側に惑星のあることを予知した。しかし、その発見は彼の死後である。

パーシバルは大学卒業前に日本へ住居を移し極東、特に日本、韓国、中国の美術と宗教の研究を行い専門家となり、そしてアメリカにおける朝鮮学の権威と認められるようになった。彼は、1888年（明治21年）の12月から1893年（明治26年）までおよそ5年間日本に住み東京英語法律学校（現在の中央大学）で教鞭をとった。この間、「日本改革者の運命（The Fate of Japan Reformer）」を1890年12月アトランテック・マンスリーに発表し、この中で初代の文部大臣を務め伝統と教育改革を調和させようと努力した森有礼子爵の暗殺事件を取り上げ、西洋文化の吸収に努めた森有礼の悲劇を文化摩擦の結果として紹介した。その他『極東の魂（The Soul of the Far East）』[22]を1888年にマクミラン社から出版した。この書物は1952年（昭和27年）に日本で翻訳され出版されている。ラフカディオ・ハーンはニューヨークで『極東の魂』を読み感動して日本に興味をもち、1889年日本へやってきて神秘的な昔話を多く書いたのである。さらに、パーシバルは「神秘的日本（Occult Japan）」と題して6回にわたり1893年ローウェル協会のパーシバル講座で講義している。これらの本から、パーシバルの極東観を知ることができる。彼は日本を「没個性的な国」[23]と位置づけ、誕生、結婚、雛祭り、端午の節句、お正月もすべて家長や集落の指導者が取り仕切り、祝いを受ける個人は単なる人形として取り扱かわれ、すべて人々を無個性に位置づける没個性的行事と解釈した。つまり、農耕文化の日本における運命共同体的な社会構造や社会慣習を彼なりに理解したものであった。彼によれば、日本人は死後はじめて個性を回復する。「死は人の人生にとってもっとも重要な一幕であると言えるかもしれない。何故なら、その時はじめて個人としての存在が始まると正当に見なされるからだ。

死によって彼はご先祖様の仲間入りをするのだが、この先祖は生きている人よりもっと大切なものと見なされ、もっと個人として認められているのだ。これはとりわけ中国と朝鮮で見受けられるものだが、日本においても形式はそれほど厳しいものではないにせよ、死者に対して同じ様な尊敬が払われている。その時やっと各人は存命中否定されていた個性を認められるのだ。」[24)]と述べている。パーシバルの極東観は日本のみならず朝鮮や中国を体験的に観察して確立されたもので、当時のボストニアンの極東への異国思想を代表するものである。なぜなら、ボストン・ブラーミンのシンボルの一つは、家に中国の古陶器をデコレーションとして飾ることであった事実からも、東洋志向が理解できる。パーシバルにとって極東の国々は「ボストンから遥かに遠い地球の裏側の神秘的な国」であったのである。

　このように、パーシバルは弟のローレンスより学究的であり、世俗的でなかったので、父オーガスタスはローウェル協会の後継者としてはハーバード大学において政治学を研究していたローレンスがふさわしいと考えていた。一方二人ともローウェル家の数学に優れた血を受け継ぎハーバード大学において常にトップの成績を収めたので、数学教授のB．パース（Benjamin Peirce）は天文学に専心していたパーシバルの方が自分の後継者にふさわしいと考えて大学の教員に勧誘した。しかしパーシバルはこれを断り、自己の天文台を建設して星の観察に一生を捧げることとした。

　ローレンスは兄と違って、文学と法律に興味をもち、評論を書いてはボードウイン賞にしばしば投稿したが、兄のパーシバルとちがって賞の対象とはならなかった。ロースクールで後の義理の兄になるF．カボット・ローウェル（Francis Cabot Lowell）と巡りあった。ローレンスの経歴の中に3つの転換点がある。第一は1879年の結婚である。子どもは無かったが、カボットの妹のH．パーカー（Harriet Parker）との結婚は彼の心に安寧と平和をもたらした。第二は法律の研究を政府の研究へと方向転換したことである。1889年に書かれた『政府に関するエッセイ』はイギリスの政府との比較でアメリカの政府の防衛政策を評論したものである。内閣の責任、民主主義、憲法、主権の限定などから防衛政策を精査し、学会から高い評価を得た。彼の名を世に顕し

た次の著作は1896年に出版された『ヨーロッパ大陸における政府と政党』であった。これによって彼はマサチューセッツ歴史学会員となり、ハーバード大学長Ｃ.エリオット（Charles William Eliot）の目に留まり、「現在の政治組織講座」の非常勤講師として招聘された。第三の転機は1909年ハーバード大学長に就任した時である。

1900年Ｃ.エリオットがＡ.ローレンス・ローウェルに政治科学の講座の専任教授のポストを用意すると申し出た時、ローレンスは給与は半分でよいから勤務も半分にして欲しいという条件を出し、彼はあいた時間を著作にあてた。その後Ｃ.エリオットがローレンスが大学の授業に専心するように2000ドルの給与を保証したので、彼は法律事務所を閉鎖しハーバード大学に専心するようになった。1897年彼は父の跡を継いでMITの評議委員になった。Ｅ.ウィークスの記述によると「彼はハーバードにおける最初の政府（Government）学者であり、その後出版された『イングランドにおける政府』は政府を機械として捉えた力作である。」[25] このようにローレンス・ローウェルは法律学者から政治学者へと方向を変えていった。

さて45歳の時Ａ.ローレンス・ローウェルはローウェル協会の第三代の会長となると、早速父や祖父が開設した様々な講座の整理統合に着手した。例えば、祖父のＪ.アモリー・ローウェルは教師教育講座をもうけた。また父のオーガスタス・ローウェルは実務ローウェルデザイン美術学校をMITの中に設立した。さらにMITの優秀な学生のために夜間コースをもうけた。それがそれぞれ11講座をもつ20コースに成長し、彼はこれらの講座の整理統合に着手した。

ローレンスはローウェルデザイン美術学校をMITから分離してボストン美術館へ併設した。また教師教育講座はMITにおいて動物学、植物学、地理学の実地授業を行う教師科学学校（teacher science school）へと発展させ独立した１学部としての形態を整えローレンスが経済的支援を行うこととした。彼は1908年労働者のための講座は廃止し、優秀な技術者養成のための総合的講座を設けた。それはYMCAにおける入門、中級の電気学のコースと法律学のコースであり、これがノースイースタン大学（Northeastern University）の前身

である。

　また彼は実用コースのみならず、ローウェル協会へ寄金を寄せた敬虔な人々の希望に応えて月曜日の午後にハーバード神学部の教授による「キリスト教の歴史的証し」の講座をキングス礼拝堂（ボストン市の中心、旧市ホールの隣に1660年に建設されたボストンで最古の教会、現存している。）で開き、多くの受講生が受講し講座は成功を収めた。こうした経緯を踏んでローレンス・ローウェルは大学拡張講座の構想を実現するための行動を開始したのである。彼がハーバード大学長に就任する直前の1909年に大学拡張講座の実現化に踏みだす機会を持つことができたのは幸いで、彼にとって十分に講座の構想を練ることが可能であり、学長就任後ではかなり困難であったと推測される。

　彼はまず最初に、ハーバード大学の新入生、2年生への講義と同レベルの一般教養講座をMITの夜のコースで開講することに成功した。最初の年にC.ハスキンス（Charles H. Haskins）が歴史学概論を、C.コープランド（Charles T. Copeland）が文学と文章作成を講義した。両者とも19世紀後半から20世紀前半にかけてのハーバード大学を代表する歴史学者と米文学者である。

　2年目には哲学教授のG.パーマー（George H. Palmer）が哲学を、ローレンス自身が現代憲法による政府について講義し、出席者は引き続いて予想以上に多かった。というのは試験をパスした者はハーバード大学の学位を得ることができたからである。学生は一学期につき5ドルを受講料として支払ったが、それは2ブッシェルの小麦の値段と同じであった。これはローウェル協会講座の創立者ジョン・ローウェルJr.の考えた最高限度の受講料である。ちなみに、ジョン・ローウェルJr.がローウェル協会講座を開講した1830年代の小麦1ブッシェルの値段はおよそ0.8ドルである。

　1915年アカデミウムに提出したローレンスの報告書には「コースは2種類が必要で、ひとつは一般的なもの、もう一つは知的で特殊なものである」と述べている。この講座は実質的に「大学拡張（University Extension）講座」と呼んでよいものであった。

　1908年11月、ハーバード大学長C.エリオットが辞意を表明し、これを知った多くの学生が彼の家の前に集まった時、C.エリオットは学生に向

かって「若くて有能な、そしてハーバード大学を改革することのできる人を推薦する。その人はＡ．ローレンス・ローウェルである。」と発表し、彼らを納得させた。ローレンスは翌年の1909年1月に評議会によって学長に選ばれ11月に正式に学長に就任した。

注
1) Edward Weeks (1966), *The Lowells and Their Institute*, Foreword, An Atlantic Monthly Press Book Little, Brown and Company
2) Henry Aaron Yeomans (1977), *Abbott Lawrence Lowell 1856-1943*, Aron Press New York, p.4-5
3) Edward Weeks (1966) p.5
4) Thomas H. O'Connor (1991), *Bibles Brahmins and Bosses: A History of Boston*, Boston, Trustees of the Public Library of the City of Boston, p.65
5) Thomas H. O'Connor (1991), *ibid.*, pp.87-88
6) Edward Weeks (1966), *op.cit.*, p.11
7) Carl Bode (1958), *The American Lyceum: Town Meeting of The Mind*, Southern Illinois University Press, p.4
8) Carl Bode (1958), *ibid.*, pp.19-20
9) Carl Bode (1958), *ibid.*, p.23
10) Carl Bode (1958), *ibid.*, p.16
11) Carl Bode (1958), *ibid.*, p.131
12) Thomas H. O'Connor (1991), *op.cit.*, p.87
13) Edward Weeks (1966), *op.cit.*, p.40
14) アメリカ学会 (1953)『原点アメリカ史第三巻』岩波書店、pp.254-255
15) William Bentinck Smith ed. (1953), *Harvard Book*, Harvard University Press, p.369
16) Edward Weeks (1966), *op.cit.*, p.42
17) Edward Weeks (1966), *op.cit.*, p.78
18) Edward Weeks (1966), *op.cit.*, p.79
19) Edward Weeks (1966), *op.cit.*, p.82
20) Faneuil Hall は1742年ボストンの商人 Peter Faneuil によって建設された建築物で後にボストン市に寄付された。ファニュエルホールはボストンのショッピングセンターで「ここで買ったボトルを一週間後にゴールデンゲートからサンフランシスコ湾へ空けることができる。」と言う意味で人々に使われた。
　　当時、一週間で大陸横断ができることは、夢の実現と考えられた。
21) 宮崎正明 (1995)『知られざるジャパノロジスト・ローウェルの生涯』丸善ライブラリーNo.148、p.207

22) パーシバル・ローウェル著 The Soul of the Far East、川西瑛子訳（1977）『極東の魂』公論社
　　上記の著書以外に日本で翻訳出版されているパーシバルに関する図書は次の通りである。
　　　　パーシバル・ローウェル著 The Fate of a Japanese Reformer : Lowell Report、伊吹浄編（1979）『日本と朝鮮の暗殺：ローウェルリポート』公論社
　　　　Percival Lowell (1888), The Soul of the Far East, Macmillan
23) パーシバル・ローウェル著　川西瑛子訳（1977）『極東の魂』公論社、pp.35-36
24) パーシバル・ローウェル著　川西瑛子訳（1977）、上掲書、pp.9-30
25) Edward Weeks (1966) 前掲書、p.106

# 第3章 市民教育と大学
## ―公共放送局を支えた6大学

## 1 概観

　ボストンにはハーバード大学を中心に70の大学群、20万人の学生とボストン美術館、ボストン交響楽団を中心とする文化施設群があり、これらがボストン地域をアメリカ第一の文化都市に形成する要素となっている。こうした教育、文化機関が民衆教育を社会的使命の一つと考え、大学拡張委員会を結成し、協力して講座を開設し、公共放送局を作り上げた。協業（Corporation）制度は産業界だけでなく、教育界、放送界に広く普及し、ボストン地域の特色を形成している。

　マサチューセッツ州に限れば、高等教育機関への登録学生数は43万人、人口1000人当たりでは55人、私立大学への在学生の比率は67％でいずれも州別比較においてワシントンD.C.に次いで全米で第二位であり、教育州として極めて高い地位を占めている(1990 *Atlas of American Higher Education*)。

　さてボストン地域における大学の発達を研究して『学術の黄金時代―1945年から1970年のマサチューセッツの大学』(1992)を著したR.フリーランド(Richard M.Freeland)によれば、「第二次世界大戦後のアメリカの大学は均質化が進んでいる。こうした傾向の下でボストン地域の大学群のその成立や建学の精神、また時代とともに変化した教育目標、教育内容、経営基盤、運営方針などはアメリカの大学のほとんどの類型を包含している。」[1]のである。したがって、ボストン地域の大学群を研究することによって、アメリカの大

学の生成、社会的役割、大学の変化、教育内容、教育方法、財政などを理解できるとも言える。

ところで、マサチューセッツ州において1867年に農業大学として最初の州立大学が創設された。それがマサチューセッツ大学（the University of Massachusetts）であるが、その経緯はR.ストリー（Ronald Story 1992）によれば「1862年に施行された国有地交付法（通称モリル法）の圧力によるものであった。」[2] 事実この時まではマサチューセッツ州のすべての大学が寄付金によって設立された私立の大学で占められていた。R.フリーランドはマサチューセッツにおける主要な7つの大学を扱っているが、それらの中でマサチューセッツ大学を除くハーバード大学、マサチューセッツ工科大学（MIT）、タフツ大学、ボストン大学、ボストンカレッジ、ノースイースタン大学の6大学が1909年にハーバード大学の、特にA.ローレンス・ローウェル学長のリーダーシップの下に大学拡張委員会を結成して市民に大学教育を学習する機会を提供し、さらに公共放送の創設に進出する萌芽を造り上げた経験を持っている。そこには、市民と深く結びついて発達してきたそれぞれの大学の歴史の影がうかがえるのである。そこで、大学拡張委員会を形成し、その後ボストン公共放送局の設立を支えた6大学について紹介することにする（図3-1）。

まず、ボストン地域の大学の特色をR.フリーランドの記述から要約すると、以下のようになる。

1) 私立大学（the endowment university）が中心である。
2) 宗教色がはっきりしている。ハーバード大学、タフツ大学、ボストン大学はプロテスタント系
　　ボストンカレッジはカトリック系
　　その理由は、それぞれ宗教集団の拠金によって設立されたからである。
3) ７ーバード大学を頂点として役割の棲み分けができている。
　　①ハーバード大学、マサチューセッツ工科大学は指導者養成の大学
　　②タフツ大学とボストン大学、ボストンカレッジは中産階級の大学
　　③ノースイースタン大学は勤労者のための大学

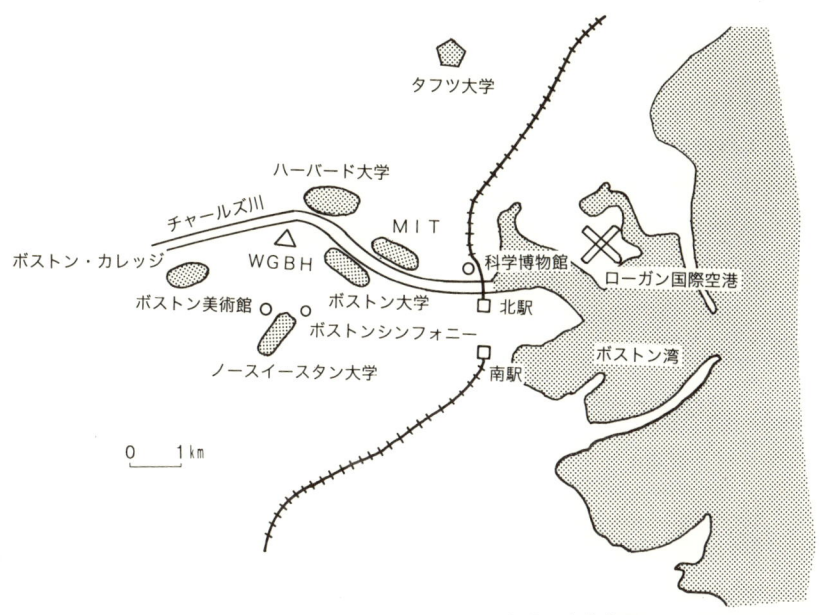

図3-1 ボストンとケンブリッジの大学と文化施設

4) 大学相互の結びつきが強い。例えばMITとボストン大学との理科学分野の交流、ボストンカレッジとMITとマサチューセッツ大学の農業講座の交流、ノースイースタン大学の夜間法律学校はハーバード大学とボストン大学の法律学校（Law School）の協力によって教育を行っている。

こうした状況から「1869年から1909年の40年間にハーバード大学とMITとの合併計画が4度も提案されたが、様々な理由で具体化しなかった」とR.フリーランドは述べている[3]。

5) 相互に競争することによって教育の刷新に努めている。

アメリカの大学が大学ユニバーサル化の現代に、生き生きと活動を続けている理由は、自由競争によってそれぞれ教育に特色を生み出し、役割の分担を明確にしてきたことによるものと言われる。マサチューセッツにおいてもまた然りである。

6) マサチューセッツはきわだって私立大学の集中している地域である。
7) ボストン地域ではケンブリッジ、バックベイに大学が集中している。

以上のように、大学相互の連携と結びつきが強く、役割を分担しながら市民への奉仕を続けてきている。また大学問題の権威であるD.リースマン (David Riesman) が指摘しているようにこれらの大学はその成立過程においては「特殊利益集団カレッジ」[4]であって、米国の歴史上、それぞれ職業、社会階層、宗教、性、地域によって結びつきを強めた集団が独自の大学を創立し副次文化を伝承し、それらの社会的認知を求めるために創設した大学と言ってよいのである。

## 2 リーダーとしてのハーバード大学

アメリカ最古の大学で、独立戦争前に創設された9つの大学の一つとしてよく知られているハーバード大学 (Harvard University) の成立については多くの資料があるので、ここでは1643年に発行された大学紹介パンフレットによって述べておく。

パンフレットのタイトルは「カレッジについて (In Respect of the College) となっている。そして「ニューイングランドの最初の果実」と題してハーバードカレッジを紹介している。このパンフレットには初代学長のヘンリー・ダンスター (Henry Dunster) や大学の教育内容、学則などについての記述が見られる。

以下はその文章の一部である[5]。

「神が私たちを安全にニューイングランドへお運びになり、私たちが家を建て、生活のための必要を満たし、神への祈りの場所を得た後に必要とすることは、学習を行い、それを不朽の富とすることであった。神が敬虔な紳士で学習を愛するジョン・ハーバード (John Harvard) の心を立ち上げられ、彼の財産の半分1700ポンドとすべての図書をカレッジ創設のために提供するようにして下さったことは本当に感謝であります。彼の後に他の人々が300ポンドを寄付し、政府が土地を提供してくれました。

(中略)

マスター・ダンスター (Master Dunster) が学長に就任しました。彼は有能

な教育者で学生を神学とキリスト教に基づいて教育しました。われわれは学習の進歩と神の意志に沿った教育が行われていることに満足しています。」

　この文章でジョン・ハーバードの寄付金によって大学が立ち上げられたこと、学長を宗教的指導者として、大文字で「マスター」と称し、大学が最初は聖職者を養成する目的で創設されたことがわかる。

　創設者の一人ジョン・ハーバード (1636) は「自由について」[6]の文章を残しているが、その中で特にイギリス国教会、国家権力、経済的権威からの独立を大学に求めている。彼はニューイングランドへ渡った清教徒でイギリスのエマニエル大学を卒業した31人の一人であった。1636年の夏、エマニエル大学同窓会がボストン郊外のケンブリッジで開かれた時に、大学設立の提案がされた。J.ハーバードは母校に倣う大学を創設しようとしたが、彼は志半ばで31歳で夭折する。彼の意志を継いだ友人たちの努力で大学が創設され、名称をハーバードカレッジ (Harvard College) としたのである。

　1775年から83年まで続いた独立戦争以前には、ハーバード大学は聖職者、政府の指導者、企業の経営者養成の大学であった。しかし独立戦争を境にハーバード大学は変化していく。1782年に医学部 (the Medical School) が設立され、1805年に法学部 (the Law School) が設立された。

　ハーバード大学は聖職者が歴代の学長を勤めたが、1869年に聖職者以外の学長としてC.エリオット (Charles W.Eliot) が指名されてから、大学の近代化が始まった。C.エリオットは1869年から1909年まで40年間学長の職に留まり、ハーバード大学を産業社会の指導者を養成する大学へ変身させた。彼はこの目的に沿って、各種の学部、大学院を設置した。C.エリオットはアメリカにおける産業革命時代に大学を運営した学長で、R.フリーランドによると「彼の在任期間は地域の隆盛と市民の篤志主義の高まりの時期と一致し、多くの寄付が大学へ寄せられた。そのため大学教員の給与はアメリカで最高となった。」そして、「彼の大学は、ニューイングランドの清教徒の大学であったが、アメリカにおける学術と教育の指導的センターと認められるようになった。」[7]のである。

　C.エリオットの跡を継いだA.ローレンス・ローウェルは様々な改革を

行ったが、その中で注目すべき業績の一つは、勤労者の教育に貢献したことである。彼は勤労者のためにボストン地域の大学に呼びかけて大学拡張委員会を設置し、ローウェル協会講座を発展させ大学拡張講座を発足させ、勤労者に大学教育を利用できる機会を拡大させた。彼は大学と地域社会との結びつきを重視し、1909年に行った演説で次のように述べている。

「大学は様々な点で地域社会と関係を持たねばならない。その過程で多くの手段によって社会へ奉仕をすべきである。そうした活動は多かれ少なかれそれぞれの学部の特色を生かし、それを具体化し、構造化していく必要があるが、一方教育を受ける市民も学問的に関心を持たなければならない。」[8] 彼は大学拡張学部が正式に発足した年に、この演説を行っている。

彼の後を継いだ学長がジェイムス.B.コナント（James Bryant Conant）である。彼は科学者であり神学者ではなかったが1933年に学長に選出され、1953年まで20年間にわたりハーバード大学の学長を勤め、第二次世界大戦後における大学の近代化に貢献した。また在任中の1947年から1952年にかけて原子爆弾の開発を行ったマンハッタン計画の指揮を執り、その後1950年代のアメリカの高等学校の改革についての報告書もまとめている。「コナント報告」

写真には出ていないが、右手の橋を右方向に渡った所にロースクールがあり、その隣にボストン公共放送局（WGBH）がある。

図3-2　ハーバード大学とチャールズ川

(1959)として知られるこの報告書は、アメリカで普及している総合制高等学校の調査を行い、高等学校が当面している問題として学力の低下をどのように補填するか、一方才能ある生徒の才能開発をどのように行うべきか、実業教育の振興の方略について、さらにカリキュラム改革の必要性などを明らかにし、より規模の大きい総合制高等学校を作るべきことを提案している。彼は新しい大学教育に強い関心を示し、教育方法として放送メディアに注目して、ボストン公共放送局の開局に際しリーダーシップを発揮した。

こうして、ハーバード大学はこの3人の卓越した指導者によっておよそ80年にわたる改革の後ニューイングランドの大学から世界の大学へと成長した。

現在ハーバード大学には世界100か国からの留学生が学び、開講されているコースは広い分野をカバーし、歴史と教育内容の高さから世界の大学の指導的役割を果たしている。

## 3 独立戦争と南北戦争の間に創設された2つの大学

R.フリーランドによると独立戦争と南北戦争の間のおよそ80年の間にボストンに2つの大学が開学した。タフツ大学とボストンカレッジである。

### (1) タフツ大学

タフツ大学(Tufts College)は、1853年にチャールズ・タフツ(Charles Tufts)の寄付金によって創設された。創設の歴史は1830年代に入り地域性と派閥性と競争心の強い清教徒のグループ(ユニバーサリスト)[9]が、その派の聖職者を養成するため1840年代に養成施設を創設したことによる。これがタフツ大学の母胎である。その後このグループは、基金を募り大学開学への努力を重ねた。その結果、ケンブリッジの北メドフォード(Medford)にカレッジを創設したのである。

創設時期には大学は運営資金の不足や設備の貧弱さによって教育の継続に苦労した。事実1854年に開学したときの教員は4人、学生は7人であった。この窮状を救ったのは、ボストン地域の教育要求を汲み取って、ハーバード

に入学できなかったマサチューセッツ州の高校生を受け入れ、彼らに実用的な教育を実施した教育方針の弾力化である。

1875年から1905年まで30年間学長の地位にあったエルマー・ケイペン (Elmer Capen) の功績を忘れることはできない。彼はタフツ大学を近代的な大学に育て上げるために新たに75人の教員を採用し大学院を開設し、実用的な教育と平行して研究可能な大学へ変えていった。さらに神学部、医学部、歯学部を新設し、広くユニバーサリストの子弟を入学させた。タフツ大学は、ピューリタンの一つのグループでボストンに本拠を置いたユニバーサリストの大学として知られるようになった。

R.フリーランドによると「1940年代にタフツ大学長のL.カーマイケル (Leonard Carmichael) はハーバード大学長のJ.コナント、MITの学長のK.コンプトン (Karl Taylor Compton) にならって、大学の量的拡張より大学の質の向上が急務と考え、教員と学生の質の改善に努力し」[10]それまで学芸の大学として学部教育にスタンスを置いていた教育を、研究に比重を置く教育に変えていった。彼はE.ケイペンの遺志を継承したのである。L.カーマイケルはJ.コナントの招きに応じ1945年に公共放送委員会の委員の一人となる。

(2) ボストンカレッジ

ボストンカレッジ (Boston College) は清教徒中心の社会にカトリックの子弟のための高等教育機関を創設したいという人々の願いによって誕生した大学である。したがって、カトリック信者であるアイルランド系移民の1830年代から1840年代にかけての移民ラッシュと無関係ではない。アイルランドからは1845年のジャガイモの大凶作を契機として移民が急激に増加した。そして彼らに対する社会的対応として、講演運動や篤志行為が行われたが、しかし宗教的にも清教徒と違った生活文化を持つ故に様々な社会的摩擦が生じた。

T.オコナーによると「ボストンは1830年代から40年代にかけてアイルランド系カトリック教徒が劇的に増加した。ボストンでは労働人口が不足して移民を期待したが、海の潮のように押し寄せるアイルランド移民は予想外であった。1847年4月10日に、一日に1000人もの移民がボストン港に到着した。

通常、ボストンでは1年間に4000人から5000人の移民を受け入れていたので、これは驚異的人数であった。このためボストンの人口は1865年に14万人であったものが、1875年には34万1000人へと、10年間で20万人も増加した。」[11]のである。

しかし、アメリカにおいてカトリック系大学の設立は南北戦争前は大きな社会的要求とはならなかった。このことはアイルランドからの移民の玄関となっていたマサチューセッツ州においても同じで、アイルランド移民の社会的地位の向上が大学を設立する水準に達していなかったからである。それ故カトリック系大学を設立しようとする機運が盛り上がったのは、彼らがアメリカ社会へ定着し、経済的に安定した生活を送れるようになった南北戦争(1861～1865)後の1860年代に入ってからである。

宗教団体による大学の設立史の研究を行ったJ.ブランデージ・シアーズ(J.Brundage Sears)によると独立戦争と南北戦争との間に創設された大学は271あり、そのうち宗教会派によって設立された大学が167、宗教会派であるがどの会派にも属していない大学が71、そして純粋に篤志事業として設立された大学が33となっている[12]。したがって、アメリカ大学史によれば、国有地交付法が施行される以前に設立された大学の大多数が宗教団体の寄付金によって運営されていたのである。

表3-1で見るとローマカトリック系の大学が全米で31校設立されたことがわかる。ボストンカレッジはこの31校の一つである。

さて、ボストンではアイルランド系市民の爆発的増加と彼らの社会的地位の向上によって大学設立の動きは着実に進んだ。イエズス会の指導者の努力によって1858年と1860年にサウスエンドのハリソン街にボストンカレッジの名称で建物が完成したが、学生が入学したのは4年後の1864年のことで、こ

表3-1 宗派別による大学の設立 (1776年-1865年)

| 宗　派　別 | | | | | | 総計 | | |
|---|---|---|---|---|---|---|---|---|
| メソジスト | ローマカトリック | バプティスト | 長老派 | その他 | 小計 | 単立 | | 篤志 |
| 45 | 31 | 27 | 27 | 27 | 167 | 71 | 238 | 33 |

出典) J. Brundage Sears, *Philanthropy in American Higher Education*, p.36

の時学生は48人、教師はイエズス会の3人の神父であった。T.オコナーは「学生の両親は、カトリック教育を受ける彼らの子どものために一学期の授業料として30ドルを支払った。」[13]と書いている。当初は高校と大学が連携した7年制のカレッジで、卒業生が大学の学士号を正規に得ることができるようになったのは1877年以後のことである。

その後、ボストンにおけるアイルランド系住民は、実業界や専門職界で成功を収め、その結果彼らは継続的にボストンカレッジへの財政支援と教員の供給を行うことができるようになった。またアイルランド系市民の子弟が大学に進学するようになり、その結果登録学生の数は1880年に250人、1885年に300人、そして1900年には400人となりアメリカにおけるイエズス会の大学として最大になった。

1913年に新しいキャンパスがチェスナットヒルに完成し、高校と大学が分かれ、大学生は電車を降りて長い坂を登って通学するようになった。1927年からボストンカレッジは学芸と科学の大学院教育に力を入れ、博士課程を設置し今日に至っている。大学の改革に力を注いだE.ケイペンが退き1945年神父であるF.W.ケラー（F. William Keleher）が跡を継いだ。彼はより一層地域社会への奉仕とカトリック指導者の教育に力を注いだ。F.W.ケラーはその後ハーバード大学長のJ.コナントの呼びかけに応じてローウェル協会放送委員会の結成に参加し、ボストン公共放送局の設立に尽力した。

## 4 マサチューセッツ工科大学（MIT）

マサチューセッツ工科大学（Massachusetts Institute of Technology: MIT）の設立には、ニューイングランドにおける産業構造の変化が大きく影響を及ぼしている。1861年から1865年まで続いた南北戦争の影響を受けてアメリカの産業構造が急速に変化していった。動力が水力から火力に変化し、ニューイングランドにおける工業は綿織物工業から造船、鉄鋼へと変化した。こうした変化に対応するために、新しい工業大学を設立すべきであるという声がボストンの指導層から起こった。すでに述べたがアモリー・ローウェルは率先

して設立のために力を注いだ。彼は資金を調達し、学長を選任した。

1862年5月6日W.ロジャース (William Barton Rogers) はアモリー・ローウェルの推挙によりMITの初代の学長に選ばれ、アモリー・ローウェルは4人の副学長の筆頭副学長に就任した[14]。

R.フリーランドは「MITはW.ロジャースの発明品 (brain-child)」[15]と表現している。彼は1860年から1870年にかけて教員を集め、建物を建て、設備を整え、カリキュラムを作り上げた。W.ロジャースは、MITをハーバード大学とは違った大学としたいと考え、基礎科学と応用科学に的を絞って学生を教育しようとした。彼と後継者のF.ウオーカー (Francis A.Walker) の努力によって、20世紀の初頭には応用科学と応用工学では全米一の工科大学へ成長した。その財政はボストン市民とマサチューセッツ州政府の拠金によって支えられ、「ボストン・テク (BOSTON-TEC)」の愛称で市民から親しまれるようになった。

MITをアメリカにおける理工学の指導的大学に育て上げた功労者は、1930年に学長に就任したK.コンプトンである。彼はボストン生まれでもなく、ハーバード大学卒でもなく、プリンストン大学を卒業した物理学者であったが、才能を認められて学長に選任された。そしてハーバード大学長に選ばれたJ.コナントと親交がありともに理科学者という点で両者は共通し、お互いに助け合い励まし合って大学改革に意欲的に取り組んだ。当時MITの指導部は学術的研究と実用的工学のどちらに比重をかけて学生の教育をすべきか模索している時代であったが、K.コンプトンは、「科学の基礎研究が工学を発展させる基礎である。したがって工学の発展のために早急に基礎科学の質的向上を図らなければならない。私はMITの主たる目的を科学の基礎研究に置かなければならないと考える。」[16]と述べ、教員の産業界における研究を専門的な基礎研究と学生の教育に限定した。また、彼は柔軟な思想の持ち主で、ハーバード大学との連携を計り、物理学部長をハーバード大学の若手の研究者に替え、また広く世界から優れた研究者を招聘し大学の国際化をすすめた。さらに教育内容の革新と現代化に取り組み、古めかしい鉱山工学や電子化学工学、衛生工学などを廃止し、情報工学や経営工学など社会の必要に応える

図3-3　マサチューセッツ工科大学（MIT）

中央の円形のドームは初代学長W．ロジャースの名をとったロジャース・ビルディング

コースを開発した。彼はMITを新しい経営組織やユニークな技術の開発における指導者を養成する大学としたいと考え、大学院教育の充実に力を注いだ。こうした努力の結果、多くのノーベル賞受賞者を輩出するような、世界の頂点に立つ大学に成長したのである。R．フリーランドもしばしば指摘しているが、ハーバード大学にはボストンの指導者層の運営方針への影響が見られる故、やや伝統に縛られる傾向があるが、MITにはこうしたこともなく自由に大学の改革が進められたのである。

K．コンプトンはJ．コナントの招きに応じて市民教育のために利用されるボストン公共放送局の設立に尽力し、ローウェル協会放送委員会のメンバーとなった。

MITの4キロ以内にはボストン科学博物館、ニューイングランド音楽学院、ボストン美術館、ハーバード大学、ボストンシンフォニーホール、ニューイングランド水族館、ボストンオペラ座、ボストン公共図書館など多くの文化施設がある。

## 5　勤労者のための大学としてのノースイースタン大学

1890年代に入ると進歩主義と女権拡張運動の勃興により、勤労者と女性の

ための大学開放運動が起こった。こうした運動に応えて1890年に開学したシモンズカレッジは働く女性のための実用講座を設け、またタフツ大学は女子学生中心の大学と変わっていった。一方、若い勤労者に大学教育を受ける機会を開放する目的で、夜間コースを設置する大学が現れた。その最初の大学がノースイースタン大学である。ローウェル協会はMITの協力によって、勤労者のための入門、中級の電気学のコースと法律学のコースをYMCAに設けたが、これがノースイースタン大学（Northeastern University）の前身である。働く青少年のために夜間コースが設置されたがその際、最初の指導者F.スピアー（Frank P.Speare）はまず、奨学生コースを設け学生が入学しやすい方法を考案した。最初にできたコースが夜間法律コースで1898年のことであり、この年がノースイースタン大学の開学の年となっている。その後15年間に自動車スクール、技術スクール、商経スクール、宣伝スクール、応用電気スクール、蒸気機関スクール、教養コース、が次々に設けられた。

　R.フリーランドは「ノースイースタン大学は人々に夜間コースを提供しているが、これは電気工学、経営学を教育の中心に据えることによって大学改革を推進しようとしたF.スピアーの方針によるものである。」[17]として、F.スピアーの指導力を高く評価している。しかし、彼の活躍もローウェル協会の後ろ盾があったから可能であったのである。

　大学は現在フルタイムの学生1万1700人、パートタイム学生1万人（1998）によって構成されている。パートタイム学生が多い原因は、人々に広く教育の機会と再教育の機会を与えようとする建学の精神によるものである。

　ノースイースタン大学のキャンパスはボストンのバックベイ（Back Bay）地域と呼ばれる文教地域にあり、道を隔ててボストン美術館がある。その他この地域には、ボストン交響楽団、ニューイングランド音楽学院、ボストンレッドソックス球団のホームグラウンドであるフェンウエイパークスタジアム、イサベラガーデン博物館などがある。

## 6 都市大学としてのボストン大学

　1862年に成立した国有地交付法（モリル法）はボストン地域の大学創設の気運を刺激して、私立大学としてマサチューセッツ工科大学と州立大学としてのマサチューセッツ農業大学（後にマサチューセッツ大学となる）を生む契機となった。R.フリーランドによると「この時期最も意欲的な試みは3人のメソジストの法律家によるボストン大学（the Boston University）の創立」[18]である。

　ボストン大学はドイツとイングランドの大学の伝統を受け継いで1869年アイザック・リッチ（Isaac Rich）による170万ドルの寄付金をもとに設立された。170万ドルは当時アメリカにおける最大の寄付金と言われた。

　創設者は1870年代のニューイングランドでは珍しい男女共学を採用した。教育内容はハーバード大学やエール大学よりも大学院課程を重視し、学芸スクール（arts and science）、音楽とオラトリオスクール、マサチューセッツ大学と連携して農学スクール、医学スクールを次々に開設していった。しかし最も力点を置いた点はリベラルアーツにおける女子教育である。創立当初は男子学生が全学生の70%を占めていたが、20世紀に入って女子学生の占める割合が60-70%へと上昇した。

　ボストン大学を経済的に安定させた要因は、都市型大学への転換である。これは、1911年に学長に就任し15年間その職にあったレムエル・マーリン（Lemuel Murlin）の努力による。彼はボストン大学を2つの点で改革した。第一は都市の大学としてのアイデンティティを持たせること、第二に実務教育に焦点を合わせることであった。

　1) 都市の大学としての特色は学部教育に重点を置き、地域の学生に門戸を開いたことである。2) 実務教育課程としてビジネスコース、教育学コース、秘書学コース、宗教学コース、美術コースなどを設けた。そしてL.マーリンが引退した1924年にはアメリカにおける大規模大学の一つに成長した。これは彼がメソジスト派からの寄付金を得ることに失敗したことにより、結

果として学生の募集と授業料に依存せざるを得なかったことも幸いしたのである。

　L．マーリンの跡を継いでD．マーシュ（Daniel Lash Marsh）が学長に就任する。彼もハーバード大学長のJ．コナントの要請に応じて、ローウェル協会放送委員会の結成に参加した。

## 7　地域社会と連携するボストンの大学群

　19世紀の末から20世紀の初頭にかけて、ボストン地域の大学は教育の上でも設備の上でも魅力ある大学として生き残るためにお互いに競争をしていた。大学の経営にとって地域社会との連携は不可欠の要素であり、特にマサチューセッツ州出身の高校生の獲得に各大学は鎬を削った。その結果、1929年のハーバード大学とMITの学生のうちでマサチューセッツ州出身者はほぼ半分で、残りは他のニューイングランド地方からであった。そしてボストン大学とタフツ大学の学生の大部分はボストン近隣の高等学校の卒業生であった。こうした地元指向の傾向は第二次世界大戦後に一変して、全米ならびに世界各国から学生を吸収することになるが、当時は大ボストン地域からの経済的支援とそれに応える教育がボストン周辺の大学の使命であった。

　地域の若者にとって魅力ある大学となるための試みの一つに、コースの多様化があった。タフツ大学がカトリック系大学から総合大学へ変化し、ノースイースタン大学が既存の夜間コースを拡充し、ボストン大学とボストンカレッジが現職教師教育コースを設けたのもこうした試みの一つである。

　またすでに述べたが、MITの中にローウェルデザイン美術学校が設けられ、紡績工業に必要とされる美術デザイナーの養成が行われたが、これは大学と地域の産業の連携による試みで産学連携と言うべきものであった。

　R．フリーランドがしばしば「非エリートの私立大学（nonelite private university）」と呼んでいるノースイースタン大学、ボストン大学、ボストンカレッジは、元来低所得の民衆教育を建学の哲学として出発した大学である。したがって雇用機会の多い都市の周辺に住み、そして大学へ通学することが

容易な学生の教育にウエイトを置いていた。R.フリーランドの言葉を借りるならば、ノースイースタン大学の前身の「YMCA」は1920年代に増加しつつあったマサチューセッツの中産階級の子弟にとっての教育機関[19]であったのである。

ボストン地域の大学は、歴史的に地域との相互依存関係を保ちつつ成長してきた。こうした伝統が大学相互の連帯感を産み、市民教育においても協力関係を構築することが出来たのである。その一つの実践が1909年のローウェル協会、ハーバード大学、マサチューセッツ工科大学、ボストン大学、ボストンカレッジ、ノースイースタン大学、タフツ大学による大学拡張委員会の結成と大学拡張講座の開講であった。

注
1 ) Richard M.Freeland (1992), *Academia's Golden Age: Universities in Massachusetts 1945-1970*, Oxford University Press, p.5
R.フリーランドは現在ノースイースタン大学長、WGBH評議員である。
2 ) Ronald Story ed. (1992), *Five Colleges: Five Historie*, the University of Massachusetts Press, p.53
3 ) Richard M.Freeland (1992), *op.cit.*, p.39
4 ) David Riesman & Christopher Jencks, *The Academic Revolution* 国広正雄訳 (1968)『大学革命』サイマル出版会、p.174
5 ) William Bentinck-Smith ed. (1982), *The Harvard Book: selection from three centuries*, Harvard University Press, pp.3-4
6 ) William Bentinck Smith ed. (1982), *ibid.*, pp.5-7
7 ) Richard M.Freeland (1992), *op.cit.*, p.19
8 ) William Bentinck Smith ed. (1982), *op.cit.*, p.23
9 ) ユニバーサリスト:「万人救済説を唱える人々、万人救済説はすべての人が例外なしに究極的には救われると説く教えである。アメリカにおける万人救済主義運動は1979年マサチューセッツ州グロースターに最初のユニバーサリスト教会が設立されてからと言われる。この教派の信仰告白は「私たちは信じる。唯一の神のみが存在し、その本性は愛であり、唯一の主イエスキリストにおいて、唯一の恩恵の聖霊によって啓示されている。さらに唯一の神が終局的には人類の家族全体を聖潔と幸福に回復して下さる。」となっている。
1852年タフツ大学が、1869年神学校が設立された。ユニバーサリストは三一神論を告白せず、その点でユニテリアンと親近性をもっている。
出典 新キリスト編集委員会 (1991)『新キリスト教事典』いのちのことば社、

pp.1056-1056
なお、ボストンのエリートはほとんどユニテリアンと言われる。ホーレス・マンもユニテリアンであった。
10) Richard M.Freeland (1992), *op.cit.*, p.180
11) Thomas H.O'Connor (1991), *Bibles, Brahmins, and Bosses: a short history of Boston*, Trustees of the Public Library of the City of Boston, p.141 & 147
12) Jesse Brundage Sears (1992), *Philanthropy in the History of American Higher Education*, the Government Printed Office, p.36
13) Thomas H.O'Connor (1995), *The Boston Irish*, Northeastern University Press, p.92
14) Edward Weeks (1996), *The Lowells and Their Institute*, An Atlantic Monthly Press Book Little, Brown and Company, p.73
15) Richard M.Freeland (1992), *op.cit.*, p.26
16) Richard M.Freeland (1992), *op.cit.*, p.53
17) Richard M.Freeland (1992), *op.cit.*, p.36
18) Richard M.Freeland (1992), *op.cit.*, p.26
19) Richard M.Freeland (1992), *op.cit.*, p.42

資料　6大学の現状（1999年）

| 大学名 | 登録学生数 | 学部学生数 | 学部学生比 | OC | 入学難易度 |
|---|---|---|---|---|---|
| ハーバード大学 | 17,425 | 6,630 | 38% | 有り | 5 |
| MIT | 9,862 | 4,363 | 44 | 有り | 5 |
| タフツ大学 | 7,642 | 4,432 | 58 | 有り | 5 |
| ボストンカレッジ | 13,640 | 8,921 | 65 | 有り | 4 |
| ボストン大学 | 25,906 | 15,394 | 59 | 有り | 4 |
| ノースイースタン大学 | 24,323 | 19,691 | 81 | 有り | 3 |

注) OC：オフ・キャンパスコース　他大学との単位互換、継続教育、遠隔教育
　　難易度：入学難易度　5：Most Difficult
　　　　　　　　　　　　4：Very Difficult
　　　　　　　　　　　　3：Moderately Difficult
　　　　　　　　　　　　2：Minimally Difficult
　　　　　　　　　　　　1：Noncompitetive

出典) Peterson's Guides (1999), *Four Year Colleges 1999*, Peterson's Guides Inc.

# 第4章 大学拡張講座の開設とA.ローレンス・ローウェル

1910年にハーバード大学に大学拡張学部（University Extension Course）が大学拡張委員会の傘下に開設された。当時ローウェル協会とローウェル協会講座を主催していたA.ローレンス　ローウェルはC.エリオットの跡を継いで1909年ハーバード大学長に就任したばかりであった。彼はその後1932年にJ.コナントへ席を譲るまでおよそ24年間にわたってハーバード大学長の職を全うし、大学の近代化に努めた。また、市民教育の普及のために労をおしまなかった。その後、彼の創設した大学拡張委員会は、ボストン公共放送局（WGBH）の設立の母体となったのである。

## 1 A.ローレンス・ローウェルによるローウェル協会講座の改革

(1) 大学改革

E.ウィークスの記録によると、A.ローレンス・ローウェルはハーバード大学長時代に3つの大きな改革を行っている。「まず第一にC.エリオットが実施した優秀な学生に認めた3年間の在学で卒業できる制度を廃止した。これは大学と大学教師の権威の復権であるとされた。」[1]

第二の改革は各方面における大学の改革であった。「毛布は一つのコーナーを持つだけでは引き上げられない」というのが　A.ローレンス・ローウェルの信念であり、彼は大学のレベルを引き上げるには、多くの改革を平行して行う必要があると考えていた。そしてまず、「新入生の寮をチャール

ス川畔に建て全員に寮生活を送ることを義務づけた。そして優秀な先輩に新入生の面倒を見させるテューターシステムも取り入れた。」[2]これは、イギリスのパブリックスクールにおけるエリート教育の制度を取り入れたものであるが、一方では上級生との交流を妨げるという批判を受けた。R.フリーランド（1992）も同様に「A.ローレンス・ローウェルはオックスフォードやケンブリッジ大学のテューターシステムを取り入れ、エリート教育の復権をすすめようとした。」[3]と書いている。現在でもこの伝統は守られ、ハーバード大学の新入生（フレッシュマン）の多くが寮生活を送っている。第三の改革は、学部教育における履修自由選択制度（free elective system）を大幅に改革し、必修と選択コースを明確にし、さらに昼間の読書時間を新設し自己学習の促進を図った。また学位取得に必要なセミナーへの参加の条件として試験を課し、この試験に合格した者のみに受講を認めることとした。

こうした改革は学生の自由を束縛するものとして反対も多く、ウィークスは「こうして最初の改革には8年かかった。この偉大なハーバードの改革者はその後13年かけて新しい改革を完成させた。」[4]と述べている。ローレンス

図4-1　ワイドナー記念図書館

第4章　大学拡張講座の開設とA.ローレンス・ローウェル　75

は大学改革を推進するために大学の施設の拡充に精力的に取り組んだ。3つの新入生用の寮、4つの図書館、メイン図書館としてのワイドナー記念図書館（the Widener Memorial Library）、卒業式が行われるメモリアル・チャーチ、このチャーチは第一次世界大戦に従軍し戦死した卒業生を悼んで建築され内部に彼らの名前が刻まれている。さらに音楽ホール、ハッチングトン・メモリアル病院などが建てられた。

　こうした業績から、『A.ローレンス・ローウェル』（1977）を書いたH.ヨーマンズ（Hennry Aaron Yeomans）によると、「ローレンスは『建築家（"The Builder"）』と呼ばれることを嫌い、建物を建てたのではなくて人を建てた（教育した）と理解して欲しいと述べていた。」[5]となるのである。事実彼は、知的、精神的教育を目的として多くの建築物を建てたと思われる。H.ヨーマンズのリスト[6]によると彼は、学長として在籍した24年間に図書館、研究所、博物館、病院、ホール、集会所、教会、教員住宅など67の建築物を残している。この中には北大西洋においてタイタニック号と運命をともにしたH.ワイドナー（Harry Elkins Widener）を悼んでその遺産の寄付によって建設されたワイドナー記念図書館が含まれている。A.ローレンス・ローウェルは教育の中心を学生の自己教育力の育成においたので、学習のメディアとして図書館の充実に力を注いだ。ワイドナー記念図書館は建築に200万ドルを必要とされたが、H.ワイドナーの母の資金提供の申し出によって彼が収集した多くの図書を収納する目的も含めて1915年に完成した。また図書館とウエストヤードを挟んで向かい合わせにメモリアル・チャーチが1934年に完成し、毎年ここで卒業式が行われている。

　A.ローレンス・ローウェルのこうした努力の結果「第一次世界大戦にもかかわらず入学生は増加を続け、1917年の卒業生は増加した。」[7]のである。

(2)　A.ローレンス・ローウェルの教育観

　H.ヨーマンズによると「A.ローレンス・ローウェルはしばしば自己教育（Self-Education）について語っている。例えば『学生は、あらゆる事について自分自身で考え抜くべきだという信念を持っている教師ならば、学生が創造

するために必要とする素材を学生自身で探し出すまでは、学生に向かってあれこれ口出しはしないものである』と述べている。」[8]とローウェルについて記述し、A.ローレンス・ローウェルが学生の自己教育力の育成を重視していたことを明らかにしている。

A.ローレンス・ローウェルの自己教育は次の2つの要素からなる。
1) 学習者が学習への意欲を持つこと
2) 学習者が自己統制力を持つこと

である。

「自己学習の意欲は大学教育におけるすべての場面に応用でき、これは明白な事実であって疑う余地はない。また自己統制力は学問追求への自己専心性でもあり、学生の精神的成熟と関係している。」[9]とA.ローレンス・ローウェルは考えていた。

H.ヨーマンズは「自己教育は大学生が目指すべき緊急の課題であるとA.ローレンス・ローウェルは常に考えていた。」と述べ、「ローウェルの大学改革を詳細に見ると、この自己教育の育成との関連に気づくであろう。」[10]としている。

A.ローレンス・ローウェルの自己教育の基本は学生が「読書の時」(Reading Period)を持つことであった。彼は「読書を軽視し、試験や単位認定を手軽に扱うのはよくない教師である。一方読書を注意深く扱い、読書が学生の学習を統合するものと位置づけている教師によって教育された学生は試験においても、進級においても成功する。」[11]として学生の学習にとって読書が思索を深める手だてとして重要であると考えていた。すでに、彼の教育改革の第二の柱として昼間時における「読書の時間」の新設を挙げたが、以上のような教育観に基づくものである。

A.ローレンス・ローウェルは大学拡張講座をスタートさせたが、彼の考えの基本には学生の自己教育力に期待するものがあり、この自己教育力が大学拡張講座を成功させる原動力であると確信していたと思われる。なぜなら、大学拡張講座のような非伝統的授業形態をとる教育システムにおいては、学生に強い学習意欲と自己統制力がなければ学習を完成することは困難である

ことは教育史の示す事実だからである。A.ローレンス・ローウェルは大学拡張講座において自己の教育理念の実践に乗り出したと言っても過言ではない。

(3) ローウェル協会講座の改革

ボストンにおける文化的な成熟は A.ローレンス・ローウェルのローウェル協会の運営の努力と相まって、ヨーロッパ文化の模倣を脱してアメリカ独自の文化の創造に向かいつつあった。例えば、当時ボストンはヨーロッパの資料を集めただけの「アメリカの図書室」に過ぎないなどと言われていたが、この言葉を返上すべくアメリカ独自の文学活動が起こり始め、詩や小説の分野で米文学として認められる成果が現れてきた。彼の長女のエイミーはアメリカの近代詩イマジズムの代表として認められるようになり、詩の世界で新しい境地を開いたヘンリー・ワッズワース・ロングフェロー (Henry Wadsworth Longfellow) の活躍などで、彼の名に因んだロングフェロー橋がチャールズ川に架かっている。そして、『ウォルデン—森の生活』『市民的不服従』を著したヘンリー・ソロー (Henry Thoreau)、『若草物語』を書いたルイザ・メイ・オルコット (Louisa May Alcott) などである。また美術もヨーロッパ美術の模倣をやめてアメリカ独特の自由な表現を用いたアメリカ印象派絵画や銅板画が見られるようになった。音楽の分野では、世界的に認められているボストン・シンフォニーオーケストラの活躍、そして東洋美術、陶芸、西洋の印象派絵画の収集、キリスト教史に関する聖書のコレクションなどはボストン美術館に見られるように合衆国において最高の水準に達するようになり、科学の分野では、マサチューセッツ工科大学 (MIT) の研究は世界的水準にあると認められるようになった。

こうした文化的土壌が成熟する中で、大学における市民教育への社会的要求および大学卒業資格の取得を目的とした人々の学習意欲の増大に対処するため、A.ローレンス・ローウェルはローウェル協会講座の改革に着手した。彼はまず、講座はおよそ70年前にローウェル協会を創立したジョン・ローウェル Jr. の理想と原点に戻るべきであると考えた。すでに述べたが、ジョ

ン・ローウェルJr.が生きた1830年代には講演運動が盛んで、ボストンのみならずセーラムやリン、ウースター、レキシントンなどの近郊の町々に多くの講座が開設され人々が競ってこうした講座へ出席していた。ジョン・ローウェルJr.のローウェル協会講座はこうした運動の影響を受けたことはたしかであるが、一方彼が少年時代に受けたフランスやイギリスにおける教育の経験から、イギリスの私立の寄宿舎学校パブリック・スクールやフランスの寄宿舎学校コレージュ・ド・フランスをモデルとして格式の高い協会を創立し、この協会によって運営される講座を究極において"大学拡張講座"へと発展させたいという理想があったと思われる。こうした歴史的事実をふまえて、A.ローレンス・ローウェルはそれまで主として冬季にだけ開かれていた講座を一年を通して開講することとし、一般向けと専門家向けとの2分野に分けた。そして、「大学拡張講座を推進するためには、大きな高等教育機関の後ろ盾がないと成功しない」[12]として、大学との連携を重視したのである。事実、上級講座はすでにボストン地域の大学と連携して実施されていたので、もはや大学の協力なしには成立しなくなっていた。さらに彼はローウェル講座を教養講座から一般・成人教育向けの大学拡張講座へと方向転換させることとした。まず、MIT内に設置されていた職工長学校（School for Industrial Foreman）はMITへ吸収させた。この学校の受講生は企業に在職のままこの学校で研修を受けていて、いわば在職研修（in service training）と言ってよいコースで、企業に戻ると卒業の資格が認められて2年以内にサラリーが70％アップしたと言われる。受講生は「職工長（foreman）」という名を嫌ったので、新しい名称として「MITの協力によるローウェル協会学校（the Lowell Institute School under the Auspices of MIT）」に変更した。さらに彼はローウェル協会講座をハーバード大学、ボストン大学、タフツ大学、ボストンカレッジ、ウエスレー大学、ボストン美術館の協力によって大学拡張講座とすべく運動を開始し、合同委員会のもとで科目の選定やカリキュラムを設定し、受講生にとって準教養学士の資格がとれるコースとすべく各大学に協力を求めた。準教養学士を取得する条件として、受講生は少なくとも2年間大学拡張講座へ在籍しなければならないとされ、そして講座の費用の大部分

をローウェル協会が負担し、受講生は収入に応じた受講料を支払えばよいことが大学拡張案内の小冊子に明記された。

## 2 大学拡張委員会と大学拡張学部の設置

　大学拡張委員会の設置と大学拡張学部の設置についての経緯は当時のハーバード大大学拡張委員会第1年報に記録されている。
　ハーバード大学拡張学部長のM.シュネーゲル（Michael Shinagel）は、大学拡張学部の成立とその歴史について論文にまとめて発表しているが、それによると「ほぼ100年にわたって続いてきたローウェル協会講座はその使命を終えようとしていた。ローウェル協会の会長であり、ハーバード大学政治学教授であったA.ローレンス・ローウェルは、協会講座を大学の拡張講座に移行したいと考え、その手続きとしてまずハーバード大学内に大学拡張委員会を設置して、その後拡張講座の運用をこの委員会に任せたいと考えた。この委員会には最初、大ボストン地域の7つの大学と1つの文化機関が参加した。」[13)]
　このようにA.ローレンス・ローウェルは、民間の教育機関によって運営されているローウェル協会講座を大学の正式な講座としてより広く民衆に開放し、大学卒業の学位を取得できる公式なコースにしたいと考えた。そして、ボストン地域の主要な大学と文化機関に協力を要請したのである。
　大学拡張委員会第1年報によると、「1910年1月にハーバード大学に大学拡張学部が設置され初代の学部長に神学教授のJ.H.ロープス（James Hardy Ropes）が任命された。これに先だってA.ローレンス・ローウェルは恒久的な大学拡張委員会を組織すべくハーバード大学学長C.エリオットに働きかけ、彼の協力と指導のもとに、ハーバード大学、ボストン大学、ボストンカレッジ、マサチューセッツ工科大学、ウエスレーカレッジ、タフツ大学、シモンカレッジ、ボストン美術館を会員とする大学拡張委員会（the Commission on Extension Course）が組織された。」[14)]と記録されている。なおロープス夫人のアリス（Alice）はA.ローウェルの娘のアリス・ローウェルである。また

1910年は明治43年に当たり、日本では小学校の義務年限が6年間に延長されたばかりで、大学は東京、京都、東北の三帝国大学のみが開学していた時代である。

1910年以前はローウェル協会講座についての年次報告は当然ローウェル協会の年報として発行されていたが、以後ハーバード大学拡張学部年報として発行されるようになった。

また、大学拡張学部の第三代学部長のM.シュネーゲルは、大学拡張学部の設立70周年記念誌にA.ローレンス・ローウェルの考えについて次のように記している。「ローウェル協会年報を見るとA.ローレンス・ローウェルの教育計画を知ることができる。1906年－07年報に、彼は『ハーバード大学との協力においてリベラル・アーツの組織的コースを開設した。しかしこの計画はまだ完全なものではない。もしそれらが完全なものに成長して成功するなら、150年前にローウェル協会公開講座を開設したジョン　ローウェルJr.が目指した現在の「大学拡張講座」とも言うべき新しい講座の開設に道を開くことになろう。』」[15]と。つまりA.ローレンス・ローウェルは、ローウェル協会講座の始祖ジョン・ローウェルJr.の理想の実現のために、ハーバード大学を中心とする大学群の協力を得てローウェル協会講座を大学拡張講座へ発展させなければならないと考えていたのである。

M.シュネーゲルによると1907－08年報には、ハーバード大学教員が大学において行った講座をそのまま大学拡張講座で講義した結果が記されている。それによると「総合コースは受講生の学習要求を満足させるもので、熱心な受講生を記録的に集めた。それは講師の質の高さと教科の大衆性によるものである。」[16]と報告されている。

A.ローレンス・ローウェルは1908－09年報において「C.コープランド（Charles T.Copeland）の英文学と英文構成の講座は790人の受講生があり、J.ロイス（Josih Royce）の心理学概論には300人、私の現代憲法には152人、そしてG.パーマー（George H,Palmer）の古代哲学史には372人の受講生があった。ボストン婦人クラブの協力に感謝するとともに、ハーバード大学哲学教授のパーマー氏の卓越した努力に敬意を表する。」[17]と書いている。

## 第4章 大学拡張講座の開設とA.ローレンス・ローウェル

　学長になっての最初の年報に「大学教育の機会に恵まれなかった人々に大学講座を開放したい。公共の要求に応える一般教育（Popular education）を人々に提供したい」[18]と述べている。そのためにA.ローレンス・ローウェルは講座を一元的に取り扱う学部を設置する必要があると考えた。もし「組織的な一般教育（systematic popular education）」を提供しようとするならボストン近郊の大学やカレッジが大学拡張委員会を構成して行うことがよいとして、ローウェル協会が計画を立てて大学群に呼びかけた。1909年ハーバード大学、ボストン大学、ボストンカレッジ、マサチューセッツ工科大学、タフツ大学、ウェスレーカレッジ、ボストン美術館が委員会の統制の下に講座を開くことに賛成し、そして講座のレベルやカリキュラムをハーバード大学の正規の講座に合わせることとした。そして、ハーバード、タフツ、ウェスレーの各大学は準教養学士の資格を認定できるコースを新設することで一致した。参加した各大学は大学開放を大学の社会的使命の一つと考え、すでに部分的に夜間コースや夏期講座を設けて大学拡張を実施していたので合意は円滑に成立した。

　1910年1月ハーバード大学はこの計画を遂行するため大学拡張学部を新設しこれを恒久的な大学拡張委員会（the Commission on extension courses）の下に置き、新学部長に神学教授のJ.ロープス（James Hardy Ropes）を選出した。

　A.ローレンス・ローウェルは受講生が新しい資格として教養学士の資格が取得できるように努力した。MITの中に理科教師学校が設けられていて、教師の再教育を行っていたが、大学拡張講座が開設されると多くの教師が入学してきた。というのは教師にとって昇進のためには学士の資格が必要だったばかりでなく、高等学校の教員免許の取得には大学卒業資格を必要とし、さらに制度の中に教師に一定期間の再教育を義務づける条項が含まれていたからでもある。大学拡張委員会へ参加したボストン市教育委員は、大学拡張講座によって教員が大学資格を取得した場合、高等学校の教員免許を交付することを受講生に約束した。こうした理由から、A.ローレンス・ローウェルが学長になる前から教師たちは大学拡張コースで大学卒業の資格の取得や

再教育が受けられるように委員会に申し出ていたが、A.ローレンス・ローウェルが学長に就任して彼らの希望がやっと実現したのである。

M.シュネーゲルは「1910年4月8日のボストンデイリー紙は『ハーバード大学が大学拡張学部の受講生に準教養学士の資格を提供することになった。受講生は入学試験を受けることも大学の宿舎に住むことも必要なく、しかもこの資格は学士の資格と同等である。』と大々的に報じた。同じような記事をボストンイブニング紙も掲載した。」[19]と述べている。このように大学拡張学部の開設はボストン地域の人々に大きな衝撃と希望を与えたのである。

大学拡張年報1910年によると、夜間コースには606人（男206人、女400人）平均年齢男子35歳、女子36歳、受講生の3分1は教師、他の3分1はそれぞれ家庭の主婦と勤労者であった。C.コープランドの「19世紀のイギリス文学」が一番人気があった。年度末には863人が受講し395人が単位の認定を受けた。

1914年にボストン教育委員会の要請に応じて、大学拡張学部は教師向けの講座として「小学校の学校経営」を開講した。翌年マサチューセッツ教育委員会を委員として新たに大学拡張委員会に加え、教員の現職教育と資質の向上により一層の充実を計った。初代の大学拡張部長のJ.ロープスは1922年に辞任し、二代目学部長として特殊教育学教授A.ウイッテム（Arthur F. Whittem）が就任した。

1932年A.ローレンス・ローウェルは学長の椅子をJ.コナントに譲ったが、彼は1943年1月6日に死去するまでローウェル協会の会長の職に留まり、ローウェル協会長の立場から大学拡張委員会への援助を惜しまなかったのである。

M.シュネーゲルが論文を書いた1980年までに「組織的な一般教育」としての拡張講座には延べ1万8000人が参加し1250人が大学卒業の資格を得た。その中にはハーバード大学の教養学部の教員になった者もいる。拡張コースに出席することによって人々は、2年制大学卒業資格、4年生大学卒業資格としてのB.A.、さらに大学院終了資格をも獲得できる機会を持つことができるようになったのである。

大学拡張講座の設置についての社会的評価は明らかではないが、M.シュ

ネーゲルが述べているように、ボストン社会に大きな衝撃を与えマスコミがこぞってこれを記事にしたことから、人々の希望の光となったことはたしかである。ハーバード大学は現在でも全米の大学ランキングで教育内容、研究業績、施設、スタッフ、財政、歴史伝統などの面から総合第一位にあり、入学希望者は多いのである。こうした威光の高い大学が率先して大学拡張学部を設置して市民教育に貢献しようとする姿勢は、アメリカの自由なそして民主的な教育観の発露と言わざるをえない。

## 3 大学拡張講座の内容——受講案内から

1910年には大学拡張年報第1号が、学部長J.ロープスと大学拡張委員会の連名のもとに発行された。さらに受講生の受講登録に便利なように受講案内が1910年から発行された。最初の案内書はB5版の10ページの小冊子である。内容は、①大学拡張委員会の構成メンバー、②講座の設置された目的、③コースの種類（土曜日コース、午後コース、夜間コースの3コース）、④学期の構成（2セメスター制であること）⑤授業料、⑥受講登録方法と取得可能な資格、⑦委員会を構成する各大学の責任者、⑧各コースの開設講座名、⑨単位取得方法、⑩講座名と担当教師名などが詳細に記されている。1910年以後この案内書は毎年発行され、今日に及んでいる。以下に案内書第一号の内容を示す。

この案内書によると、8大学が参加し、コース内容、コースの時間数は大学の正規のコースと同じ構成である。開講時間は午後と夜と土曜日の昼間となっていて、午後コースは学校の現職の教師の要望に応じて設定されたものと思われる。

コースの選択は全科でも単科でも自由である。授業料は納入しやすいようにローウェル協会が一部を負担している。大学拡張委員会の委員は各大学の学長か学部長によって構成され、各大学の熱意が感じられる構成になっている。

| ボストンにおける大学拡張コース案内 [20] |

大学拡張委員会は以下の教育機関で構成される

ハーバード大学　　　　　　　　ボストン大学
タフツ大学　　　　　　　　　　ボストン美術館
マサチューセッツ工科大学　　　　ウエスレーカレッジ
ボストンカレッジ　　　　　　　　シモンズカレッジ
　　　　ローウェル協会
　　　　マサチューセッツ教育委員会
　　　　ボストン市学校委員会

## 1

〈目的〉カレッジとカレッジの教授および教育機関によって提供される以下のコースは1910年から1911年のコースで、ボストン周辺に住み知的で責任ある仕事に就きたいと希望している多くの人々に大学教育を学習する機会を提供するためのものである。

〈カレッジコース〉コースはできる限り加盟大学や教育機関の通常のコースに近づけ講義、筆記、実験、朗読、様々な実習において同じ方法で行われる。評価は大学と同じレベルで実施される。コースは参加大学の準学士の資格をとれるように構成されている。

## 2

コースは週日の午後と夜間、そして土曜日に開かれる。午後のコースは特に教師の学習のためのものであるが、同時に他の学習者にも役立つものとする。講座はボストン大学、マサチューセッツ工科大学、およびボストン美術館の教室で行われる。講座にはローウェル協会大学講座とローウェル協会科学教師学校コースが含まれる。

〈日程〉講座は1910年の9月下旬か10月上旬に始まりクリスマス休暇と春休みを挟んで30週間で構成される。

〈授業料〉コースは部分的にローウェル協会の寄付金により、また企業

からの寄付によって補助される。授業料の額は以下の通りである。
　1時間コース　年間　10ドル
　2時間コース　年間　15ドル
　3時間コース　年間　20ドル
　ローウェル協会は基金の補助によって授業料を安くしたいと考え、コースの時間数に関係なく「ローウェルカレッジ」の名称を付けたコースには5ドルを割り引いている。
　各コースの受講料は2期に分けて支払うことになる。第一期は1910年10月12日から、第二期は1911年2月15日からである。
　〈アドミッション〉コースは男女に開かれ、1コースでも複数のコースでも受講できる。しかし受講する場合に、学生は一定の資格を必要とする。20歳以下の場合には、高等学校の資格かそれと同等の資格を、また20歳以上の場合は十分な教育を受けた経歴を示す証明書を持たねばならない。
　応募者は所定の欄に名前、年齢、職業、学業証明、その他の学歴を記入しなければならない。
　もし学生が学習態度、受講態度、実習で勤勉さと規則的な出席を示さなければコースから除外される。試験に合格しなければ、何人も学位の取得にかかわる単位の認定を受けることはできない。
　コースの受講を希望する者は所定の用紙に必要事項を記入しケンブリッジの大学ホール、大学拡張委員会へ提出すること。
　コースは(I) 夜間コース、(II) 午後コース、(III) 土曜日コースがあり以下の4コースに分かれる。
　A．言語と文学
　B．自然科学
　C．歴史、政治、社会科学
　D．哲学、数学

拡張コース委員会（p.4）

James Hardy Ropes; Dean of the Department of U.E Harvard Univ. Chair-

man Arther Fairbanks; Director of Boston College
Thomas Ignatius Gasson; President of Boston College
Caroline Hazard; President of Wellesley College
William Edwards Huntington; President of Boston University
Henry Lefavour; President of Simmons College
Richard Cookburn Maclawrin; President of M.I.T.
Frank G.Wren; Dean of the Faculty of Arts and Sciences, Tufts College

第一部　夜間コース (pp.6-8)
1．英文書作成 (English Literature Composition)
2 a．実験電気学 (Experimental Electricity)
2 b．応用電気学 (Applied Electricity)
3．経済原論 (Principles of Economics)
4．心理学 (Psychology)

第二部　午後コース (p.9)
A　言語と文学 (Language and Literature)
　1．英作文 (English Composition)
　2．英国文学史 (History of English Literature)
　3．ドイツ語 (German)
　4．フランス語 (French)
　5．フランス文学 (French Literature)
B　自然科学 (Natural Science)
　1．物理学 (Physics)
　2．心理学 (Psychology)
　3．地理学 (Geology) (一年生向け)
　4．地理学 (Geology) (三年生向け)
　5．ヨーロッパ地理学 (Geology of Europe)
　6．植物学 (Botany)
　7．化学 (Chemistry)

> C 歴史 (History)
> 1. 1485年から現代にいたる英国史 (English History from 1485 to the present time)
> 2. 古代美術 (Ancient Art)
> 3. ローマ、ビザンチン、ゴシック、ルネッサンス時代の市民と美術
>    (Civilization and Art of Roman, Byzantic, Gothic and Renaissance Ages.)
>
> 以下担当講師省略
>
> 出典) University Extension Commission (1910), *University Extension Course in Boston*, Harvard University Library

## 4 大学拡張運動の潮流

　1890年代から1900年代にかけて、アメリカにおいて大学拡張運動（the University Extension Movement）が盛んになった。特に州立大学の建学精神として州民への教育奉仕が基礎にあり、州立大学の使命として大学の研究と教育を広く州民へ奉仕することの具体的運動として大学拡張運動が行われた。

　カリフォルニア州立大学の大学拡張運動を研究したK. ロックヒル（Kathleen Rockhill）は、「カリフォルニア大学の大学拡張コースは教師の再教育のために開始された。大学は教師の再教育における役割を果たすべく行動を開始した。その最初の動きは1886年に始まり、具体化したのは1891年である」[21]と述べている。

　同時期アメリカにおける大学拡張運動が全米的広がりをもった。「1889年にアメリカにおける最初の大学拡張組織がニューヨーク州のショートクア大学（Chautauqua University）に設立され、次いで、1890年フィラデルフィアに教師養成大学拡張委員会が設立された。」[22]このように大学拡張運動における最初の試みは現職教師の再教育であった。この点では、ハーバード大学の大学拡張講座の受講生の多くが教師であったことと一致する。なおショートクアにおける成人教育講座は、1874年にメソジスト派の夏季学校が始まりとさ

れ、夏期休暇を利用して多くの人がショートクア湖畔に集まって講習を受けた。この運動はアメリカにおける成人教育史の中で一時期を形成した。

ショートクア大学における大学拡張講座はライシャム運動(講演運動)のメッカ、ショートクアの夏期講座が発展したものである。

ショートクアの名前はインディアンの水と関係のあることばファダクア(Fadaqua)から由来している。成人教育のメッカとなったショートクアはニューヨーク州の南西の角に位置するショートクア湖のほとりに開けたリゾート地である。

すでに第2章で述べたが、ライシャム運動はJ.ホルブルークによってイングランドからマサチューセッツ州のミルバリーに導入され全米に広がりその後南北戦争の影響により下火となったが、これを支えた文化人がR.W.エマーソンやマーク・トウェインである。彼らはライシャム運動のもう一つの拠点であるショートクアでしばしば講演を行っている。

ショートクアは敬虔なメソジスト派の教会牧師ジョン・H.ビンセント(John H. Vincent)によって1874年に開かれた。H.ビンセントは日曜学校の教師養成を担当していたが、日曜学校の教師は神の召し(calling)による使命をよりはっきりと自覚するように教育されるべきだと考え、そのために聖書をめぐる地理学や哲学を学校を建て教えたいと願っていた。H.ビンセントは、人間にとって教育は生涯を通し行われて、学習は継続して実施するものという生涯学習論の持ち主でもあった。そこで、日曜学校で子どもたちを教える教師も継続教育やリカレント教育が必要であるとの信念を抱いたのである。

オハイオ州の農機具工場の経営者レビス・ミラー(Lewis Miller)の援助のもと、H.ビンセントは1855年から3年コースの教育課程を開発し、1874年8月4日に最初の全米日曜学校集会を2週間にわたりショートクアにおいて開催した。このとき142人の日曜学校教師がアメリカ25州、カナダ、アイルランド、スコットランドなどから集まった。H.ビンセントは湖のほとりにL.ミラーの名をとったミラー・パークを建設し講演会場とした。講演ステージを取り囲んで素朴な木造の小屋が建てられた。記録によると8月12日には1万人の人が野外講演会に参加したのである[23]。H.ビンセントは公園の中に

第4章　大学拡張講座の開設とA.ローレンス・ローウェル　89

古代パレスチナのミニチュアを造り、聖書時代の人々の生活習慣や建築様式について講義した。

　3年後の1877年にH.ビンセントはショートクア運動を年間を通して実施すべく4年間の通信教育コースを開設したが、これはアメリカにおける最初の通信教育と言われている。1900年までに5万人が学位の資格をとり、25万人が最終試験を受験するまでには至らなかったがコースに登録した。このようにショートクア運動は講演運動から発展して学位取得の遠隔通信教育へと成長していったのである。

　H.ビンセントは学習は楽しくなくてはいけないと考え、音楽会や遠足、お祭りなどをしばしば行った。そのため、夏期の野外音楽会は全米に知られるようになり、テレビ中継も行われた。

　駐日米国大使を勤め、ハーバード大学教授であったE.ライシャワー(Edwin O.Reischuar)はショートクアの思い出を次のように書いている。「夏などには一週間連続して大学のサマースクールやその他のセミナーで話すことがよくあった。ある夏にはトロントの北のレーク・クチチンのセミナーに出た後、ニューヨーク州北部のショートクアに移って別のセミナーをこなすというふうだった。19世紀後半に成人教育のメッカになったショートクアなど、五十年も前に歴史的過去の地になったものと思っていた私は、びっくりした。」24)

　このようにアメリカにおける大学拡張運動はキリスト教の民衆へ奉仕すべきであるという大学の使命感と講演運動を母胎としていることはたしかである。

　またR.ブレイクリーは放送と大学拡張運動の関係について、特に州立大学の動きを次のように述べている。

　「アメリカの州立大学は、1818年ヴァージニア大学を嚆矢として、高等教育の機会はすべての人に開かれるべきだという使命を強く持っていた。1880年までに、こうした考えを持つ大学は21に達した。特に国有地交付法（モリル法〔the Morrill Act: Land Grant College Act〕）の施行後に多くの州立大学が設立され、この思想はさらに広がった。さらに1887年にはハッチ法（the Hatch

Act)が連邦予算を農業放送に使えるようにしたため、放送が農業への科学的知識の普及に貢献した。1915年に、全米大学拡張協会が設立され22大学が加盟して、第一回の会議が開かれた。その宣言に『国のあらゆる場所で、すべての人に学習の機会の光を当てる』と書かれている」[25]。このようにアメリカにおいてはすでに19世紀の初期から大学拡張運動が起こり、これと平行して講演運動、そしてキリスト教の伝道活動としての夏季スクールなど成人教育運動が行われ、多くの人々が様々な形でまた様々な時期に講座に参加することができたのである。

こうした運動の延長線上にアメリカの公立カレッジや大学が地域社会や民衆に奉仕するという伝統がある。こうした伝統に配慮して、当時ラジオ放送の免許権を持っていたアメリカ商務省は1921年ラジオ法の施行に伴って、教育を目的とする新しい範疇の放送局に認可を与えることとなった。多くのカレッジや大学は、早くから人々、特に遠隔地に住む人々へ奉仕する手段として放送を考えていた故に、人々へ大学教育を受ける機会を提供する目的でラジオ放送局を建設しこれを利用した。そしてその使命をより効果的にするために、教育放送の全国組織がつくられたのである。

## 5 現在のハーバード大学大学拡張学部

1997年のハーバード大学大学拡張学部(the Harvard Extension School)の案内書[26]によると、40コースに1万3000人の学生が登録している。学生が取得できる資格は準学士、学士、修士である。修士は一般学芸分野に限られ、経営管理、応用科学、公衆衛生、博物館学、そしてパブリック・コミュニケーションである。資格の取得はかなり難しく、案内書によると今までの経験から資格取得候補者となる学生は登録学生の10%に過ぎないということである。したがって大多数の学生は自分の能力をリフレッシュするためのリカレント学習を目的として、あるいは自己開発、教養を豊かにする目的で在学しているのである。

拡張学部がスタートした1910年代には、大学進学の機会を持たない人々が

第4章　大学拡張講座の開設とA.ローレンス・ローウェル　91

**図4-2　現在のハーバード大学大学拡張学部**
教室、図書室、実験室、セミナールーム、事務室、集会室などがある。

学生として在学していたが、現在ではこの状況は大きく変わり登録学生の4分の3が学士の称号を持ち、5分の1が修士の学位を持っている。さらに25分の1が博士の学位を持っているのである。学生の年齢の幅も広く、10代から90代にわたっており、平均年齢は32歳である。学生の40％はボストンおよびケンブリッジに住み、その5分の3は女性である。

1994年－1995年報により、過去10年の在籍者の推移を見ると、コース数、登録者数、在籍者数ともにあまり大きな変化はない。在籍者の男女比率は、おおよそ男子40％、女子60％となっている。

大学拡張学部が開設された1910年の在籍者は863人であったので、現在はその20倍の学生が在籍していることになる。学生の量的増大とともに質的な変化が起こりつつある。現在のハーバード大学長のデレック・C.ボック (Derek C.Bok) は「最近では1年生の国会議員の3分の2以上が自ら進んでハーバード大学の集中プログラムに出席している。こうした傾向は社会的変

化によって、大学が今までなかった非伝統的コースを提供しなければならなくなった状況を現している。」[27]として次のように述べている。「このような新しいプログラムは、かつてのコミュニティ・サービスとしての、あるいは社会福祉としての教育とは全く異なる非伝統的教育の存在理由を提示している。新しい関心に直面しているわれわれとしては、大学における継続教育をどのように位置づけるかもっと考える必要がある。この課題に正面から取り組むためには、18歳から25歳の青年だけが本当の大学生であると考えることを止めなければならない。」[28]このように大学拡張の方向が大学学部（Undergraduate）の教育からより高度な今日的課題に挑戦する大学院（Postgraduate）の教育に方向転換しなければならないことを示唆している。

以上のことから、通年のコース以外に夏季だけ開講される「サマースクール」がある。このコースは大学院修了資格を取得するための準備コースと考えられ毎年6000人の学生が登録する。学生の60％がハーバード大学出身者、残りは他大学および海外の大学からである。

参考までに過去10年間の大学拡張学部の在籍者の推移を表4-1に示しておく。

ハーバード拡張学部は創設者A.ローレンス・ローウェルの意志を継承して、昼間コース、夜間コース、土曜コース、科目等履修コース、奨学制度な

表4-1　ハーバード大学大学拡張学部在籍者の推移
1985年－1995年

| 年度 | コース数 | 登録学生数 | 学生数 | 男子 | 女子 |
|---|---|---|---|---|---|
| 1984-85 | 599 | 20,366 | 12,882 | 5,214 | 7,668 |
| 1985-86 | 646 | 20,578 | 13,320 | 5,499 | 7,821 |
| 1986-87 | 638 | 20,861 | 13,370 | 5,468 | 7,906 |
| 1987-88 | 625 | 21,714 | 13,811 | 5,824 | 7,987 |
| 1988-89 | 640 | 22,246 | 13,799 | 5,724 | 8,075 |
| 1989-90 | 636 | 23,096 | 14,285 | 5,885 | 8,400 |
| 1990-91 | 634 | 23,132 | 14,039 | 5,716 | 8,323 |
| 1991-92 | 644 | 22,611 | 13,509 | 5,679 | 7,830 |
| 1992-93 | 569 | 22,594 | 13,256 | 5,555 | 7,701 |
| 1993-94 | 558 | 21,972 | 13,052 | 5,523 | 7,539 |
| 1994-95 | 548 | 21,658 | 12,644 | 5,265 | 7,379 |

出典）Division of Continuing Education (1996), *1994-1995 Annual Report*, p.13

どの拡充を通して地域社会への奉仕を実践している。ハーバード大学の教員による質の高い教育が市民へ提供されているのである。

なお外国籍を持つ入学希望者は、アメリカの4年制大学の卒業資格を持つ者か、英語検定試験（TOEFL）で最低600点、英語筆記検定資格（TWE）で5を持つ必要がある。その他経済証明書、学生ビザの提出を求められるので、大学拡張コースへ簡単に入学するわけにはいかないのである。

注
1) Edward Weeks (1966), *The Lowells and Their Institute*, An Atlantic Monthly Press Book Little, Brown and Company, p.119
2) Edward Weeks (1966), *ibid.*, p.121
3) Richard M.Freeland (1992), *Academia's Golden Age: Universities in Massachusetts 1915-1970*, Oxford University Press, p.21
4) Edward Weeks (1966), *op.cit.*, p.121
5) Henry Aaron Yeomans (1977), *Abbot Lawrence Lowell: 1856-1943*, Arno Press A New York Company Press, p.219
6) Henry Aaron Yeomans (1977), p.220-222 別表参照
7) Edward Weeks (1966), *op.cit.*, p.122
8) Henry Aaron Yeomans (1977), *op.cit.*, p.159
9) Henry Aaron Yeomans (1977), *op.cit.*, p.160
10) Henry Aaron Yeomans (1977), *op.cit.*, p.161
11) Henry Aaron Yeomans (1977), *op.cit.*, p.163
12) Edward Weeks (1966), *op.cit.*, p.124
13) Michael Shinagel (1980), *A Harvard Magazine 1980 May-June 'Probono Public'*, Harvard Magazine, Inc., p.37-41
14) Michael Shinagel (1980), *ibid.*, p.41
15) Michael Shinagel (1980), *ibid.*, p.37
16) Michael Shinagel (1980), *ibid.*, p.37
17) Michael Shinagel (1980), *ibid.*, p.37
18) Michael Shinagel (1980), *ibid.*, p.38
19) Michael Shinagel (1980), *ibid.*, p.40
20) Commission on Extension Course (1910), *Extension Course in Boston*, Harvard University Library
21) Kathleen Rockhill (1983), *Academic Excellence and Public Service: A History of University Extension in California*, Transaction Books, p.16
22) Kathleen Rockhill (1983), *ibid.*, p.17

23) Irene Briggs DaBoll & Raymond F.Daboll (1969), *Recollections of The Lycelim & Chautaqua Circuit*, The Bond Wheetwright Company, p.34
24) エドウィン. O. ライシャワー *My Life between Japan and America* (1987) 徳岡孝夫訳『ライシャワー自伝』文藝春秋社、p,231
25) Robert J.Blakely (1979), *Educational Broadcasting in the United.States*, Syracus Press, p.53
26) Harvard Extension School (1996)『学部案内書1996-1997』, Harvard Extension School
27) Derek C.Bok *Higher Learning* 小原芳明監訳 (1989)『ハーバード大学の戦略』玉川大学出版部、p.132
28) Derek C.Bok 小原芳明監訳 (1989), *ibid.*, p.133

6) 別表　　A.ローレンス・ローウェルの学長在籍中に建設された建物

| 建築物 | 完成年 | 建築物 | 完成年 |
|---|---|---|---|
| 1. Varsity Club | 1991 | 36. Brayan Hall | 1933 |
| 2. Gore Hall | 1914 | 37. Memorial Church | 1/2 1933 |
| 3. Smith Hall | 1914 | | 1/2 1934 |
| 4. Standish Hall | 1914 | 38. Bean's House (Business S) | 1931 |
| 5. President's House | 1912 | 39. Dillon Field House | 1930 |
| 6. Coolidge Laboratory | 1913 | 40. Dunster House (not | 1/4 1929 |
| 7. Cryptogamic | 1932 | including Tunnel) | 3/4 1930 |
| 8. Gibbs Laboratory | 1913 | 41. Eliot House　　1/2 1930 | 1/2 1931 |
| 9. Music Building | 1914 | 42. Faculty Club | 1931 |
| 10. Widener Library | 1915 | 43. Fogg Art Museum (Add.) | 1932 |
| 11. Cruft Laboratory | 1914 | 44. Freshman Athletic Build. | 1931 |
| 12. Dunbar Laboratory | 1918 | 45. Wiggleworth Halls | 1/2 1930 |
| 13. Mckay Laboratory | 1918 | | 1/2 1931 |
| 14. Germanic Museum | 1916 | 46. Master's Garages | 1930 |
| 15. Gray Herbarium | 1910 | 47. Geography Building | 1931 |
| 16. Dental School | 1909 | 48. Harverd Union (Alterations | |
| 17. Hutchington Memorial | | for Freshman Dining Hall) | 1931 |
| Hospital | 1912 | 49. Hicks House Remodeled | 1931 |
| 18. New Animal House | 1925 | 50. Improvements at Red Top | 1933 |
| 19. Fogg Art Museum | 1927 | 51. Chemical Labo. (Add.) | 1931 |
| 20. Lionel | 1925 | 52. Indoor Athletic Buil. | 1/3 1929 |
| 21. Mower | 1925 | | 2/3 1930 |
| 22. Lehman Hall | 1925 | 53. Jefferson Lab. Remodeled | 1931 |
| 23. Mckinlock Hall | 1926 | 54. Kirkland House | 1931 |
| 24. Straus Hall | 1926 | 55. Leverett House | 1931 |
| 25. Vanderbilt Hall | 1927 | 56. Lowell House | 1/3 1929 |
| 26. Alterations to Massa | 1925 | | 2/3 1930 |
| 27. Business School (not including | 1925 | 57. Medical School Power House | 1930 |
| Tunnel or South Wing of | | 58. Harvard Observatory at Harvard | |
| the Baker Library) | | Massachusetts | 1931 |
| 28. Mallinckrodt and Convers | 1929 | 59. Parkway Tunnel | 1930 |

第4章　大学拡張講座の開設とA.ローレンス・ローウェル　　95

| | | | |
|---|---|---|---|
| 29. Langdell Hall | 1928 | 60. Physics Laboratory | 1931 |
| 30. Tunell to Chemical Labo. | 1927 | 61. President's Garage | 1932 |
| 31. Adams House (1/2 1930 1/2) | 1931 | 62. Russell House (Tunnel) | 1933 |
| 32. Apthorp House Remodeled | 1931 | 63. Smith Hall Alterations | 1931 |
| 33. Astronomical Library | 1931 | 64. Switch House | 1931 |
| 34. Baker Library (New Wing) | 1928 | 65. University Squash Courts | 1930 |
| 35. Biological Laboratories | 1930–1931 | 66. Vanderbilt Hall Addition | 1929 |
| | | 67. Winthrop House Alterat. | 1931 |

出典）Henry Aaron Yeomans (1977), *Abbott Lawrence Lowell 1856–1943*, Arno Press, pp.220–221

# 第5章 ローウェル協会とローウェル協会放送委員会の設立

## 1 ラジオ時代の到来

　アメリカにおけるラジオ時代の幕開けは、1899年10月3日（水）にG.マルコーニ（Guglielmo Marconi）が、彼自身で発明した無線電話機を使って、ニューヨーク港で開かれたワールドカップ・ヨットレースを逐次ニューヨークヘラルド新聞社へ送信した時であったとされる。その後多くの企業や船舶が競ってラジオ交信を開始した。政府は規制することもなく免許を与え続けた。

　アメリカにおける無線関係の最初の法律は、1910年に議会を通過した船舶無線法（the Wireless Ship Act）である。この法律はその名が示すとおり、洋上を航海する船舶の乗客の安全確保を目的に制定されたもので、点と点を結んで交信される無線通信を規制する目的で作られた法律で、所管は商務労働長官（1913年以降は商務長官）であった。

　20世紀に入りアメリカでは、第一次世界大戦前に8000に及ぶラジオ局が民間人の手によって運営されていたが、これらは船舶無線が発展したもので、点と点を結ぶ交信手段としてのみに用いられていた。したがって多くの人々へ情報を伝達するマスコミュニケーションのメディアとしての機能はまだ持っていなかったのである。しかし、船舶無線法が施行された2年後の1912年にラジオ法（the Radio Act 1912）がタフツ大統領の署名によって施行されると、ラジオ放送を行うためには政府の免許を必要とするようになった。さら

に、1917年第一次世界大戦が勃発すると、1912年ラジオ法に従って、ラジオは軍事目的に優先的に使用されることとなり、自由な放送が禁止された。この規制は第一次世界大戦が終了する1920年まで継続された。

周知の事実であるが、1920年11月2日、ウエスティングハウス社がラジオ受信機の販売促進と会社のPRを目的としてピッツバーグで定期的な放送を開始した。商務省から与えられたコールレターはKDKAであった。放送史上でこれがアメリカにおける正式の放送開始である。番組は当時ウオーレン・G.ハーディングとジェームス・コックスの間で争われていた大統領選挙の開票速報であった。

「アメリカのラジオ時代の到来は、モータリゼイションと時を同じくした。」[1]とE.ウィークスは記述している。放送メディアは異なるが、日本におけるテレビ時代の到来が、日本のモータリゼイションの時代と一致する1960年代であったことを考えると、情報化の進展と産業構造の変化との一致が見えてきて大変興味深い。

さて、E.ウィークスによると「F.ルーズベルト（Franklin D. Roosevelt）大統領は演説と説得のためのメディアとしてラジオを使った最初の大統領である。」[2]彼は政策を広く人々に知ってもらうためのメディアとしてラジオを高く評価し、素早く取り入れたことが分かる。当然ながら、ラジオはシンフォニーオーケストラ、メトロポリタンオペラ、トスカニーニ、メニューヒン、パブロ・カザルス、などの音楽を各家庭の居間まで伝達する最良のメディアとなり、多くの人々を楽しませた。

ローウェル協会が設立されて100年目の1938年に、ローレンス・ローウェルは自分の後継者として息子のラルフ・ローウェル（Ralph Lowell）を指名したことをアテナウムで開かれているローウェル協会講座の受講者たちに告げた。理由はローレンス自身が体力的に会合に出席できなくなり、耳が遠くなったこと、また講座の選定に若いセンスが必要だと考えたからである。

ローウェル協会講座の100周年報告書には両ローウェルの署名がある。報告書によると、ローウェル協会講座は5分野にわたって実施されている。

すなわち、

「①一般公共講座 (the General Public Lecture)、
　②ローウェル協会学校 (the Lowell Institute School)、
　③大学拡張講座 (the University Extension Course)、
　④理科教師学校 (the Teachers' School of Science)、
　⑤キングス礼拝堂神学講座(the Lecture on Theology at King's Chapel)、」[3]
である。この報告者によると1836年に始まったローウェル協会講座は100年にわたる歴史の中で拡張を重ね広い分野をカバーするものになっていた。これはすべて社会の必要を満たすために設けられて来たもので、優秀な受講生は2から3のコースを並行して受講するよう勧められ、この結果神学コースを受講する受講生が増加した。

　1943年1月A.ローレンス・ローウェルが死去し、ラルフ・ローウェルがローウェル協会の責任者となった。そこで彼は膨張していたローウェル協会講座の改革に着手し、まずA.ローレンス・ローウェルの跡を継いでハーバード大学長に指名されたJ.コナント (James Bryant Conant) に相談した。J.コナントは当時ニューメディアとして社会に普及しつつあったラジオを使った新しい形の講座の開発を勧めた。ラルフ・ローウェルはこの勧めに従って協会に新しいプロジェクトをスタートさせ、ラジオによるローウェル協会講座の可能性を模索したのである。

## 2　ラジオによる教育放送の開始と大学の関与

　ラジオの初期に多くの大学は物理学の実験の一部としてラジオ放送を行った。

　「1912年ラジオ法」により最初の実験免許を与えられたのは、フィラデルフィアのセント・ジョセフ大学 (St. Joseph's College) である。続いてフィラデルフィア無線電信学校 (the Philadelphia School of Wireless Telegraphy) にモールス信号による放送 (code broadcasting) の最初の免許が交付された。

　アメリカではラジオの草創期にあたる1920年代から放送を教育メディアとして役立てようとする努力がなされていた。1917年アメリカ最古の教育ラジ

オ局として今なお放送を続けているウイスコンシン州マジソンにあるウイスコンシン大学がコールレター 9 XM 局として実験放送を開始し後に WHA-AM 局（1922年開局）となり本放送へ移行した。

1922年は教育ラジオ局の開局ラッシュ年であり73の教育機関がラジオ放送の免許を取得した。引き続いて1923年には39、1924年には38、1925年には25の機関が商務長官から免許を受けた。教育ラジオ放送の最盛期の1925年にはこれらの数は128機関に達していた。

教育ラジオは隆盛期を迎え、1925年こうした大学放送局をメンバーとする大学放送局協会 ACUBS (the Association of College and University Broadcasting Stations) が組織され会議の目的を、

①ラジオのチャンネルを確保すること、

②事務局をワシントンDCに置くこと、

③番組交換を行うこと、

とした。そして当時周波数の管理を担当していた商務省に大学や教育機関、州の教育委員会に電波を割り当てるように陳情した。1930年には大学放送者会議は、ラジオ教育研究所 (the Institute for Education by Radio) との共催によって最初の研究会を開催した[4]。1940年当時大学がラジオを利用して遠隔教育を行おうとする意欲はかなり強いもので、F.ブラウン (Francis J. Brown) (1951) の記述によると、「108の教員養成大学のうち73が商業放送局を利用して教育番組を放送し、95大学が事情が許せばFM放送局を持ちたいと考えていた。」[5]のである。教育機関が放送を行う目的をF.ブラウンは、「第一に学校に教育番組を送り届けること、第二に一般大衆の教育を行うこと」とし、大学については「大学は広い地域にわたって直接成人教育を行うことは不可能であるが、放送によって大学は放送の及ぶ範囲を大学のキャンパスとすることができる。」[6]と述べ、放送による大学拡張の可能性を示唆している。さらに大学が運営した教育ラジオ放送局について『アメリカにおける教育放送』(1980) を著したR.ブレイクリー (Robert J. Blakely) は少年時代を回顧して次のように述べている。「私の教育放送との出会いは1922年にさかのぼる。子供時代、娯楽と情報の源はアイオワ州立大学（アメス）のラジオ

局(WOI)からのラジオ放送であった。その後高校と大学時代はアイオワ州立大学(デ・モイン)のWSIUのラジオ番組が話題の中心であった。」[7]と。

　このように初期の教育放送局はほとんど大学によって建設され、娯楽の少なかったこの時代に、商業放送と肩を並べて民衆に歓迎されていたのである。

　1903年から1918年までウイスコンシン大学の学長を務め、アメリカにおける最初の教育ラジオ局（WHA）の設立に努力したバン・ハイズ（C.R.Van Hise）は「州立大学は人々の教育的文化的必要に応えるだけでなく、日々の生活において直面している問題の解決のために奉仕をしなければならない」[8]と述べて大学からの放送が単に教育目的のための放送に留まらず、人々の直面している様々な社会的問題を解決する手がかりとなるべきであると述べている。このように初期の大学からの放送は地域社会の当面する様々な問題をも扱う総合的放送局の役割を果たして、民衆に奉仕していたのである。

　しかしこうした教育ラジオ局のほとんどは、1929年の大恐慌を乗り切るだけの経済力を持っていなかったため相次いで閉鎖された。しかし、バン・ハイズが述べた大学の公共奉仕の精神はその後教育テレビ局の開局の基盤となったのである。

## 3　ボストン地域における初期のラジオ放送

　ボストン地域では最初にタフツ大学がWEEIのコールレターで放送局を設置した。ハーバード大学がラジオ放送に関係をもった最初の時は、1924年スタンダード石油株式会社がハーバード大学、エール大学、プリンストン大学にそれぞれ1万ドルを提供して「ビッグスリーフットボール大会」を商業局を通して放送するように資金援助を行った時である。その後大西洋ガス株式会社が替わって3万ドルを寄付してフットボール放送の継続を支援し、この結果フットボール試合の中継放送は1926年まで続いた。

　当時WHCNのコールレターで有線による大学キャンパス内に放送域を限定した閉回路ラジオ放送を認可されていたハーバード大学は、ハーバード・クリムソン委員会のもとで学部学生への放送を開発していたが、これを

WHRB局として電波を送出できるように発展させようとした。この局の放送は単位取得に関係のないボランティア的なもので、連邦逓信委員会（the Federal Communications Commission; FCC）から放送中止の警告を受けるようなアマチュア放送であったが、ハーバード大学の優秀な学生H.ガン（Hartford N. Gunn）の研究心と興味を虜にしてしまった。そして演劇批評家でハーバード協会の事務局長のD.ベイリー（David W. Bailey）がこの放送局に働くスタッフへのアドバイザーとして就任した。この二人は後にアメリカ公共放送の発展のキーパーソンとなる。

学長のJ.コナントは教育メディアとしてのラジオに疑念を持っていたが、第二次世界大戦が近づくにつれ、ラジオの潜在的教授可能性を信ずる大学スタッフの考えに同化されていった。ハーバード大学はすでに創立300年祭の記念として1936年からWRULのコールレターで短波放送の実験を重ねてきた。したがってラジオ放送に関しては曲がりなりにも10年の経験を持っていたのである。

J.コナントはラジオを教授メディアとして利用するなら、まずラジオの可能性を研究すべきであると考え、ロックフェラー財団から奨学金を受けて放送の研究を行うためハーバード大学へ来たC.シープマン（Charkes A. Siepmann）にラジオ放送に関する大学の方針を検討する委員会の構成を命じた。1941年秋に委員会は、全米における教育ラジオの実施状況をまとめた調査報告書を学長J.コナントに提出したが、この報告書によって350大学がラジオにより教授コースを実施し、ラジオによる教育方法やその結果について多くの研究が行われていた事実が明らかにされた。例えば、オハイオ大学では10年間にわたるキャンパス内での効果研究をまたコロンビア大学での聴取者調査、プリンストン大学での海外宣伝効果の分析、シカゴ大学における教育番組「シカゴラウンドテーブル」の成功などが報告された。

また、委員会のラジオの影響調査から、全米において6000万人の人々がF.ルーズベルト大統領の最新の外交政策についての演説を聴いたことが明らかになった。F.ルーズベルトはラジオを政治宣伝のメディアとして利用して効果をあげた最初の大統領である。このような事実から委員会は「ラジ

オを公式に大学教育に利用する時が近づいている」との結論に達したが、実は報告書が提起した問題の核心は、大学が自己のラジオ局を持つべきかどうか、それが経済的に許されるかどうかであり、この問題に関して学内に論議が沸騰した。なおC.シープマンはその後、世界の教育テレビジョンの比較研究を行って『教育テレビジョンと教育』[9)]を出版している。

## 4 WGBH-FM局設立の経緯

　太平洋戦争の勃発後、先に提出された放送局を設立すべきかどうかについての問題は戦争の行方を見守ろうという空気の中で沈静化していったが、1944年、連邦逓信委員会（FCC）の委員長J.フライ（James Fly）がFM20チャンネルを教育局に割り当て、そしてこの割り当てはハーバード大学などの指導的東部諸大学を意識したものであると発表すると、ハーバード大学においてラジオ局設立の議論が再燃した。そこでJ.コナント学長は、再びラジオ放送局の設立を検討するため、ハーバード大学出版局の代表を務めていたP.バートン（Pete Barton）を委員長とし、委員会事務局長をD.ベイリーとする合同委員会を指名した。そして大学がラジオ放送局を持つ利点と、不利益を検討するよう要請した。

　E.グリック（Edwin L.Glick）によると1945年9月19日、ハーバード大学放送委員会は時の学長J.コナントに教育FM放送局設立に関する放送委員会としての報告書を提出した。報告書は放送局設立の目的を次のように述べている。

「1)大ボストン地域の成人教育への奉仕のため。
　2)ハーバード大学の研究成果を広く人々に知ってもらうためのチャンネルを用意するため。
　3)ハーバード大学が人々の意見の啓蒙に参加できるようにするため。
　4)ハーバード大学が公共の利益に奉仕するというマサチューセッツ州における公立の代替を遂行するため。そしてラジオを利用することで公共の要求を満たし、放送に対する支持を増すため。

5) ラジオによる、教育の実験、学術の研究と開発、技術の開発に奉仕するため
6) 学生にフォーラム、演劇、音楽会への参加の機会や放送活動についての経験を得る機会を用意するため。
7) 大学における講義の補足に役立てるため。
8) 他の教育研究と連携を保ちつつ、ラジオ番組を改善し、商業放送番組の増加を阻止し、FMチャンネルの使用によって教育を振興し、人々に学習の機会を提供しなければならない。」[10]

　この報告書は、教育放送局の創設の目的が研究成果の開放、地域への教育奉仕および技術開発など大学の教育理念に基づいていることを明快に語ったものである。

　上記の報告で注目すべき項目は4)である。当時マサチューセッツ州には公立大学として1867年に設立されたマサチューセッツ大学があったが、農業大学として発足した歴史的、地理的、財政的理由から他の多くの州で州立大学が税金支払い者である州の人々に対して、大学の奉仕活動の一つとして行っていた「放送による啓蒙」が実施できない状況にあった。委員会はこの点に注目して項目4)の答申をしたものである。

　そして委員会は放送局の設立について以下の3つの提案を行った。
①ハーバード大学が所有し経営する。
②ハーバード大学を含めて多くの教育機関が委員会をつくり経営する。
③非商業財団の経営とし、時間の一部をハーバード大学が使う。

　その後委員会は放送会館建設費、送信設備費、番組制作経費、管理費、年間制作費などを積算した。その結果、世界でもっとも裕福な大学といわれたハーバード大学でも経済上の理由から単独でFM放送局を設立するのは無理であるとの結論に達した。結局報告書の第③案が採用されたのである。

## 5　ローウェル協会放送委員会の設立とボストン地区大学群の協力

　1945年、ハーバード大学長J．コナントは、大学独自で教育FM放送局を設

第5章　ローウェル協会とローウェル協会放送委員会の設立　105

立することは困難であるとの答申を受け、当時ローウェル財団を主催していたローウェル協会会長のラルフ・ローウェル(R.Lowell)に援助を求めた。ラルフ・ローウェルは放送局の設立に50万ドル、維持に年間30万ドルが必要と計算し、これらの費用の半分を補助することを約束した。しかし、J.コナントは費用の点から、大学がグループをつくり共同してボストンで放送を開始していた既存の商業放送局（WBZ）の放送時間を買い、講義をした方がよいのではないかと考えた。

そこでJ.コナントは大ボストン地域の5つの大学の学長へ手紙を送り、1945年5月24日にケンブリッジの自宅での昼食会へ招待した。コナントが各大学長に送った招待の手紙には次のように書かれている。

「ハーバード大学長J.コナントが各大学長へ宛てた
昼食会への招待の手紙

大学長殿

　私は、先日ローウェル協会長のラルフ・ローウェル氏と在郷軍人会でお会いした際、5月24日（金）の午後1時に私の家に大ボストン地域の学長先生方をお招きして昼食会を催したらどうでしょうかという申し出を受けました。

　R.ローウェル氏は自分も前々から考えていたことだが、成人教育に利用するラジオ放送局を共同企業体として設立する可能性について話し合いたいとおっしゃいました。多分皆様もこの件に興味をお持ちのことと思います。ローウェル氏は6つの教育機関の参加を希望されています。どうか実質的で前向きの話し合いが持たれることを念願します。　敬具
　　　　　　　ハーバード大学長　J.コナント」[11]

この昼食会への出席者は、ボストン大学長D.マーシュ(D.L.Marsh)、タフツ大学長L.カーマイケル(L.Carmichael)、ノースイースタン大学長C.エル(C.S.Ell)、ボストンカレッジ学長F.ケラー(F.W.Keleher)、マサチューセッツ工科大学(MIT)学長K.コンプトン(K.Compton)（代理として副学長の

J.キリアンが出席)、そしてローウェル協会長のラルフ・ローウェルの6人で、昼食を取りながら新しい組織としてのローウェル協会放送委員会 (the Lowell Institute Cooperative Broadcasting Council; LICBC) の設立について話し合った。

この時の経緯について、当時MITの学長K.コンプトンの代理で昼食会に出席した副学長のJ.キリアン (James R.Killian, Jr.) が、自叙伝の中で詳しく述べている。

「MITは、ローウェル協会放送委員会 (LICBC) の最初からの構成メンバーである。この委員会はハーバード大学学長J.コナントの発案によるもので、彼はハーバード大学の放送委員会の了承の下でラジオ番組を発展させたいと苦労していた。一方、ローウェル協会はボストン地域の大学や文化機関が後援してラジオ放送局を設立するなら、主催しているローウェル協会講座を拡充できるのではないかと考えていた。

私J.キリアンは、MITを代表して、J.コナントの呼びかけに応じてケンブリッジのJ.コナントの家を訪問し昼食を共にして、この種の委員会の設立についてローウェル協会の代表であり、ボストンにおけるローウェル公開講座の後援者であるラルフ・ローウェルと話し合った。この会合で私は、放送委員会の設立へのMITの支持を確約し、設立後の初期にMITの施設を委員会に貸与することを明らかにした。MITが貸してもよいと考えていた場所はMITの正門の向かい側の道路を隔てた場所であった。後に、そこにWGBH (ボストン公共放送局) の教育テレビ用スタジオが建設されたとき、私の秘書はテレビの台本を書くための大型のタイプライターと一緒にWGBHへ転職するように誘われた。」[12]

MITはすでにこの会議の席で、正門のまえのローラースケートリンクを放送局のスタジオとしてWGBHに貸与することを約束していた。この仮設スタジオは1961年の火災により焼失し、現在この場所は広場と学生ホールになっている。

さて、昼食会後にR.ローウェルはコナントに手紙を送り、「2年間の実験放送期間を設け商業放送を使って教育放送をすること、予算は、年間4万

5000ドルを見込み、ローウェル協会とハーバード大学が1万ドルずつ、他の5大学が5000ドルずつ負担すること」[13]を提案した。これに対して、J.コナントは「2年間ハーバード大学は毎年1万ドルを支出すること」[14]を約束し、そしてこのプロジェクトはローウェル協会放送委員会の責任の下で実施することとなった。

R.ローウェルは商業放送局に対してプライムタイムである午後7時から10時までの間に委員会制作の番組を放送するよう要求したが、折から1948年テレビの出現によって商業放送界に混乱が生じ、何の予告もなしに放送時間が変更される事件がしばしば起り、協会制作の番組がプライムタイムに放送される保証が崩れ去り、これがローウェル協会放送委員会にとって、独自の放送局を設立する動機となったのである。

## 6 ローウェル協会放送委員会の報告書

ローウェル協会放送委員会は民間放送局からボストン地区の5郡をカバレッジ（テレビ・ラジオのサービスエリア）とする地域に向けて、委員会制作番組を放送しその結果について毎年報告書をまとめて委員長に提出している。

第1年次報告書は1946年9月から1947年10月まで、そして第4年次報告書は1949年から1950年となっている。したがって、実験放送は2年間の予定が4年間に延長されたことになる。

第4年次報告書によると、サフォーク（Suffolk）、エセックス（Essex）、ミドルエセックス（Middleesex）、ノーフォーク（Norfolk）、プリマス（Plymouth）の5郡のラジオ聴取世帯は83万2000世帯である。ラジオ聴取調査はニューヨークの社会調査会社プラス（PLUS）によって、毎月の最初の週の聴取番組について面接調査で行われた。対象はランダムサンプルによって選ばれた8200人である。報告書によるとローウェル協会放送委員会制作番組の平均聴取率は、2.2％であり、例年と大差のないものとなっている。1949年から50年にかけてテレビが家庭に進出しつつあり、ラジオの聴取率は低下傾向にあった。委員会制作番組の中でもっとも人気の高かったドキュメンタリー形式の

表5-1 放送本数と放送時間の多い番組

| 番組名 | 放送本数 | 総放送時間 |
|---|---|---|
| 十字路のアメリカ | 162(49) | 81:00 (24:30) |
| 音楽の形式と歴史 | 134(51) | 125:00 (51:00) |
| 人類：社会学、心理学、文化人類学 | 246(11) | 66:00 ( 5:30) |

出典）LICBC (1950), *Fourth Annual Report of the Lowell Institute Cooperative Broadcasting Council*, WGBH Archives, p.9

表5-2 番組制作参加者と放送時間（1946年－1950年）

| 大学名 | 参加人員 | 放送時間 |
|---|---|---|
| ＊ボストン・カレッジ | 234( 47) 人 | 65:40( 16:10) 時間 |
| ＊ボストン大学 | 632(270) | 261:35(113:50) |
| ＊ハーバード大学 | 671(211) | 235:30(235:30) |
| ＊MIT | 179( 27) | 58:15( 11:15) |
| ＊ノースイースタン大学 | 262( 91) | 101:00( 53:30) |
| ＊タフツ大学 | 236( 26) | 70:20( 12:50) |
| サージ大学ほか | 89( 22) | 29:05( 10:20) |
| 地域社会 | 233(105) | 83:15( 47:45) |

注）＊はローウェル協会放送委員会メンバー
出典）LICBC (1950) p.10

　講座番組「十字路のアメリカ（America at Crossroad）」について、聴取率に関する月を追っての調査があるが、テレビの優位性が明確になってきている。
　放送された委員会番組は468番組、このうち422番組がAM波で46番組が短波で放送された。また410番組が委員会所属の大学講師および学生の参加により制作され、1949年度の331番組より増加している。
　放送された14シリーズの中で4年間で100本以上放送された番組を抽出すると上記のようになる。（　　）内は1950年の放送本数と放送時間である。
　このほか、放送本数と放送時間の多い番組は「現代社会の科学と技術」「心理学入門」「市民社会の歴史」などである。
　報告書を見る限り番組の種類は広範囲にわたり、人文、社会、科学の分野を網羅している。番組は大学の教室での講義をそのまま収録したものが多く、参加者の分類に学生が含まれているのはこうした理由からである。
　表5-2によるとローウェル協会放送委員会へ参加した大学は多くの人員を割いて番組制作に協力している、この中でハーバード大学とボストン大学

第5章　ローウェル協会とローウェル協会放送委員会の設立　109

が、番組制作のほぼ半分を担当し、指導的責任を果していることが明らかになる。

　4年間の実験放送の結果、ローウェル放送協会委員会は次の結論に達した。
1)視聴者は、ローカル・カレッジの講座に定期的出席しているような放送を希望している。
2)委員会は、好適時間に番組を放送できる独自のFM放送局を持つべきである。そうすることによって公開講座の効果も高まるであろう。
3)FMは電波の到達範囲が狭く、受信に問題があることはたしかだが、委員会は人々の学習意欲を先取りして、電波の確保が確実なWGBH-FM局を設立すべきである。

　こうした時代の潮流の中で、1948年2月1日（土）の午後6時から6時30分に放送された「ラジオによるカレッジと大学」と題する番組は、大学拡張委員会がラジオをどのように考えていたかを知る手がかりとして、興味深い番組である。出演者は昼食会に招かれたメンバーであった。すなわち、ローウェル協会の主催者ラルフ・ローウェル、ハーバード大学長J.B.コナント、ボストン大学長D.L.マーシュ、マサチューセッツ工科大学長K.T.コンプトン、ノースイースタン大学長C.S.エル、タフツ大学長L.カーマイケル、ボストンカレッジ学長F.W.ケラー、それに司会はWGBH局長P.ウィートリー（Parker Wheatley）である。出席者はボストン地域の指導的大学の学長を網羅し、また大学拡張委員会のメンバーでもあった。またP.ウィートリーはWGBH-FM局の開局のために採用され、H.ガンとともにハーバード大学ラジオ実験局の運営を行っていた。

　この番組のスクリプト（台本）によると番組の趣旨は「ラジオが、将来大学教育を必要としている多くの市民への奉仕のための教育メディアとして利用されるだろう。そして、大学はその社会的使命からラジオを利用して市民教育の促進にあたらねばならない。」[15]というものであった。

　この番組の中で、ラルフ・ローウェルは、ローウェル講座の創始者ジョン・ローウェルJr.の書簡を引用して、成人教育講座の設立の理念とそのラジオによる発展への期待を次のように述べている。

「ローウェル協会は成人教育を目的としてジョン・ローウェル Jr. によって設立されました。彼はアモリー・ローウェルに宛てた手紙を残していますが、私はこの手紙を引用して彼の意図を明らかにしようと思います。ローウェル Jr. は『不毛の地であったこのニューイングランドで私たちが繁栄できるのは、ひとえに第一に人々の道徳性と第二に知性によるものでしょう。そこで私は人々を教育するための講座を設立することによって、第二の目的、知性の向上に貢献しようと思います。』と書いています。」[16]このようにラルフ・ローウェルはローウェル協会講座の原点が人々の知性の向上を目的とした成人教育にあると説明し、そして講座の拡充の可能性をラジオに期待していること、さらにそのためにローウェル協会は協力を惜しまないことを表明している。

公共放送の創始者について詳しいJ.ロバートソン（1993）は、ラルフ・ローウェルを「WGBHの父」と呼び、「彼は番組供給機関としての教育テレビジョン・ラジオセンター（ETRC）の創設やニューイングランドおよびニューヨーク州をカバレッジとする東北放送網の建設、さらにL.ジョンソン大統領を動かして教育テレビジョンに関するカーネギー委員会をスタートさせ、公共放送協会（CPB）や公共放送サービス（PBS）の創設の基礎をつくり、公共放送の発展に努力した。」[17]と述べてその功績を高く評価している。

## 7 WGBH-FM局の放送開始

1950年FCCからローウェル協会放送委員会にFM波の割り当てがあり、免許の条件として一年以内に放送を開始することが義務づけられた。放送機器は発明者E.アームストロング（Edwin Howard Armstrong）によってMITへ寄付され、ボストン郊外のキャントンにあるハーバード大学ブルーヒル宇宙観測所の敷地にアンテナと送信所が設置された。この年、新たにボストン交響楽団が放送委員会のメンバーに加わり、演奏所の一部をラジオのスタジオに改造して委員会に提供してくれた。

コールレターのWGBHの由来は、放送所をハーバード大学の宇宙観測所の

跡地、Great Blue Hillに置いたのでこの地名の頭文字をとったものである[18]。H.ガンの回顧によると、このコールレターは「神よハーバードを恵みたまえ（God Bless Harvard）」から由来したものと考えていた人々も多かったようである。」[19]

ここで放送局のコールレター（Call Letter）についてふれておく。コールレターは放送局の略称である。アメリカの場合はミシッピー川を境いとして、東側にある局にはW、西側になる局にはKの頭文字がついている。後の3文字はそれぞれ地域の特色を表わしたものや設立に由来したものとなっている。

1951年4月5日、放送による教育の振興を目的とするマサチューセッツ一般法第180条により、WGBH教育財団（the WGBH Educational Foundation）が設立された。主な構成メンバーはローウェル協会、ハーバード大学、MIT、ボストン交響楽団、ボストン地域の4つの大学であった。放送免許はこの教育財団に与えられた。

最初の仕事は局長の選定で、P.ウィートリーが指名された。彼はその後ほぼ10年にわたり局長を勤め、WGBH局の発展とWGBH-TV局の基礎づくりに貢献した。彼はノースイースタン大学でラジオ番組の制作に関する教育を受け、1928年にインディアナポリスにあるWFBM局のアナウンサーとなった。その後シカゴにあるウエスチングハウス社所有のKYW局の番組ディレクターとして活躍していた。ラルフ・ローウェルとの面接の後にWGBH-FM局の局長に指名され、指名後ただちに職員の選定を行い、そして30分番組シリーズを企画して商業放送局のスタジオを借りて制作にとりかかった。最初の年には冷戦を扱った社会番組「十字路のアメリカ」、科学番組として「地域の気候」、低学年の教育と心理学による教育相談を扱った「私たちの子ども」、社会学、文化人類学、精神分析学などの様々な角度から人間を扱った「私たち人類」、プラトン、ホーマーをテーマにした人類学としての「貴方の理想」が制作された。ラルフ・ローウェルは番組制作には干渉しなかったが、教育放送委員会の多様な構成（大学の宗教的背景が多様である。）と放送の公共性を考慮して、ローウェル協会講座の必須コースであった宗教関係の講座は取り扱わないようにした。放送における宗教的中立性については、筆者が面接し

たデイビッド・アイビス (David Ives) 氏 (TV局における第二代の局長) も証言している。

P.ウィートリーは採用に際し行われた、R.ローウェルとの面接について次のように述懐している。「私はR.ローウェルと彼の銀行の第一応接室で会った。彼は多分その時50歳台後半から60歳だったと記憶しているが、船長のように見えた。私は博士号を持っていないがよろしいですかと質問した。彼は『そのほうがよい。というのは寄金者の多くは博士号所有者に嫉妬心を抱くであろうから、それよりむしろあなたの長年の経験が貴重なのです。』と答えた。

インタビューの後、R.ローウェルから『我々と一緒に仕事をしませんか』という電話があり、私は応諾した。」[20]

1951年10月6日土曜日の夜、ボストン交響楽団のオーケストラの時間に全曲完全演奏ナマ中継によって放送を開始した。ボストンフィルの第71期の初演の土曜日である。アンテナの最高位は海面から724フィート（およそ22メートル）、電波が大ボストン地域をカバーするために十分な高さであった。

放送免許に従って、番組はオーケストラだけでなく就学前児童向け教育番組、公教育に関する両親への啓蒙番組、ニュース、時事番組、講座、読書、演説、フォーラム、会議、セミナーなど純粋に教育的なものにしぼられていた。

ローウェル協会放送委員会に新たにニューイングランド音楽芸術学院と科学博物館が加わり、さらにシモンズ・カレッジ (Simmons College)、ブランディース大学 (Brandeis University)、エール大学 (Yale University)がメンバーに加わった。ハーバード大学ビジネススクールを卒業したH.ガンが運行責任者として加わった。

WGBH-FMが放送を開始してから9か月後の調査によると、大ボストン地域におけるFMラジオセットの売り上げは25％増加し、半径63マイルの放送エリアに住む人々のうち43万5000人が、再三ラジオを聴いていると記録されている。

当時、フォード財団の成人教育基金が、教育放送振興のために設立された

全米教育放送者協会（NAEB）へ45万ドルを寄付し、教育放送の援助に意欲を示していたが、この時期にローウェル協会が、放送を媒体としてローウェル協会講座を実施し、多くの人々へ講座への参加の機会を与えたいとの希望を持ち、ボストン地域の大学と協力して教育放送の分野に進出する意図を持っていることを知り、ローウェル放送委員会に3年間に毎年10万ドルを補助することを決定した。このフォード財団からの資金はWGBH局にとって開局時における重要な財源となった。

## 8 ラジオによる大学拡張講座の放送

ハーバード大学年報に「大学拡張（University Extension）」の項目で各年度の経過報告がされ、その年度のコース、受講生、卒業生、科目等履修生などの数値や開設科目の名称、担当教員所属大学などが報告されている。この報告書は1910年に大学拡張学部が設置されてから毎年「大学拡張学部長」が、学長および大学評議会へ提出する形を採っている。

この中で大学拡張コースに放送が使用されたという報告は1954年－1955年報に初めて記載が見られ、次のように書かれている。

「5つのコースがWGBH局から放送された。すなわち、"現代の偉大な哲学者"、"記述的天文学"、"アメリカ文学（1890－1920）"、"オーケストラの楽器"、"地形学"である。教室で行われている講義をそのまま中継放送し、同時に録音して再放送することによってラジオの可能性を追求した。

番組ディレクターは1954－55年の秋の学期に番組制作と放送に協力してくれたフランク・カーペンター（Frank M.Carpenter、アメリカ文学の担当者）に感謝の意を表している。」[21]

1955年5月にWGBH局はテレビジョン放送を開始しているが、大学拡張講座はまずラジオによって放送されたことが分かる。また番組は大学の教室で行われた講義をそのまま放送し、これを録音して再放送している。

1955－56年報には「いくつかのコースは教室で録音され、WGBH-FM局から放送された。それらには、"1815年以後のヨーロッパの拡張""話とコ

ミュニケーションの心理学"が含まれている。」[22]と報告されている。

WGBH-FM 局の滑り出しは上々であった。この放送局の設立の中心人物であるラルフ・ローウェルは MIT の終身評議員であり、ハーバード大学評議委員会の委員、ボストングローブの会長、ボストン美術館の館長、マサチューセッツ総合病院の評議員、永久慈善基金の会長、WGBH 教育基金の会長と多くの要職に就いていた。それ故、彼はミスターボストンのニックネームで呼ばれるほどボストンでは貴重な存在であったのである。

第二次世界大戦中、GI 法案や兵役によって MIT のローウェル協会学校から学生が徴発され、学生数が減少した。ラルフ・ローウェルはこうした状況を勘案して、MIT 学長のJ.キリアンにこの学校を存続すべきかどうかについて諮問を行った。J.キリアンはローウェル協会の講座の一つとして運営されてきたローウェル協会学校は技術者養成の面で良い仕事をしているし、廃止する理由は何もない故存続させるべきであると応えた。（注　戦時中に学生数の減少によって MIT ですら経営に対する危機感があったようである。）一方、キングス礼拝堂で開かれていた宗教講座には100人もの受講者があり、一般教養講座としてのローウェル協会公開講座はボストン公共図書館に場所を移して開かれていたが少なくとも平均90人の受講者があった。さらにハーバード大学の準教養学士の獲得が可能な大学拡張講座には戦時中にもかかわらず多くの受講生の参加が見られた。このようにローウェル協会が主催して開講していた5つの講座には戦時中にもかかわらず多くの受講者が出席していたのである。

一方市民の学習意欲の高まりの中で、WGBH-FM 局放送は受信機の普及に伴ってカバレッジを拡大し60万世帯が受信可能になった。こうした状況の中で、市民の要求に応えるべく WGBH 局は、1時間の講座を30番組のシリーズに編成し、総計30時間という長時間を大学拡張講座に提供したのである。

## 9　ラジオ放送と人々の反応

ラジオ放送は多くの人々から歓迎された。ハーバード大学の公文書図書館

であるパーシー図書館には聴視者からの手紙が保存されている。それによると、
1) 番組で取り上げた、美術作品、地理的な場所を実際に確かめるためにボストン美術館を訪問したり、ニューイングランドの景勝地を散策した経験が書かれている。つまり、ラジオは人々の知的好奇心を呼び覚まし、探索行動への刺激となったのである。
2) 手紙の数から見ると、趣味番組、音楽番組などが歓迎され、その後テレビ時代に入りこれらの番組は人気番組として成長した。
3) 朗読番組にブームが起こった。特に1958年に放送された「ドクトル・ジバゴ」は大変な反響を呼び、聴取者からの64通の手紙が保存されている。

1910年以前は大学拡張講座についての年次報告はローウェル協会の年報として発行されていたが、以後ハーバード大学拡張学部年報として発行されるようになった。1910年に発行された大学拡張年報は学部長 J．ロープスと大学拡張委員会の連名のもとに発行された。以下は大学拡張報告書の中の放送に関係する部分である。

また、第二次世界大戦直後の大学案内（1948年－49年）を見ると、当時多くの入学希望者を迎えてボストン地域の大学が協力してその対応に当たったこと、単位の認定に際して同一基準を設けて実施したこと、そして受講料が安く設定されていることなどが記されている。

---

大学拡張コース1948年－1949年[23]
(the University Extension Course 1948-49)
大学拡張コース委員会は以下の教育機関によって構成される
(the Commission on Extension Course Representing Following Institutions)

| | |
|---|---|
| ハーバード大学 | ボストン大学 |
| タフツ大学 | ボストン美術館 |
| マサチューセッツ工科大学 | ウエスレーカレッジ |
| ボストンカレッジ | シモンズカレッジ |

> ローウェル協会
>
> マサチューセッツ教育委員会
>
> ボストン市学校委員会
>
> 以下のコースおよび大学コースが協力する教育機関の教員によって1948年から1949年にかけて開講される。
>
> 理科教師学校がこのリストに含まれる。コースの科目は毎年部分的に変更されコースは参加教育機関によって同じ方法で定期的に提供される。その方法は講義、観察、討論、実験などである。学生は試験を受け、大学と同じ尺度で評価される。
>
> ほとんどの大学は1948年10月の第1週に始まり、クリスマス休暇、春休みをはさんで1949年の6月に終わる。講義の期間は30週である。
>
> 男女共に受講が認められ、受講するコースに制限はない。入学試験および特別な入学資格はない。したがって学生は入学許可に関しいかなる課題も課せられない。学生は入学に際し、単位取得についてインストラクターから詳細を聞いておくとよい。入学希望者は所定の用紙の空欄に名前、職業、学歴を書き入れなければならない。
>
> 学生は授業の総時間数の4分の1を欠席すると最終試験を受けることができず、単位を取得することができない。
>
> 授業料は一コースあたり5ドル
>
> 実験費　　2.5ドル
>
> 会議費　　5ドル
>
> 必要な場合は奨学金を受けることができる。

注

1) Edward Weeks (1966), *The Lowells and Their Institute*, An Atlantic Monthly Press Book Little, Brown and Company, p.145
2) Edward Weeks (1966), *ibid.*, p.145
3) Edward Weeks (1966), *ibid.*, p.161
4) R.J.Blakely (1979), *To Serve the Public Interest: Educational Broadcast in the United States*, Syracuse University Press, p.4

5) F.ブラウン西本三十二訳（1951）『教育社会学』、p.455
6) F.ブラウン西本三十二訳（1951）、前掲書 p.415
7) R.J.Blakely (1979), op.cit., 序 p.XI
8) R.J.Blakely (1979), op.cit., p.5
9) C.シーブマン　真木進之介、曽田規知正訳（1954）『テレビと教育』法政大学出版局
10) Edwin L.Glick (1970), WGBH-TV: The First Ten Years, Doctoral Dissertation WGBH Archives, p.3
11) J.Bryant Conant (1945), Letter, Harvard University Archives
12) James R.Killian, Jr. (1985), Education of a College President; A Memoir, MIT, pp.343-355
13) R.ローウェルからコナントへの手紙 May 27, 1946
14) コナントからR.ローウェルへの手紙 June 13, 1946
　　上記2通 Harvard University Archives UA, 1 445 5186 Box 15
15) Lowell Institute Cooperative Broadcasting Council (1948), The Colleges and Education by Radio, Harvard University Archives HUF 5337, p.1
16) Lowell Institute Cooperative Broadcasting Council (1948), ibid., p.2
17) Jim Robertson (1993), Televisionaries: in their own words Public Television's founders tell how it all began, TABBY HOUSE BOOKS, p.100
18) Edwin L.Glick (1970), op.cit., p.32
19) Jim Robertson (1993), op.cit., p.103
20) Jim Robertson (1993), op.cit., p.101
21) Harvard University (1956), Harvard University Annual Report 1954-1955 Offical Register of Harvard University, Vol.LVII, p.832

---

大学拡張報告書

ハーバード大学年報1954年－1955年
Report of the President of Harvard College and Report of Departments
1954-1955

5つのコースが WGBH から放送された。
(1)　現代の偉大な哲学者
(2)　幾何学的天文学
(3)　アメリカ文学1890年－1920年
(4)　オーケストラの楽器
(5)　地形学

---

22) Harvard University (1957), Harvard University Annual Report 1955-1956 Offical Register of Harvard University, Vol.LVIII, p.355

23) University Extension Commission (1948), *Course Guide Harvard University Archives*, HUE 25-510, pp.1-3

## 「朗読の時間ドクトル・ジバゴ」への聴取者からの手紙

1958年11月24日

ラジオ局　WGBH 様

パステルナークの著書の朗読時間を午後6時15分からに変更して下さって本当にありがとうございます。この時間はもっともおもしろくタイムリーで、朗読も見事です。どうか最後まで続けて下さい。

M.キャスウォール

1958年11月20日

ウイリアム・カヴェネス様（注 朗読者）

ボリス・パステルナークの小説「ドクトル・ジバゴ」の初章の貴方の朗読を聞きました。朗読を聞くのは私の楽しみです。できれば1時間継続して読んで欲しいと思っています。私は自身でも本を読みますが「朗読の時間」をよく聞きます。メディアはどうであれ読みたい本は読むのです。しかし、「朗読の時間」の方が好きです。なぜなら、目で追うより耳で聞く方が早いからです。多分多くの人は自分で読む読書より他の人の朗読を聞く方を好むのではないでしょうか。

私はラジオをずっと聞いていますが、音楽、ドラマ、討論に優れた番組が多いと思います。

敬具

スタンレー・ランクウィツ
26　マクドナルド街　9
プロビンス　ロードアイランド

# 第6章 WGBH-TV局の放送開始と市民への奉仕

## 1　WGBH-TV局とラルフ・ローウェルの尽力

　1948年ローウェル放送委員会が商業放送局の時間を買ってラジオ番組を放送し始めて1か月後の1948年2月1日に、MIT学長K.コンプトンはラジオの討論番組の中で次のように述べた。「テレビは黒板に書かれた図形、数式、化学式などをたやすく表示したり実験を提示し、熟達した教師を視聴者の前に出すことができる。新しい放送技術によって大学が拡張するのである。」[1]

　教育メディアとして、音声だけのラジオよりテレビのほうが優れていることは明らかである。K.コンプトンの発言に代表されるように、ローウェル放送委員会はテレビの教育特性を評価し、教育放送用の電波の割り当ての獲得と放送局設立のための資金の調達に乗り出した。

　1948年から続いていたTVチャンネル割り当ての凍結（Freeze）が1952年に解け、連邦通信委員会（FCC）の委員長F.ヘノック（Freida Hennock）は各大都市地域にそれぞれ一チャンネル、合計80のVHFチャンネルを教育使用に割り当てることを決定した。ラルフ・ローウェルは敏速にこれに反応し、WGBH教育基金の名でボストン地域にチャンネル2を割り当ててくれるようにFCCに申請した。

　1953年6月FCCはWGBH教育基金に対して非商業教育放送局としてチャンネル2を割り当てると通知してきた。R.ローウェルは迅速に行動し、ケンブリッジ・マサチューセッツ通り84のMITの古いスケートリンクを放送局用

に改築した。この建物は、1946年ハーバード大学長コナントの自宅における昼食会においてローウェル協会放送委員会の発足が話し合われた際、J．キリアンが5年間無償でWGBHへ貸与することを約束した建物である。

R．ローウェルは友人のハロルド・ホドキンソン（Harold D. Hodkinson、ボストンブラーミンの一人、ファイリーンデパートメントの経営者でファイリーン基金の理事長）に資金の相談をした。その結果、WGBH教育放送協会は20世紀基金から25万ドル、リンカーン・ファイリーン基金から10万ドル、ファイリーン基金から10万ドル、フォード財団の成人教育基金から15万ドルの資金の提供を受けることとなった。また市民から14万5000ドルの寄付金が寄せられた。

1952年6月マサチューセッツ州は「教育目的のためのテレビ利用に関する委員会の設置」を決議し、議長、州知事、教育委員など13人の委員を任命した。資金はローウェル協会と各大学が拠出し、施設設備についてはMITは前述のように学内のアイススケートリンクをスタジオ用に提供し、ハーバード大学は放送塔の建設地として宇宙観測所の跡地を提供した。また放送要員についてボストン大学はマスコミュニケーション学部でディレクターの教育を引き受けた。

1955年5月2日TV放送に必要なすべての設備が完成した。放送開始はこれに先立って1月10日の午後3時30分のテストパターンの放送からであった。このようにWGBH-TVはハーバード大学を初めボストン地域の多くの大学や教育機関、文化機関そして経営者などの協力によって誕生したのである。

## 2　WGBH-TV局の最初の年

放送は月曜から金曜まで午後5時30分から午後9時まで1日3時間30分、1週間に17時間の放送で、このうちの4時間はナマ放送で他は全米教育テレビジョン・ラジオ番組センター ETRC (the National Educational Television and Radio Center) から提供された番組で、放送開始の5月から9月までの5か月間を実験放送期間とした。WGBH-TV局はこの期間に子ども向け番組「発見」をボストン子ども博物館と協力して制作、さらに「私たちの学校」シリーズ

第6章　WGBH-TV局の放送開始と市民への奉仕　121

を制作した。1955年9月から子ども向け番組を毎日1時間、午後5時30分から6時30分まで放送することとなった[3]。

　主な番組を挙げると、「オープンハウスの博物館」、子ども向け番組として「イメージ」「宇宙時代」などである。

　広い視野の番組を制作するため、ハーバード大学は4人の教授に番組制作に専念できるように休暇を与え協力した。彼らの担当した番組は、ハーバード法律学校のZ.チャフィー（Zechariah Chafee）の「権利法」、I.リチャード（Ivor A. Richards）の「形而上的詩」、G.ウッドワース（G.Wallace Woodworth）の「シンフォニーの二つの国」、C.ブリトン（C.Crane Briton）の「革命の分析学」であった。大学を休講することによって減額される給与の一部がフォード財団によって補填され、また一部がハーバード大学からも支払われた。

　最も成功したシリーズはボストン交響楽団の生放送番組である。最初の放送は、MITキャンパスのクレセジ音楽堂からである。放送された番組は1年間に29番組で、これらはキネレコ（フィルム録画システム）に収録されミシガン州アナーバ（Ann Arbor）の全米テレビジョン・ラジオ教育番組センター（ETRC）に送られ全米の公共放送へ提供された。WGBH局はその他20番組をボストン美術館、MIT、個人に販売した。「フランス語講座」はWGBH局の最もポピュラーな番組として親しまれ、1週間に200通の投書があった。この番組はハーバード大学の教育学部教授クリステン・ギブソンが担当した。この番組は講座番組のはしりと言ってよく、その後WGBH-TV局はスペイン語講座や園芸、料理、日曜大工講座など趣味講座を次々に開発していった。

　10月18日から「美術散歩」を定時放送として放送を開始したが、この番組はボストン美術館に中継設備を設置し、美術館所蔵の美術品を直接視聴者に送り届けるという手法によって人々に美術品への興味と親しみを与える点で威力を発揮した。それ故この番組はボストンに本拠を置く新聞社クリスチャン・サイエンスモニターの美術批評欄で賞賛されたのである[4]。

　表6-1は1964年のWGBH-TV局の放送番組である。放送は毎日午後5時から11時までの6時間となっている。

表6-1　テレビ放送番組種別時間（1964年の標準的1か月）

| 番組種別 | 1か月の放送時間 |
|---|---|
| ニュースと解説 | 23.1（時間） |
| 時事問題（地域と国のトピックをドキュメンタリーや討論で解説） | 33.7 |
| 音楽（シンフォニー、ジャズ、民族音楽など） | 17.3 |
| 劇場（ドラマ、オペラ、演劇評論） | 19.0 |
| 美術 | 4.3 |
| 社会科学（リポートと討論） | 3.7 |
| 文学・哲学 | 2.1 |
| 自然・物理科学（リポート、討論、講座） | 5.7 |
| スポーツ | 9.8 |
| 文化トピックス（ドキュメンタリードラマ形式） | 29.5 |
| 子供向け番組 | 24.5 |
| 青少年向け番組 | 3.4 |
| 成人教育（技能、講座） | 11.9 |
| 計 | 188.0（時間） |

注1）WGBH Fact Sheet 1964 より作成
 2）番組のうち30％−35％は自主制作番組、残りは全米テレビジョン・ラジオセンター（ETRC）からのネット
 3）1961年NHK学校放送テレビ番組の一週間における放送番組数は62本、放送時間は19時間45分であった。1か月およそ80時間である[5]。

W.シュラムの調査によると1963年当時の42教育TV放送局の1週間の平均放送時間は39時間であったから、WGBH局の放送時間は平均よりやや多いことになる。

## 3　学校放送「21インチ・クラスルーム」

マサチューセッツ公立学校向けの教育テレビ放送は1958年、ニュートン学校からの2人の使者B.エベレット（Berbard Everett）とM.アンブロシノ（Michael Ambrosino）の放送局訪問と放送局から学校およびPTAへの訪問によって始まった。2人の訪問後、WGBH局のスタッフはニュートン公立学校と学校区の指導主事を訪問し学校教育に役立つ番組について調査した。これに先だって学校における教育テレビジョン番組の利用についての研究を行う

目的で、1956年秋に78市から1人ずつ指導主事が参加して学校放送東マサチューセッツ委員会を構成した。

さらに1957年12月学校放送利用に関する法令が予算を伴って州議会で議決された。また学校放送実施のためにフォード財団の教育革新基金が1万5000ドルの援助を申し出た。フォード財団は教育放送の発展のために多くの補助金を支出して、多大な貢献をしていた（第8章で詳しく述べる）。

E．ウィックスによれば「WGBH局は学校現場の要望に応えて、パイロット番組として小学校6年生向けの理科番組を制作し放送した。実験期間にマサチューセッツ学校協会長のG．ホイットモアー（Grace C.Whitmore）が熱心

表6-2　WGBH-TV局の学校放送番組　1964-1965

| 番組名 | 対象と内容　教科 |
|---|---|
| 〈小学校向け〉 | |
| 話すための音 | 小学校1年－2年の耳の訓練 |
| あなたについてのすべて | 1年生の健康と科学 |
| みんなで歌おう | 2年生の音楽 |
| 近所への探検 | 2年生の理科 |
| 子どものための文学 | 2年生の言語 |
| あなたもいらっしゃい | 3・4年生の言語 |
| 陸と海 | 3年生の理科 |
| 自然への探検 | 5年生の自然科学 |
| ニュースについて | 5年生のニュース解説 |
| 指先の美術 | 5年生の美術 |
| 変化する世界 | 6年生の理科 |
| 野外観察 | 小学校高学年　地域の歴史的遺産についての現場学習 |
| フランス語 | 4．5．6．年生のフランス語 |
| 〈教師向け〉 | |
| 集合と系 | 小学校教師むけ現職算数教育 |
| 朗読の教え方 | 小学校教師むけ現職朗読教育 |
| 教師のためのフランス語 | 教師のためのフランス語現職講座 |
| 〈中学校向け〉 | |
| 海の生物 | 中学生のための海洋科学 |
| 音楽におけるアクセント | 中学生のための音楽 |
| 〈高等学校向け〉 | |
| 政治への参加 | 高校生のための社会科学 |
| 法律の実際 | 法律に関する事例研究（高校向け） |
| 人間について | 高校生のためのドラマ |
| シェイクスピア特集 | 高校生向け |

に利用の促進を図り、その後 2 年生向けの音楽番組、 3 年生と 4 年生向けの文学番組、週 1 度の英語番組が放送され広く教室で利用された。」[6] 1960年になって「たのしいフランス語」と「自然の探索」が放送され好評であった。

「21インチ・クラスルーム」は21インチのテレビ画面の中の教室を意味し、WGBH局による学校放送番組の愛称である。21インチの画面から学校の教室に届けられた番組はニューイングランドの教師、児童、生徒に歓迎された。この番組はマサチューセッツ州、ロードアイランド州、ニューハンプシャー州、コネチカット州の1500の公私立校を代表する190の学校区によって財政上の援助を受け、授業中に50万人の児童・生徒に利用された。学校向け番組はマサチューセッツ教育テレビ委員会によって管理され現在に至っている。表6-2の番組は1964年－1965年にかけてのものである。

上記の番組表を見ると① 小学校、中学校、高等学校向けとバランスよく番組が編成されている。② 教科も万遍なく網羅し、③ 教師の現職教育番組も用意され、極めて配慮の行き届いた編成である。

## 4 成人教育番組

WGBH局は学校向け放送だけでなく大学単位取得のための放送も行った。1958年の夏「21インチ・クラスルーム」の放送を開始してから数か月の後のことである。ノースイースタン大学制作の高校数学とボストン大学制作の初歩の微積分である。1958年から59年の学校年度にかけて、タフツ大学はアメリカ文学に関する 2 コースを担当し、このコースの成功によってマサチューセッツ大学拡張委員会はさらに教養科目の単位取得に関する 2 つのコースを設定した。一つは「ヨーロッパ帝国主義」もう一つは「革命論」で現代社会の政治、経済、社会の革命を扱ったものである。受講料は 5 ドルで最終試験をハーバード大学で行った。 2 つの講座の講師はハーバード大学教授のC. ブリトン（Crane Briton）で、これらの番組制作はハーバード大学とフォード財団の協力によって実現した。ハーバード大学は講師に休暇を与えて番組制作に専念させ、一方フォード財団は番組制作費と、教授がテレビに出演して

大学の講義を休む代償として給与の60％を補填した。この講座の当初の予算は6万ドルでそのうち3万6000ドルをフォード財団が負担した。番組が好評であったので、3年間という当初の計画が5年間に延長され、ハーバード大学におけるC.ブリトンの研究の成果が番組に十分生かされたのである。

## 5　ボストン公共放送局の視聴者

　1958年ニールセンがマサチューセッツ、ロードアイランド、ニューハンプシャの3州の34万5880世帯（TV所有者の24％）を対象に視聴者調査を実施した。調査の結果WGBHは全米で最大の視聴者を持つ教育局であることが明らかになった。さらにMITの国際研究センター教授S.プール（Sola Pool）は第七国家防衛法のもと7万7000ドルの研究助成金を得て公共放送局の放送番組利用状況調査として、「視聴における学習動機」に関する視聴者調査を行った。調査は2度に分けて行われ、最初は1959年11月から12月にかけて9140人への電話による質問である。電話による調査では「今テレビを見ているか、見ているなら番組はなにか」を質問した。二回目は1960年9月から1961年2月にかけて前回の被面接者のうちの511人に対して「余暇時間の活動、例えばスポーツ、ゲーム、政治活動、教会での礼拝、さらにテレビ、ラジオ、雑誌、書籍など」について直接面接して調査した。調査はテレビ視聴に焦点を合わせて、人口の50分の1の抽出による電話および面接であった。結局テレビ視聴習慣を持つ411人が調査対象として抽出され、調査は1959年1月1日に始まり2年後の1961年6月30日に終了した。結果はW.シュラムの編集した『代表的9局に関するの研究』（1963）として発表された。WGBH局の視聴者について、結論を要約すると次のようになる。
　①視聴者の年収は非視聴者より平均1000ドル多い。
　②視聴者の学歴は大卒が非大卒の3倍、それぞれ40％と14％である。
　③購読している新聞はニューヨークタイムスかヘラルドトリビューンである。
　④64％の人がクラブや集会に参加している。

表6-3 よく見られている5番組
(%)

| 番組名 | 見た経験のある人 |
|---|---|
| ボストンシンフォニー | 58 |
| オープンエンド | 52 |
| ルーイス・リオンのニュース | 49 |
| 大統領のプレスルーム | 44 |
| 科学リポーター | 40 |

表6-4 WGBHの視聴者

| 学歴 | 比率(%) | 学歴 | 比率(%) |
|---|---|---|---|
| 義務教育学校卒業 | 10 | 大学卒業 | 32 |
| 高等学校卒業 | 15 | 大学院修了 | 37 |
| 職業学校卒業 | 24 | | |
| | | 計 | 100 |

出典) W. Shuramm ed. (1963), *People Look at Educational Television*, p.61

⑤郊外に住む人が65％である。
⑥68％の人がテレビは学習の媒体であるとみている。
⑦専門職が3分の1である。
⑧76％の人がWGBHは「情報的(informative)」と考えている。

調査の結果から、プールは「WGBH局の視聴者は高学歴、高収入の属性を持ち、教養が高く、積極的に活動し、政治についての関心が高い。また郊外の一戸建ての家に住み、専門職である。彼らは明らかに商業放送の視聴者とは差があり、目的意識を持ってテレビを視聴している。その差は社会的、経済的、文化的差である。彼らは公共教育でなければできない番組、例えば『ボストンシンフォニー』『ジュリアスシーザー』などの知的番組を好む。」[7)]と結論づけている。そして「テレビの視聴行動は読書行動と似ている。それは、静思の喜び行動というより付与される喜び行動といった行動である。教育テレビをよく視聴する人は、読書もよくする人である。教育テレビの機能は商業テレビと競争する娯楽分野ではなく、文化的番組、時事問題番組、知的刺激を人々にもたらす番組、スポットニュースなどを放送し、視聴者に学習の機会を与えるべきである。」[8)]と結んでいる。

テレビは画像や音を提示することができて、このメディア特性によって講義や討論、美術の提示、資料の提示、実験の演示など多角的に情報伝達が可能である故、印刷物より有利な教育メディアであるとしている。

教育テレビの視聴者の属性と視聴番組との相関に関する研究はその他多く見られるが、結果はW. シュラムやS. プールの研究と大差はないのであ

る[9]。

## 6 大学および文化機関の番組制作への協力

　ハーバード大学を初めボストン地域にある大学および文化機関は教育教養番組の制作に積極的に参加した。

　それぞれの年度にハーバード大学は「ローウェル・テレビ講師」を指名し、講師はその間研究休暇扱いとなり番組制作に専念することができた。コースは30分番組16本で構成され、大体大学における一年間の講義に相当した。担当した講師は「テレビの仕事は大変疲れる」とこぼしたようである。その理由は番組制作上の苦労だけでなく、同僚が見るのでとても気を使わなければならないからでもあった。

　WGBH局のプロデューサーは、C.ブリトンをハーバード大学における最高のテレビ講師だと賞賛した。というのは、「革命論」を映像化するためにC.ブリトンは工夫を重ね、これを助けて大学院の学生が半年にわたりコメントや図録、写真などの準備に没頭したからである。「これこそ教育テレビの仕事だ」とC.ブリトンは述懐している[10]。

　講師が同僚の評価を気にしたり、ディレクターと協力して放送内容の映像化のために工夫を凝らしたり、また学生がスタジオ助手として活躍した事実は、日本における教育TV局の発足期にも見られたことで大変興味深い事象である。

　こうした民衆の単位取得を目的としたコース以外に多くの教養コースが設けられた。またハーバード大学のほかに多くの大学や文化機関が番組制作に協力した。WGBH局が放送したもっとも重要なシリーズは大ボストン地域問題を取り扱った「危機における都市」の30番組である。シリーズはボストン大学の努力によるもので、予定の30週を越えて放送された。ボストン大学はまたJ.フックス（Joseph Fuchs）とA.バルサム（Arther Balsam）のバイオリンとピアノによるコンサートを10本提供した。ブランディーズ大学は「人類の将来」を提供、この番組は広く商業放送局からも放送された。ボストン美

術館は毎週1時間その膨大なコレクションを紹介するため財政的、人的貢献を惜しまなかった。

ノースイースタン大学はニューイングランドのもっとも著名な演劇評論家ノートン（Elliott Norton）によるドラマの評論を提供した。MITも協力を惜しまず、最新の科学の話題を提供した。またボストンシンフォニーオーケストラはWGBH局の人気番組の一つである交響楽演奏を提供した[11]。

## 7 テレビ放送による大学拡張講座の実施

WGBH-FM局は1948年に開局し、その後ラジオ放送による大学拡張講座が実施されたことは、ハーバード大学年報（1954年〜1955年）に記述されていて、前に述べた[12]。

テレビ放送が開始されると大学拡張講座は次第にテレビジョンに移って行った。教授メディアとしてはテレビジョンは視聴者の感性に訴え、学習意欲を高め、親近感を与える効果を持っている。

そこでどのような講座が放送され、どのような効果を挙げたかを明らかにする。

ハーバード大学1956−57年報に、テレビジョンによる大学拡張講座の実施についての記録が見られ、次のように記述されている。

「今年のもっとも興味ある改革は、J．ブリュー博士（Dr.J.O.Brew）による「民俗学—原始技術—」がテレビジョンで放送されたことである。月曜日の夜に受講者は1時間、スタジオで講義を聴いた。テレビによる講義の利点は学生が映像を通して講師の人格に触れ、講師が提示する資料を見ることができることである。放送後講義に出席した受講生は通常30分間スタジオに残り質疑応答を行った。講師のブリュー博士とスタッフの広く講座を市民に公開しようとする目的が達せられ、テレビジョン放送が将来拡張コースに利用されることが期待される。」[13]と報告されている。

この報告から明らかなように1956年に入って初めてテレビジョンに大学拡張講座が登場した。ビデオテープがなかった時代で、講義をスタジオで行い

第6章　WGBH-TV局の放送開始と市民への奉仕　129

それをキネレコ（フィルム録画）して再放送したのである。
　続いて1957-58年報には
　「1957年に実施され成功したテレビジョンによるJ.ブリュー博士の民俗学のコースは引き続きテレビで放送された。さらに2つのコース、C.ウォルフ教授(Prof.C Wore Wolfe)による地理学入門とW.レネップ博士(Dr.William Van Lennep)による『現代劇の完成』が秋と春の学期にWGBHのスタジオで講義され、同時に放送された。最初の1時間の講義が放送され、その後30分間の討論が行われた。講義は主としてハーバード大学の教室で行われるが、その他ボストン美術館、ボストン大学、ケンブリッジのWGBHのスタジオも使用された。」[14]と報告されている。
　このように講義は主としてハーバード大学の教室が使用され、その他講師の所属する各教育機関の教室が使用された。そしてコースも次第に増えていったのである。
　次に1958年-59年報によると、
　「ボストン地域での大学拡張の発展はアメリカにおける成人教育の普遍的な成長を映し出している。成人教育（adult education）という述語はあまりにも意味が広がりすぎているので、「夜の大学（Evening College）」か「継続教育（Continuing Education）」の名称で呼ぶほうが適当と思う。われわれのプログラムは変化し成長してきた。初級ロシア語はWGBH 2チャンネルで講義と収録が行われ、再放送された。また数学と物理学もテレビで放送された。『20世紀中期におけるアメリカ成人』は、より説明的で科学的講座なのでテレビ放送で提示方法を工夫しなければならない。」[15]と記述され、当時大学拡張講座が全米に普及し大学教育の公開化が進んだことを考慮して、大学のコースだと分かるような名称に変更する方がよいのではないかと疑問を投げかけている。また、次第に多くの講座がテレビジョンに登場するようになった故、番組の表現形式や番組のスタイルに配慮して、視聴者に魅力ある番組にする必要があることを述べている。初期の大学拡張講座番組は教室の講義をそのまま番組化した素朴な形式のものが多かったのである。

図6-1　現在のボストン公共放送局（WGBH）

## 8　WGBH年報より—1956年−1957年の大学拡張講座

　次にテレビジョンによる大学拡張講座の実施状況を放送局サイドから見てみよう。1957年に発行されたWGBH年報は、局長P.ウィートリーの名でローウェル協会放送委員会へ提出されている。この年報は次のようにWGBHの活動を記録している。

　「ハーバード大学拡張コース委員会の最初の番組として6本の30分語学番組が制作され、ABCのネットを通して全米に放送された。またハーバード・ローウェルテレビジョン講座としてE.ボアリング（Edwin G.Boring）の『心理学』とZ.チャフィー（Zechariah Chafee Jr.）の『憲法と人権』、M.グリムス（Mary Lela Grimes）の『発見』が制作され、ETRC（全米教育テレビ・ラジオ番組センター）を通じて全国へ放送された。またハーバード大学とMITの協力によって、『科学と科学者について』が23本シリーズとして制作され、1957年−58年にかけてETRCから加盟放送局へ配信され放送される予定である。」[16)]

　1956年から57年にかけて日曜日の放送が開始された。ボストングローブ、ボストン・レコードの参加とABC-TV, CBS-TV, NBC-TV, WBZ-TV, WNAC-TV, WRCA-TVの協力により、11：00−6：30に放送されるようになった。「活動する国連」「3つのカメラ」「旅行をしましょう」「心を開いて」「世界の

第6章　WGBH-TV局の放送開始と市民への奉仕

表6-5　科目別・リソース別番組数
1956年9月1日-57年8月31日

| 科　目 | 自主制作 | | 他局制作 | | 合　計 | |
|---|---|---|---|---|---|---|
| | 放送本数 | 時間 | 放送本数 | 時間 | 放送本数 | 時間 |
| 哲学・倫理学 | 38 | 19 | 22 | 11 | 60 | 30 |
| 社会科学・社会学 | 95 | 80：50 | 356 | 168：52 | 415 | 249：42 |
| 語　学 | 208 | 103：13 | | | 208 | 103：42 |
| 純粋科学 | 13 | 7 | 63 | 30：15 | 76 | 37：15 |
| 応用科学 | 135 | 83 | 88 | 38：45 | 223 | 121：45 |
| 美術とレクリエーション | 211 | 136：05 | 226 | 116 | 437 | 254：05 |
| 文　学 | 66 | 36：25 | 131 | 74：45 | 197 | 111：10 |
| 歴　史 | 21 | 11 | 63 | 32：45 | 84 | 43：45 |
| こども向け番組 | 191 | 75：30 | 207 | 59 | 398 | 134：30 |
| ニュース | 978 | 230：22 | 228 | 93：55 | 1,206 | 324：17 |
| 計 | 1,956 | 784：25 | 1,384 | 625：17 | 3,340 | 1,409：42 |

ニュースめぐり」「N
BCオペラ」「大学
ニュース会議」などで
ある。

表6-6　放送番組リソース別

| | 放送本数 | ％ | 放送時間 | ％ |
|---|---|---|---|---|
| 自主制作番組 | 1,956 | 58.56 | 784：25 | 55.64 |
| 他局制作番組 | 1,384 | 41.44 | 625：17 | 44.3 |
| 計 | 3,340 | 100 | 1,409：42 | 100.00 |

　この報告書から、ま
だ独自の放送網が未完
のため制作した番組を
商業放送のネットワー
クに乗せて、ニューイ
ングランド地方と全米
へ放送していたことが
分かる。

表6-7　番組供給源と放送時間の内訳

| 供給機関 | 本数 | 占有率％ | 放送時間 | 比率％ |
|---|---|---|---|---|
| ETRC | 969 | 29.01 | 432：30 | 30.68 |
| BIS | 60 | 1.80 | 18：22 | 1.29 |
| ABC | 2 | .06 | 6 | 0.43 |
| CBS | 104 | 3.12 | 54：30 | 3.85 |
| NBC | 119 | 3.57 | 62 | 4.41 |
| BBC | 45 | 1.34 | 11：15 | 0.81 |
| その他 | 85 | 2.54 | 40：40 | 2.89 |
| 計 | 1,384 | 41.44 | 1,409：42 | 44.3 |

注）
ETRC　全米テレビジョン・ラジオ番組センター
BIS　独立制作機関
ABC　アメリカ放送会社
CBS　コロンビア放送システム
NBC　ナショナル放送会社
BBC　イギリス放送協会
その他　ETRC加盟以外の放送局制作の番組

　番組科目、供給リ
ソース別本数および制
作参加者の所属別人数
を、1956年9月から

表6-8　自主制作番組制作参加者

| 参加者の所属機関 | 数（人） |
|---|---|
| ボストン・カレッジ | 9 |
| ボストン交響楽団 | 7 |
| ボストン大学 | 85 |
| ブランデース大学 | 15 |
| ハーバード大学 | 94 |
| MIT | 66 |
| ボストン美術館 | 17 |
| ボストン科学博物館 | 2 |
| ニューイングランド音楽学院 | 41 |
| ノースイースタン大学 | 2 |
| タフツ大学 | 14 |
| 会員機関計 | 352 |
| 他の教育機関 | 45 |
| 地域社会 | 447 |
| 総　　計 | 884 |

注）ボストン交響楽団およびニューイングランド音楽学院は団員を含まない。
出典）Lowell Institute Cooperative Broadcasting Council (1958), *Eleventh Annual Report: Sept 1956–Aug 1957*

1957年8月までの1年間について記録した表が表6-5である。

この表から、ニュース、社会科学番組、美術とレクリエーション番組そして子ども向け番組が放送本数でも放送時間でも多い。当時番組制作を担当しガンの跡を継いで第二代の局長を勤めたD．アイビス（David Ives）は、「WGBH局の目指す目標は、社会、文化、科学の3分野における優れた番組の提供であった。その後、語学、趣味番組の開発が行われ、フランス語講座、フレンチ・シェフ、趣味番組などで全米に注目される番組を次々に生み出した。」[17]と語っている。

表6-7と表6-8から自局制作番組が放送本数、放送時間ともに55％－58％とほぼ半数強となっていて、他局制作番組のネットによって不足分を埋めている。1日の放送時間はおよそ4時間である。また番組制作はローウェル放送協会委員会を構成している大学、教育機関、文化機関さらに大ボストン地域の人々の協力によるものである。番組制作に参加した人の総数は1年間に884人、もっとも多く番組講師を派遣した大学はハーバード大学で94人となっている。

## 9　WGBH-TV局による大学拡張講座の放送

放送による大学拡張講座の実施についてすでに述べているので、少々重複することをお許し頂いて、WGBH年報の記述から見てみたい。

商業放送局に依頼してローウェル協会講座をFM波で最初に放送したのは1946年のことであった。その後大学拡張委員会の制作したテレビ番組が同じ

第6章　WGBH-TV局の放送開始と市民への奉仕　133

く商業放送を使って放送された。しかし、WGBH-TV局が1955年に放送を開始して、自主番組制作と放送が可能になった。

　WGBH年報に「テレビによる単位取得コース」の項目で、大学拡張講座についての記述が登場するのは、1959年報からである。報告書は、次のように述べている。

　「拡張講座委員会の第15年記念において注目すべきは、準学士を取得するための2つの講座がテレビで放送されたことである。1415年以後のヨーロッパの拡張を扱った『ヨーロッパ帝国主義』が月曜日と木曜日の午後8時から8時30分まで、R.アルビオン教授によって、さらにC.ブリトン教授による現代社会の政治経済の改革を取り上げた『革命の分析学』が1月からの冬学期に放送された。この講座の受講料は5ドルで受講生はハーバード大学で最終試験に合格して初めて単位を取得することができる。」[18]

　この放送に先立ってWGBH局は大学レクチャー番組として試作番組を放送している。それはボストン大学とノースイースタン大学が制作した高等学校代数を再履修するための番組とタフツ大学が制作したアメリカ文学に関する番組である。年報は「これらの番組は制作の努力と経験を通して、担当者に自信と勇気を与えた。」[19]その価値を認めている。

　1972年から73年にかけての第63年度ハーバード大学大学拡張委員会の報告書によると、「9コースがWGBH-TV2チャンネルで、5コースがWGBX-TV44チャンネルで放送されること、放送時間は月曜日から金曜日まで午後3時から3時30分までと、再放送が午後7時から7時30分までチャンネル44で放送されることが記載されている。そしてこれらのコースは復員軍人学習計画の一環としてアメリカ海軍が制作費を負担して実施されるのである。」[20]これらのうちから2コースを紹介する。

　「テレビジョンコースの内容は
　1）　アメリカ史I　放送（月）午後3時－3時30分　チャンネル2
　　　　　　　　　　　　（火）午後7時－7時30分　チャンネル44
　このコースはアメリカ国家成立に影響を与えた政治的、経済的、社会的要因について論じる。学生は火曜日の午後5時30分から午後7時まで、ハー

バード大学エマーソンホール104番教室で行われる8回の面接授業のうち、少なくとも6回は出席しなければならない。

 2) 世界史I  放送（水）午後3時－3時30分 チャンネル2
       （木）午後7時－7時30分 チャンネル44

このコースはローマの滅亡からナポレオンの滅亡（1815年）を扱う。学生は木曜日の午後5時30分から7時まで、ハーバード大学エマーソンホール104番教室で行われる8回の面接授業のうち、少なくとも6回は出席しなければならない。」[21] また1コースの受講料は35ドルでこの金額は、1948年と比較すると7倍になっている。教養学士（Bachelor of Arts）の資格を希望する学生は、4単位コースを32コース計128単位を履修しなければならない。試験は一般学生と全く同程度の内容のものが課せられ、面接授業への出席も厳しく義務づけられていたので、学生にとって卒業はかなり困難であった。しかし卒業後、彼らは大学院やロースクールへの進学が認められたのである。

## 10 新しい教育専門局 WGBX-TV 局の誕生

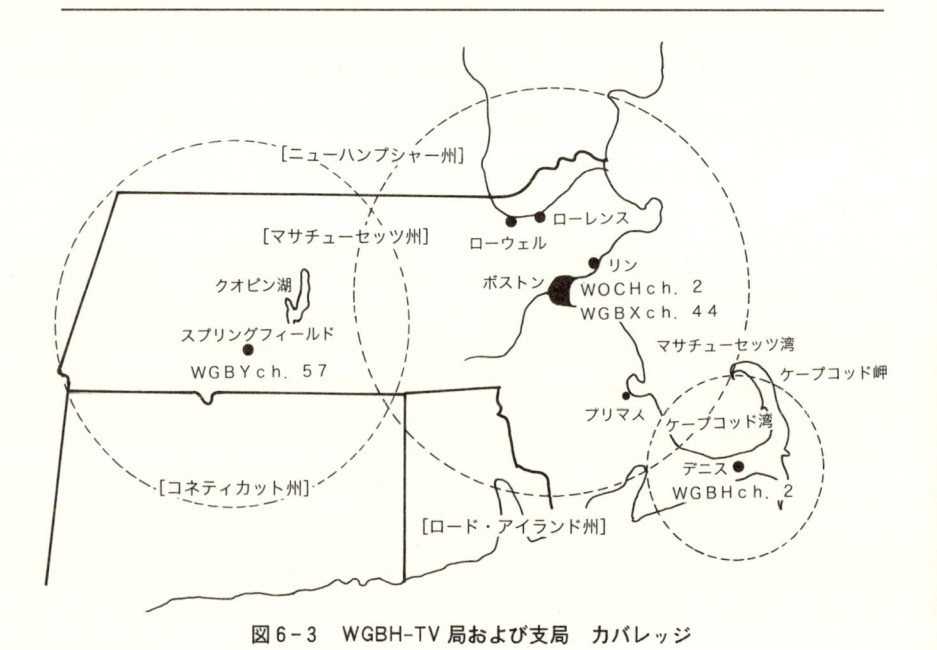

図6-3 WGBH-TV局および支局 カバレッジ

1967年、WGBH局の中に新しい教育専門局としてUHF局のWGBX-TV局が44チャンネルとして発足した。放送開始に際し、連邦健康福祉教育局からの補助金が交付されさらに教育テレビジョン設備法（the Educational Television Facility Act）による補助があった。この局はWGBH特別教育奉仕（Special Educational Service）プロジェクトの一つとして創設されたもので、ある特定の聴取者集団に焦点を当てて番組を提供する目的を持っていた。したがって、番組の種類も医学、法律、交通安全、教育など専門性の高いものである[22]。

　WGBX-TV局が放送を開始した以後は、大学講座番組は次第にこの局から放送されることとなった。その理由は、E.グリックによればWGBH局の運営方針によるものである。WGBH局の初代の局長P.ウィートリーは放送を必要とする聴取者が1人でもいれば、その人のために番組を制作すべきであるという信念を持っていた。しかし、2代目の局長のH.ガンは放送はもっと広く多くの人の利益に奉仕しなければならないという思想の持ち主であった。したがってH.ガンが局長に就任した1957年以降、番組開発や他局との番組交換などに変化が生じた。WGBH局は教育局でありながら、社会問題を扱う番組、報道番組、ドキュメンタリー番組、成人教育番組、教養番組、趣味番組など新しいジャンルの番組を積極的に開拓していった。そして、大学講座のような教育を専門とする番組はUHF局のWGBXへ移していったのである[23]。

　H.ガンが局長であった時代に開発された番組には、「フレンチ・シェフ」「ノバ」「フランス語講座」「スペイン語講座」「美しい庭（園芸）」「この古い家（木工と園芸）」など今日まで続いている番組が多い。

## 11　ボストン公共放送局への視聴者からの手紙

　テレビジョン放送を開始してからちょうど1年経過した1956年7月から10月にかけての3か月間に視聴者から寄せられた手紙の数の記録が残っている。またその半年後の1967年4月から6月にかけての3か月間の記録もある。表

6-9と表6-10がそれらである[24]。

市民の反応から、いかにWGBH局が多くの市民から愛されていたかがわかる。

もっとも反応が多かった番組は次のとおりである。

(1)　発見（Discovery）　　　　　　　　416
(2)　実験室（Laboratory）　　　　　　　66
(3)　フランス語（French through TV）　47
(4))　天気予報（Weather for You）　　　38
(5)　パフォーマンス（Performance）　　25

表6-9　聴視者からの週毎の手紙　1956年7月、9月、10月

| 月 | 第1週 | 第2週 | 第3週 | 第4週 | 第5週 | 計 |
|---|---|---|---|---|---|---|
| 7 | 164 | 66 | 101 | 74 | 32 | 473 |
| 9 | 40 | 32 | 22 | 23 | 2 | 119 |
| 10 | 28 | 207 | 68 | 120 | 114 | 537 |
| 計 | 232 | 305 | 191 | 217 | 148 | 1,093 |

表6-10　視聴者からの毎週の手紙　1957年4月、5月、6月

| 月 | 第1週 | 第2週 | 第3週 | 第4週 | 第5週 | 計 |
|---|---|---|---|---|---|---|
| 4 | 54 | 65 | 149 | 114 | 124 | 506 |
| 5 | 42 | 269 | 152 | 141 | 153 | 757 |
| 6 | 124 | 136 | 267 | 80 | − | 607 |
|  | 220 | 470 | 568 | 335 | 277 | 1,870 |

「発見」はWGBH-TV局の開局時に制作された番組の中でもっとも成功した番組である。この番組はボストン子ども博物館とマサチューセッツ・オズボーン博物館（鳥の博物館）の協力によって制作された科学番組で、子ども向け優秀番組に贈られる全米シルバニアテレビ賞を受賞した。また、「フランス語」は「もっともポピュラーな教育番組で、1時間の間に50冊のテキストがボストンのデパートで売れたほどである。」とE.グリックは述べている。

この他大学拡張講座番組の原始的工学（Primitive Technology）へ11通、人類学（Anthropology）へ7通そして心理学I（Psychology1）へ1通の投書があった。

テレビ番組の中でもっとも歓迎される番組は科学番組であり、紀行（地理）番組、ドキュメンタリー番組である。この傾向は投書の数を見る限り、WGBH局の初期の視聴者でも変わっていない。

さてその後6か月経った4月から6月までの投書に変化があったのだろうか。

第6章 WGBH-TV局の放送開始と市民への奉仕　137

もっとも反応の多かった番組は以下のとおりである。
1) 園芸愛好者の一年（Gardener's Almanac）　　　　1,399
2) 番組へのリクエスト（Program Schedule Request）　51
3) フランス語（French through TV）　　　　　　　　50
4) スペイン語（Spanish through TV）　　　　　　　　38
5) ボストン・ポップス＆ジャズ（Boston Pops & Jazz）　33

上記でも明らかなように、「園芸愛好者の一年」が全投書の75％を占め圧倒的な数となっている。1957年の4月にスタートしたこの番組はマサチューセッツ大学農学部の協力によって制作され、家庭での園芸の方法を具体的に解説した番組である。折しもボストン郊外に広がりつつあった住宅ブームにマッチして、毎週500通を越える投書が寄せられた。投書の内容は番組ガイドの請求が多かったようである。この番組はその後公共放送局の主要番組となり現在も放送されている。この他「語学番組」が継続して利用されている。

この他大学拡張番組として、「心理学Ⅰ」へ9通、「原始的工学」へ2通、引き続き投書があった。

こうした人々からの投書から、私たちはWGBHが人々の関心と学習欲求に応える番組の開発に常に努力を怠らなかった事実を知ることができるのである。

最後に視聴者からの手紙を紹介しておく[25]。

---

テレビ心理学Ⅰ担当者様
　　　　　　　　　　　　　　　　　　　　　　　　　1957年5月
　ボストン地域において視聴者が増加しつつあるという情報は、貴方にとって興味がおありかと存じます。私の家の隣に住んでいる私の母や私の夫の教え子数人が最近貴方の番組の視聴者になりました。
　商業放送の番組が近頃の気候のように単調になりました。そのおかげで中産階級の人々がチャンネル2へ引き付けられています。このことが人々を自己学習する方向へ向けさせるかどうかわかりませんが。
　　　　　　　　　　　　　　　　　　　　　　　　ミセス　W.J.H.
　　　　　　　　　　　　　　　　　　　　　　　　南　ダートマス

> 番組担当者様
> 　　　　　　　　　　　　　　　　　　　　　1957年4月17日
> ボストンに住み、WGBH-TV を見ることができることを誇りに思います。
> 　最近、MIT のコエス教授が著書『新しい景観』をもとに自然の地形について解説された番組を見ました。素晴らしい番組でした。
> 　またラスボーン教授の美術史を見た後、ボストン美術館へ行き、クライスラーコレクションを見て感動を新たにしました。それは番組を前もって見ていたからでした。
> 　　　　　ありがとうございました。WGBHの成功を祈念致します。
> 　　　　　　　　　　　　　　　　　　　　ミセス　S.B.W.
> 　　　　　　　　　　　　　　　　　レキシントン　マサチューセッツ

注

1) Edwin Leonard Glick (1970), *WGBH-TV: The First Ten Years (1955-1965)*, Unpublished Doctorial Dissertation WGBH Archives, p.38
2) Edward Weeks (1966), *The Lowells and Their Institute*, An Atlantic Monthly Press Book, p.185
3) W.Shuramm (1963), *People Look at Educational Television*, Greenwood Press Publisher, p.36
4) Edwin L.Glick (1970), *op.cit.*, p.55
5) NHK 学校放送部（1961）『学校放送研究臨時増刊号』p.110
6) Edawrd Weeks (1966), *op.cit.*, p.179
7) Sola Pool & Barbara Adlar (1962), *The Out-of-Classroom Audience of WGBH: Study of Motivation in Viewing*, p.53-55
8) W.Shuramm, Jack Lyle, and Ithiel de Sola Pool (1963), *The People Look at Educational Television*, Greenwood Press Publisher, p.166-167
　シュラムらは9教育テレビ局の調査をした。その中で WGBH 局を「地域社会局(the community station)」と分類している。調査対象局は次の9局である。

|  |  |  |
|---|---|---|
| 地域社会局(3) | WGBH | ボストン |
|  | WQED | ピッツバーグ |
|  | KQED | サンフランシスコ |
| 大学局(2) | KUON | リンカーン・ネブラスカ（VHF） |
|  | WOSU | コロンバス・オハイオ（VHF） |
| 学校委員会(1) | KRMA | デンバー・コロラド |
| 州政府ネット(3) | WBIQ-WCIQ-WDIQ | アラバマ州 |

9) William Hoyness (1994), *Public Television for Sale*, West View Press, p.16-19
　公共放送の視聴者の社会文化的属性、視聴番組、視聴時間帯などを要約している。
10) Edwin L.Glick (1970), *op.cit.*, p.76

第6章 WGBH-TV局の放送開始と市民への奉仕　139

11) Edwin L. Glick (1970), *op.cit.*, p.79
12) Harvard University (1956), *Harvard Annual Reports 1954-1955*, Official Register of Harvard University Vol.LVII September 28, 1956, University Extension (p.830-831) p.823
13) Harvard University (1958), *Harvard Annual Report 1956-1957*, p.291
14) Harvard University (1958), *ibid.*, p.289
15) Harvard University (1960), *Harvard Annual Report 1958-1959*, p.266
16) Lowell Institute Cooperative Broadcasting Council (1957), *Annual Report 9, 1956-8, 1957*, p.1-2
17) David Ives (1996) 筆者とのインタビューから
18) Lowell Institute Cooperative Broadcasting Council (1959), *Annual Report 9, 1958-8, 1959*, p.6
19) Harvard University (1972), *Commission on Extension Course; Sixty-Third Year 1972-1973*, Commission on Extension Course HUE 25, 510 p.1
20) Harvard University (1972), *ibid.*, p.37
21) Lowell Institute Cooperative Broadcasting Council (1962), *Annual Report 9, 1961-8, 1962*, p.19
22) Edwin L. Glick (1970), *op.cit.*,
23) Edwin L. Glick (1970), *op.cit.*, p.177-178
24) Lowell Institute Cooperative Broadcasting Council (1958), *WGBH Listener Letters 1956-1957 January-June*, Harvard Univ Archives U.A.V 536. 294
25) Lowell Institute Cooperative Broadcasting Council (1958), *WGBH Listener Letters 1956-59*, Harvard Univ. Archives U.A.V 536. 294

# 第7章 公共放送発展におけるフォード財団の貢献とその思想

## はじめに

　アメリカにおける公共放送の発達に及ぼしたフォード財団の貢献を否定する人は1人もいないであろう。エンゲルマン (Ralph Engelman) は「フォード財団 (Ford Foundation) はアメリカにおける非商業放送の揺籃期を注意深く育て上げ、カーネギー財団 (Carnegie Foundation) はその後の少年期の育成に努力した。この両財団の連携による貢献なしには、今日の公共放送はありえなかったであろう。」[1]と述べ、2つの巨大篤志財団の貢献を証している。さらに、フォード財団成人教育基金の副会長を務め、『アメリカの教育放送』を著したR.ブレイクリーは、「1951年、フォード財団は多くの教育テレビ・ラジオ局より補助金の要請を受け、これらの要求を実現するために成人教育基金と教育革新基金を設立し、公共放送の発展に寄与した。」[2]と述べ、フォード財団の活動を詳述している。事実連邦政府が公的資金を公共放送の発展に支出したのは1962年公共放送設備法成立以後のことであり、それ以前は民間の資金によって公共放送は成長してきた。

　本章では、初期の公共TV放送の基礎形成に貢献したフォード財団の活躍に焦点をあて、アメリカ篤志財団の篤志行為 (Philanthropy) への理念、公共放送育成の理念を明らかにし、民主社会における公共放送のあり方を追求する。

## 1　フォード財団の教育放送観

(1) 教育放送の枠組み

　フォード財団は公共放送の育成、援助の思想的基盤として「教育放送」の定義を試みている。フォード財団成人教育基金が1963年に内部資料として作成した報告書によると公共放送は次のように規定されている。

　「教育放送という用語は、現在確たる社会的認知を得ていない。その理由は、多くの地方で多様な集団によって、人々の様々な必要を満たすために創られた放送であるからである。では、教育放送をどのように定義したらよいのであろうか。教育放送によって、公共の利益 (public interests) が満たされ、相互の理解が深められるなら、その放送が教育放送であるとすることが最もふさわしい定義であろう。」[3]としている。

　つまり教育放送は地方の教育放送局を母体に、各地域の生活文化に根を下ろした放送局として成立し、地方自治の枠の中で育った放送局であり、非商業放送局として大学や教育機関、教育委員会の管理の下に、地方の公共の利益に奉仕するために運営されてきた。こうした伝統から、教育テレビジョンへの進出に際しても統一した概念がなかった。フォード財団は、機能的な概念として上記の用語を用いたものと思われる。アメリカの教育制度が地方自治に任されているのと同様に、教育放送も地方の教育団体の自主的運用に任されていたのである。

　フォード財団は上記の概念を基礎として、援助の対象としての教育テレビジョンについて3つの枠組みを構築した。すなわち、

「1)非商業放送局が放送する教育テレビ放送で、商業放送が扱う教育放送を除外する。

2)閉回路放送（ケーブルTV）でなく空中波による放送である。

3)テレビジョンを通して公的教室の授業のために組織的に提供される放送は教授テレビジョン (Instructional Television) と呼び教育テレビジョンと区別する。」[4]

### (2) 教育放送の課題

これに先立ち、1955年にフォード財団経営委員会に提出された報告集「今日の教育テレビジョン」は教育テレビジョンを次のように規定している。「教育的、文化的番組はボストンからアラバマで各地で制作されている多くの番組に見られるように、多様な種類にわたっている。」[5]と述べ、まず番組を幅広い性格を持ったものとし「もし次の条件が満たされるなら、教育テレビと認められるだろう。」[6]とした。

1) 来る15年を見通して、遠隔教育による新しい高校および大学教育への貢献が可能な場合
2) 学校の教師の不足を補う場合
3) 非識字成人の教育を行う場合
4) 米国における少年非行の防止に要するコストを削減できる場合
5) 多くの若者に、科学、数学、工学への興味を持たせることができる場合
6) アメリカ成人に豊かな教養と民主主義文化を与えうる場合
7) 人々が商業放送からチャンネルを変える選択肢となる場合

そして、「教育テレビの使命が新しい教育の創造にあるとするなら、教育テレビジョンの目的は人々に力動的な社会に生きる力を得させることである。しかし、現代の教育は個人の専門的技術と知識の育成に重きを置く傾向にある。それ故、知識や専門的技術の修得だけでなく、現代社会においては自己発見や自己開発や探求心を持った人が期待される。そのために人々は生涯にわたって自己教育に努めなければならない。教育テレビはこの期待に応えうるメディアである。」[7]として、現代社会で期待される人間像として自己開発を実行する人間像を以下の6項目にまとめている。

### (3) 現代社会が求める人間像

「1) 社会が求める進んだ技術は高いレベルでの技術教育によって獲得されるものである。したがって人々にとって継続教育が必要である。

2)才能に恵まれ、指導者としての素質を持つ人は政治、工業、美術、科学の分野でより長い高等教育を受けなければならない。

3)人々は、労働時間の短縮によって生まれた余暇を学習の機会として利用すべきである。

4)人は自分1人では生きていけない。したがって他人に対する責任は必須の条件である。

5)科学が革新的進歩を見せている現代においては、道徳の大切さを理解する人によってのみ科学は利用されるべきである。

6)民主主義は本当にその意味を理解している人によって運営されるべきである。」[8]

上記のように、フォード財団は、現代社会に生きる人間を知的、道徳的、市民的な意味で高い資質を持った人間であるべきとして規定した。そしてそれは自己開発や継続教育によって形成されるものと考えた。そのために、新しく社会に登場した公共放送は有力な教育メディアであると理解したのである。「以上の課題を達成するために教育テレビによる継続教育が人々にとって必要である」[9]と結んでいる。

### (4) 教育番組の構造

そして報告書は教育テレビ番組の基本的構造を12年前にイギリス放送協会 (the British Broadcasting Corporation; BBC) が作成したガイドラインに従って、次のように決定している。

「1)番組の基本的構造は人々の生活を豊かにし、現代社会に生きるための知恵を人々に与えるものでなければならない。」

とし、知的、情報的生活を身につけるうえで人々に貢献する内容を持ったものとしている。また報告書は続けて教育番組の基本的構造に関する原則を次のように記している。

「2)人々の知識や思慮の広がりに貢献する放送番組が制作の基本原則である。

3)様々な問題を多角的に解明し人々に討論の場を提供することが番組制作の原理である。

4) 取り上げる問題は視聴者の要求による。教育テレビの目的は視聴者の必要（Needs）を満たすものでなければならない。」[10]

このようにフォード財団は民主主義社会、知識社会、情報化社会に生きる人々への奉仕として教育放送の構造を明確にした。この番組基準は現在の教育番組制作基準に照らしても遜色のないもので、以後公共放送の番組コードとなった。

フォード財団が作成した教育放送についての以上の枠組みは、当時ニューヨーク大学においてコミュニケーション論を担当し『テレビと教育』[11]を著したC.シープマンの考えに負うところが大きい。C.シープマンは放送を開始したばかりのテレビジョンに興味を示し、世界の教育テレビの比較研究を行って、フォード財団のブレーンとして教育放送の使命についての理論構築の手助けをした。彼が『テレビと教育』を著した1952年には、世界ですでに30か国がテレビ放送を開始していて、1955年には45か国に達するだろうと推測されていた。フォード財団は、これらの報告書に示された考えに基づき、1950年以降公共放送の発展に指導的役割を果たしていった。

C.シープマンは1941年、ハーバード大学長J.コナントの要請に応じ全米における教育ラジオの普及と番組の利用状況についての調査報告書を提出している（第5章参照）。

## 2 フォード財団の成立と教育放送への関与

(1) フォード財団の成立

フォード財団は国連本部にほど近いニューヨークの東43番街に50階建ての本部を持ち、アメリカにあるおよそ2万5000の財団のトップの地位を占めている。資産はロックフェラー財団の4倍、カーネギー財団の12倍もある。1968年の資産総額は37億ドル、これは33大財団の資産総額の3分の1を占めアメリカ全財団資産の6分の1に相当する。

D.マクドナルド（Dwight Macdonald）によると、「1954年にフォード財団が支出した補助金6800万ドルは、アメリカ第二位のロックフェラー財団の支出

補助金の2倍、第三位のカーネギー財団の補助金の10倍に値する」と述べ、「1948年のアメリカにおける全財団の支出額と同額である。」[12]と説明している。フォード財団が如何に大きい財団であるかが理解できる。事実今日においても、フォード財団は世界最大の財団として君臨し、篤志行為においても指導的立場にある。

　フォード財団の設立は比較的新しく、1936年ヘンリー・フォード（Henry Ford）と息子のエドセル・フォード（Edsel Ford）の寄金2万5000ドルを基金にミシガン州のアナーバ（ミシガン大学の所在地でもある）に設立され、初代会長にエドセルが就任した。翌年1937年ヘンリーとエドセルはフォード自動車会社の議決権のない株式12万5000株を財団へ寄付した。ニールセンはこの理由の一つとして「設立者のフォード親子が死亡した場合、相続税を払うために同社の経営権を売り渡さなければならないという事態をさける意図」[13]を挙げている。この株式譲渡によりフォード財団はフォード自動車会社の株式の90％を取得し、巨額の資産形成を完成させたのである。

　世界最大の篤志財団の誕生には、「1913年に施行されたアメリカ遺産相続法と税法による影響が強く働き、それ以前に誕生したカーネギー財団、ロックフェラー財団（Rockeffeller Foundation）とは成立過程に違いがある。」[14]とマクドナルドは述べている。

　フォード財団がフォード家の個人的篤志財団から公式の法人格を持つ財団へ変身し、P.ホッフマン（Paul Hoffman）が会長に就任した1950年以後が、フォード財団の本格的な活躍の時代である。

(2) 財団の時代

　連邦政府が教育や福祉へ連邦資金を投入する以前の20世紀の初頭から1960年にかけてをマクドナルドは篤志財団の「黄金時代(the golden heroic age)」[15]と呼んでいる。その理由として、福祉や教育・研究における篤志財団の貢献が際だった時代であるとする。

　例えば、ロックフェラー財団は3500万ドルを投じて小さなバプティスト系大学であったシカゴ大学をビッグテンと呼ばれる大学へ育て上げた。また

第7章 公共放送発展におけるフォード財団の貢献とその思想　147

　カーネギー財団は1902年にワシントンDCにカーネギー科学研究所を設立しアメリカの科学の発展に貢献した。また、カーネギー財団による大学教員のための年金設立への貢献はアメリカ大学教育史上よく知られた事実である。一方フォード財団の課題は「黄金時代」のロックフェラー、カーネギー両財団の貢献と異なり、市民の自由思想の確立と教育（liberty and disciplines）であった。

　こうした篤志財団の思想的基盤となった論文が1889年にA.カーネギー（Andrew Carnegie）によって発表された「富の福音（The Gospel of Wealth）」である。この論文は1886年から1899年にかけて様々な雑誌に掲載されたA.カーネギーの論文をまとめたものである。自叙伝（1920）に再掲された「富の福音」においてカーネギーは「神が私に織るための糸をお与えになった。」[16]と書き、「私は神に与えられた糸（富）を布に織るため（篤志行為）の行動を起こした。」[17]と述べている。カーネギーの思想は聖書の「富を持つ者は貧しい人に憐れみの心を持たなければ神の愛を受けることができない」[18]から発し、「富める者は富を貧しい人に施し、その果実を生み出さなければならない」と富の分配を説いた。このA.カーネギーの篤志思想がH.フォードに大きな影響を与えた。

　エンゲルマンによると、さらにカーネギーは「富の福音」の中で「19世紀の篤志行為の背後にはアメリカの文化的風土（Ethos）がある。」[19]と述べ、彼は民主主義と資本主義との中間に第三の思想があってもよいと考え、それは篤志思想（Philanthropy）であるとした。それは人間主義、人道主義と呼んでもよい思想であった。「富む人と貧しい人との調和のある関係の後ろに兄弟としての紐帯が生まれる。」[20]というカーネギーの言葉が、カーネギー財団のみならずフォード財団を含めて多くの篤志財団の政

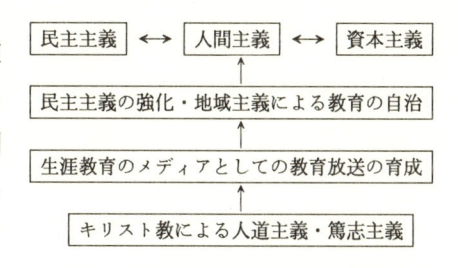

| 民主主義 | ↔ | 人間主義 | ↔ | 資本主義 |
|---|---|---|---|---|
| 民主主義の強化・地域主義による教育の自治 ||||| 
| 生涯教育のメディアとしての教育放送の育成 |||||
| キリスト教による人道主義・篤志主義 |||||

図7-1　民主主義と資本主義の間にもう一つの思想＝人間主義がある

策の指針となった。H.フォードはカーネギーに書簡を送り、公共放送は第三の力としての人間主義（民主主義）を育てる強力な手段であるとして、その育成に努力する決意を述べた。

放送と篤志主義・人間主義との関係をまとめたものが図7-1である。

## 3 フォード財団の政策決定

(1) ガイザー報告と二つの基金の設立

フォード財団の教育放送への関与は他の財団に比較して新しい。1920年代から30年代にかけて多くの大学が財団からの補助金を受けてラジオ教育放送を開始した。ラジオ教育放送の草創期のこの時代に活躍した財団が、ペニー財団（the Penney Foundation）、カーネギー財団（the Carnegie Foundation）、ケロッグ財団（the Kellogg Foundation）などである。これらの財団は、教育放送の普及のために開催された各種の会議・研究会費用を負担した。フォード財団はこれらの財団に遅れてテレビ時代に入った1950年代に援助を開始した。

すでに述べたように、フォード財団は1936年に設立され1950年までに毎年100万ドルをミシガン慈善財団へ寄付してきた。1947年に死去したヘンリー・フォードと1943年に死去した彼の息子のエドセルの残した基金によって全米で一番大きい財団となり基金は4億7400万ドルとなった。組織が大きくなったため、経営体を法人組織とし、1948年8人の委員による評議委員会が発足し将来の計画の立案に当たった。後にフォード財団の会長（1953-1956）に就任するH.ガイザー（H.Rowan Gaither Jr.）を委員長とする研究委員会が組織され、将来の経営計画を立案した。その結果は「フォード財団の政策と計画に関する研究報告書」（ガイザー報告）として1950年にまとめられ評議会に提出された。報告書は次のように述べている。

「この国における人々の目的意識の喪失や価値観の喪失は重大な問題である。多くの委員の一致するところでは、マスメディアは多くの例から学校教育や成人教育に大きな効果をもたらすと考えられる。特に非商業放送の役割は重大である。フォード財団は新聞、ラジオ、映画といったマスメディアの

より効果的な活躍のための援助と、すべての年齢集団におけるそれらの利用と、学校における利用を支援すべきである。」[21]と。

フォード財団評議会はこの勧告を承認し、教育テレビジョン・ラジオの教育における可能性の研究への支援を決定した。そして、この報告書に基づき、評議会は以下の5つの領域での活動を強めることとした。

1) 世界平和と、法と秩序と正義の確立への貢献（平和と法と秩序の確立）
2) 変化しつつある社会の諸問題を解決する上で、自由と民主主義の基本原則へ忠実に準拠すること。（民主主義の強化）
3) あらゆる場所での人々の経済的条件の向上と、民主主義の目標達成のための経済的制度の改善（経済の発展）
4) 個人の知的、倫理的、市民としての可能性を開発するための教育的環境や方法を強め、拡充し、改善すること。教育機会のより大きい均等化を促進すること、知識や文化を保存し、増大させること。（教育の革新と充実、文化の発展）
5) 個人の行動と人間関係についての知識の開発（行動科学の研究）

この報告書は以後フォード財団の経営方針となった。この中で、フォード財団が篤志行為の中心に据えたのが教育の分野である。

ガイザー報告が評議会で承認された後、フォード財団会長ポール・ホッフマン（Paul G.Hoffman）は、第四の領域の教育改革について「個人が知性、市民性、精神的潜在力を十分発揮し、自己実現を可能とする教育の方法や設備の改善、拡充、さらに教育機会の均等の促進、そして知識と文化の発展のために」[22]努力をすることを宣言した。

このように、フォード財団は人々の能力の開発とそれによる人生の充実、さらに教育機会の拡充、人類の文化創造のために貢献することを誓ったのである。この目的を完遂するため、1951年4月19日に財団は教育革新基金（the Fund for The Advancement of Education）を、引き続き4月26日に成人教育基金（the Fund for Adult Education）を設立した。

二つの基金を設置するにあたって、フォード財団は以下の3つの具体的目的を設定して、補助金を支出することにした。

「1)商業放送では不可能な一般的情報と文化的(教育)情報を提供するため
2)学校における教授の質を向上させるため
3)商業放送の番組の質を向上させるため」[23]

この二つの基金は学校教育と成人教育の革新のために教育放送を育成する目的で設立された。

1950年フォード財団はフォード家の個人的財団から公的な財団へと経営形態を変え、本部をミシガン州からニューヨークへ移し、本格的な活動を開始し、その最初の仕事としてこの二つの基金を立ち上げたのである。

(2) 二つの教育基金ともう一つの基金

1) 教育革新基金は主として小学校、中学校、カレッジで使用される教育番組の制作、利用促進を援助する目的で設立された。ニューヨーク市におけるスペイン語教育の実験と評価を基金が自ら実施し、その効果を確かめた。この実験の結果がCTW (Children's Television Workshop) のセサミストリートの開発に連なった。

2) 成人教育基金の課題はアメリカにおいて発達過程にあった教育放送を統合し成長させることであった。エンゲルマンは、「成人教育基金の最も重要な課題は、まだ海のものとも山のものとも見通しが立っていない非商業放送へFCCから電波を割り当ててもらうことであった。」[24]と結論づけている。

成人教育基金の会長に就任したS.フレッチャー (C.Scott Fletcher) は基金が存続した10年間その職に留まり公共放送の発展に尽力した。彼はエンサイクロペディアブリタニカ・フィルムの社長を勤め、映像メディアによる教育に深い関心と理解を持った人物であった。またフォード財団の経営委員でシカゴ大学長を勤めたR.ハッチンス (Robert M.Hutchins) と親交があった。なお、フォード財団は必要に応じて基金を次々と設立したが、その中の一つに1958年に設立された教育施設実験室 (the Educational Facilities Laboratories) がある。この基金は小中学校の施設の充実、特に校内放送施設の整備のための補助を行うものであり、1958年から基金の存続した1967年までの10年間に3200万ドルの資金をこの目的のために多くの小中学校へ提供した。この基金

は上記の二つの基金に次ぐ第三の基金であった。

## 4 教育放送育成への具体的動き

### (1) 教育チャンネル獲得への方針

　フォード財団はまず第一ステップとして、連邦逓信委員会 FCC (the Federal Communications Commission) に対して教育局に電波の割り当てを実施するように説得した。一方、大学などの教育機関や地域の教育組織にチャンネル獲得のために積極的にFCCに応募することを勧めた。第二ステップとして、割り当てられたチャンネルを有効に生かすために、全米の教育局の育成とネットワーク化に努力し、第三ステップとして番組供給機関の育成に補助金の支出を行った。

　1934年のコミュニケーション法 (the Communication Act of 1934) はラジオチャンネルの割り当てに際し教育放送に対して AM 波の割り当てを除外してしまっていたので、フォード財団はテレビジョンにおいてこの失敗を再び繰り返さないようにVHF波の獲得に努力したのである。

　教育テレビジョンの初期の歴史をひもとくと、フォード財団がFCCへの根回しを行ったことが明らかになる。1951年春、成人教育基金は2つの団体へ資金を提供する戦術を実行した。全米教育放送者協会 NAEB (the National Association of Educational Broadcasters) と教育テレビジョン連合委員会 JCET (Joint Committee on Educational Television) である。

　NAEBは第二次大戦後、教育テレビジョンの発展に貢献した教育関係者による集団で、1925年ワシントンで開かれた第4回全米教育ラジオ会議に出席したグループによって結成された大学放送局協会 ACUBS (the Association of College and University Broadcasting Stations) が起源である。その後1934年に全米教育放送者協会と名前を変えた。NAEBはフォード財団の後援の下、ワシントンにおいて教育テレビジョンのチャンネル獲得のために議会活動を活発に行った。一方JCETは7つの全米教育団体から構成されていた。FCCは1950年から51年の初めにかけて、教育テレビジョンのチャンネル割り当てについ

てJCETからヒアリングを行った。また別の教育団体としては州立大学協会を挙げなければならない。この団体は主として国有地交付大学によって構成され、FCCに対してモリル法が州立大学に国有地を分与した例に倣い、公共放送・非商業放送にチャンネルを割り当てるように働きかけた。この事実はイリノイ大学公文書館の大学学長記録に克明に記されている[25]。

第4番目の組織として教育テレビジョン全米市民委員会 NCCET (the National Citizen's Committee for Educational Television) が全米教育委員会の別組織として設立された。NCCETの設立の目的は市民による教育テレビ局の開局の可能性の検証とフォード財団による財政援助であった。フォード財団の報告書によると「結局NCCETへの成人教育基金からの援助は2年間に50万ドル」[26]であった。

1952年連邦通信委員会（FCC）が教育テレビジョンチャンネル割り当て計画を発表した時、フォード財団はリーダーシップを発揮して割り当ての受け皿として、上記の4つの団体を用意し、財政援助を行ったのである。

1952年、4年間にわたるチャンネル割り当ての凍結が解除され、議会における公聴会の末、教育局の社会的役割が改めて認識された。この結果、非商業放送局に242のチャンネル、80がVHF、162がUHFが割り当てられた。R.エンゲルマンは「この時が、アメリカにおける非商業放送の夜明けであり、フォード財団は非商業放送のパルチザンとなった。」[27]と表現している。

(2) 地方教育局育成への援助

教育局にチャンネルが認可されると、フォード財団は、まず第一のステップとして教育放送局の育成に努力した。フォード財団の資料によると、成人教育基金は教育テレビジョン局の援助計画を策定し、この計画に沿って、1952年から61年まで350万ドルが37地方の新設局の放送開始のために支出された（表7-1参照）。

1966年フォード財団は1951年から1961年の10年にわたる公共放送育成の成果を報告書にまとめて発表した。以下は報告書に記載されている補助金の額である。これによると、フォード財団は、公共放送局建設、要員の養成、番

第7章　公共放送発展におけるフォード財団の貢献とその思想　153

表7-1　初期のアメリカ公共放送局リスト（1957年6月30日現在）

開局順

| | 放送局の所在地 | コールサイン | 被免許者 | 開局年月 | F財団の援助 |
|---|---|---|---|---|---|
| 1 | アメス・アイオワ | WOI-TV | アイオワ州立大学 | 50/02/21 | $360,000 |
| 2 | アンダルシア・アラバマ | WAIQ | アラバマ教育TV委員会 | 56/06/25 | $100,000 |
| 3 | バーミンガム・アラバマ | BWIQ | アラバマ教育TV委員会 | 55/04/28 | $100,000 |
| 4 | ボストン・マサチューセッツ | WGBH-TV | WGBH教育財団 | 55/05/02 | $550,000 |
| 5 | シャンペーン・アーバナ・イリノイ | WILL-TV | イリノイ大学 | 55/08/01 | $100,000 |
| 6 | チャペルヒル・ノースキャロライ | WUNC-TV | ノースキャロライナ大学連合 | 55/01/08 | $100,000 |
| 7 | シカゴ・イリノイ | WTTW | シカゴ教育TV協会 | 55/09/19 | $150,000 |
| 8 | シンシナチ・オハイオ | WCET | シンシナチTV教育財団 | 54/07/26 | $100,000 |
| 9 | コロンビア・ミズリー | KOMU-TV | ミズリー大学 | 53/12/20 | $100,000 |
| 10 | コロンバス・オハイオ | WOSU-TV | オハイオ州立大学 | 56/02/20 | $100,000 |
| 11 | デンバー・コロラド | KRMA-TV | デンバー公立学校 | 56/01/30 | $100,000 |
| 12 | デトロイト・ミシガン | WTVS | デトロイト教育TV財団 | 55/10/03 | $100,000 |
| 13 | イーストランシング・ミシガン | WKAR-TV | ミシガン州立大学 | 54/01/15 | $100,000 |
| 14 | グリーンベイ・ウイスコンシン | WBAY-TV | セント・ノバートカレッジ | 53/03/17 | $150,000 |
| 15 | ヒューストン・テキサス | KUHT | ヒューストン大学・学校区 | 53/05/25 | $34,197 |
| 16 | リンカーン・ネブラスカ | KUON-TV | ネブラスカ大学 | 54/11/01 | $100,000 |
| 17 | マジソン・ウイスコンシン | WHA-TV | ウイスコンシン大学 | 54/05/03 | |
| 18 | メンフィス・テネシー | WKNO-TV | メンフィス地域TV財団 | 56/06/25 | $124,998 |
| 19 | マイアミ・フロリダ | WTHS-TV | ダド公教育委員会 | 55/08/12 | $39,898 |
| 20 | モンロー・ルイジアナ | KLSE | ルイジアナ州教育局 | 57/03/09 | |
| 21 | マンフォード・アラバマ | WTIQ | アラバマ教育TV委員会 | 55/01/07 | $100,000 |
| 22 | ニューオーリンズ・ルイジアナ | WYES | 大ニューオーリンズ教育TV財団 | 57/04/01 | $100,000 |
| 23 | オクラホマシティー・オクラホマ | KETA-TV | オクラホマ教育TV協会 | 56/04/13 | |
| 24 | ピッツバーグ・ペンシルヴェニア | WQED | ピッツバーグ教育TV局 | 54/04/01 | $150,073 |
| 25 | セントルイス・ミズリー | KETC | セントルイス教育TV委員会 | 54/09/20 | $100,000 |
| 26 | サンフランシスコ・カリフォルニア | KQED | 湾岸地域教育TV協会 | 54/09/20 | $100,000 |
| 27 | シアトル・ワシントン | KCTS-TV | ワシントン大学 | 54/12/07 | $150,000 |
| 28 | サウスベンド・インデイアナ | WNDU-TV | ノートルダム大学 | 55/07/15 | $37,457 |
| 29 | アトランタ・ジョージア | WETV | アトランタ教育委員会 | ＊58/02/17 | $100,000 |
| 30 | カーバリス・オレゴン | KOAC-TV | オレゴン州高等教育委員会 | 57/10/7 | |
| 31 | ミルヲーキ・ウイスコンシン | WMVS-TV | 職業・成人教育委員会 | 57/10/28 | $100,000 |
| 32 | ミネアポリス．STミネソタ | KTCA-TV | 二都市地域教育委員会 | 57/09/03 | $100,000 |
| 33 | フィラデルフィア・ペンシルヴェニア | WHYY-TV | 大フィラデルフィア教育TR公社 | 57/09/16 | $150,024 |
| 34 | ソルトレイクシティー・ユタ | KUED | ユタ大学 | ＊58/01/20 | $100,000 |
| 35 | サンジュアン・プエルトリコ | WIPR-TV | プエルトリコ教育局 | ＊58/01/06 | |

出典）*The Fund for Adult Education Annual Report 1956-1957*
注）＊印は開局予定局

組制作、調査研究など幅広い補助を行っている。R.ブレイクリーは「1951年成人基金が設置され公共放送への補助金支出の方針がフォード財団から発表されると、多くの補助金申請が基金に提出された。わたしは基金に補助金申請を提出した中西部地域の教育局の審査にあたった」[28]と述べ、当時多くの教育機関、教育委員会から補助金交付の申請が提出されたことを明らかにしている。

  1) 1950年から1957年（教育テレビジョン成立時代）

この年代は、全米教育放送者協会（NAEB）が公共放送局開局に指導的役割を果たした時代である。1951年には、アイオワ州立大学が放送局（WOI-TV）を実験局として運営している唯一の教育機関であった[29]。そこで成人教育基金はまずこの局に資金援助を行い、実験的番組の制作や設備の充実を通して、その後の資金援助のための準備を行った。当時アイオワ州立大学は工学部の物理実験やコミュニケーション専攻学生の教育のために実験局を運営していたのである。表7-1によるとアイオワ州立大学局への援助は飛び抜けて多い。フォード財団は資金の配分にあたってはNAEBの助言に従った。

　成人教育基金の報告書によると、1952年秋に基金は10万ドルから15万ドルの資金をすでにチャンネルを確保している大学や大都市圏の教育機関に提供した。配分方法は大都市圏局へ15万ドル、地方の教育局には10万ドルとした。表7-1で明らかなように、シカゴ、ピッツバーグ、ボストン、ニューヨーク、デトロイト、マイアミなどの大都市圏局が番組制作能力を認められ、より多くの補助金を得た。これらの局はその後、全米の公共放送局で利用された教育番組の供給局へと成長し、プロデューサー（番組制作局）と呼ばれるようになった。配分されたこれらの資金は主として設備の購入や更新に使用された。1955年に開局したボストン公共放送TV局（WGBH）の1954年報によると、「フォード財団は開局に先立って15万ドルの提供を約束してくれたが、なお65万ドルが不足し、これを他の4つの財団と多くの人の寄付によってまかなった。」[30]とされた。また、同時期に開局したイリノイ大学公共TV局（WILL）の場合、「開局資金としてフォード財団から10万ドルが提供され放送機器がウエスチング・ハウス社から貸与された」[31]事実を、当時開局に尽力した学長G.ストッダードがしばしば述べている。

　1953年5月ヒューストン大学のKUHT-TV局が、正式の非商業放送局第一号として放送を開始し、1955年12月に教育テレビジョン局として世に認められるようになった。1955年教育テレビジョン全米市民委員会（NCCET）はその任務を終了し役割を教育テレビジョン連合委員会（JCET）とNAEBへ移行して解散した。このように、フォード財団は公共放送局の建設、施設設備、要員の養成に多大な貢献を行った。

第7章　公共放送発展におけるフォード財団の貢献とその思想　155

①連邦通信委員会（FCC）
②教育放送者協会（NAEB）
③教育TV合同委員会（JCET）
④成人教育基金
⑤WOI局（ウイスコンシン州）
⑥KPFA局（サンフランシスコ）

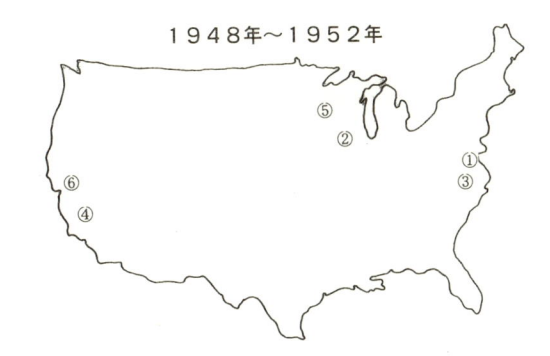

1948年～1952年

①連邦通信委員会（FCC）
②教育放送者協会（NAEB）
③教育TV合同委員会（JCET）
④成人教育基金
⑤WOI局（ウイスコンシン州）
⑥KPFA局（サンフランシスコ）
⑦連邦教育委員会
⑧教育TV市民委員会
⑨教育TV＆ラジオセンター（ETRC）
⑩TV＆ラジオ・ワークショップ
⑪WGBH-FM局

1952年～1955年

①連邦通信委員会（FCC）
②教育放送者協会（NAEB）
③教育TV合同委員会（JCET）
④成人教育基金
⑤WOI局（ウイスコンシン州）
⑥KPFA局（サンフランシスコ）
⑦連邦教育委員会
⑨教育TV＆ラジオセンター（ETRC）
⑪WGBH-FM局

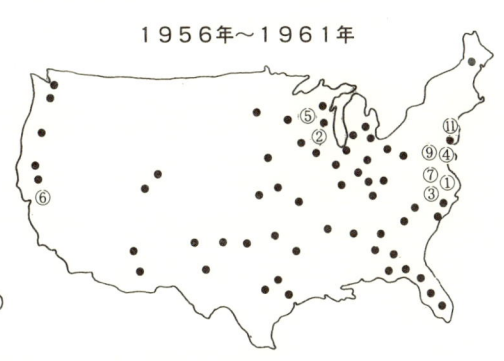

1956年～1961年

図7-2　教育テレビジョン関係部局の推移

出典）*Ford Foundation for Adult Education; Ten Years Report*, p.21-22
注）●は開局した教育TV局

表7-2 フォード財団成人教育基金補助金リスト (1951年-1961年)

| | 補助団体 | 機関及びプロジェクト | 補助金$ | | 補助団体 | 機関及びプロジェクト | 補助金$ |
|---|---|---|---|---|---|---|---|
| I | 全米教育委員会 | | | 9 | | デンバー学校区 (コロラド) | 100,000 |
| 1 | | 教育TV要員養成委員会 | 55,000 | 10 | | デトロイト教育TV財団 | 100,000 |
| 2 | | 教育TV委員会 | 39,836 | 11 | | フロリダ大学 | 39,836 |
| 3 | | 教育TV合同委員会 (JCET) | 578,371 | 12 | | 大シンシナチ教育TV財団 | 100,000 |
| 4 | | 教育TV全米市民委員会 | 788,813 | 13 | | 教育TV協会 (ジャクソンビル FA) | 100,000 |
| 5 | | 教育TV施設調査委員会 | 8,206 | 14 | | 大ニューオルリンズ教育TV財団 | 100,000 |
| 6 | | 教育TV技術助言委員会 | 90,000 | 15 | | ヒューストン大学 | 34,449 |
| 7 | | 教育TV番組研究センター | 33,768 | 16 | | イリノイ大学 | 100,000 |
| II | 大シンシナチ教育TV財団 UHFプロジェクト | | 10,000 | 17 | | インディアナ大学 | 37,449 |
| III | アイオワ州立大学教育TV開発プロジェクト | | 360,000 | 18 | | メンフィス地域教育TV財団 | 124,990 |
| IV | ローウェル教育協会ネットワーク建設 (ボストン) | | 450,000 | 19 | | NY教育TV協会 | 36,600 |
| | WGBH-FM ネットワーク開発 | | 100,000 | 20 | | フィラデルフィア教育TR協会 | 150,023 |
| V | 全米教育放送者協会 (NAEB) | | | 21 | | ピッツバーグ教育TV局 | 150,000 |
| 1 | | TV番組モニター研究会 | 53,000 | 22 | | ミシガン州立大学 | 100,000 |
| 2 | | RT特別番組開発 | 61,480 | 23 | | ミルオーキ職業成人教育委員会 | 100,000 |
| 3 | | 教育TV技術研修会 | 26,000 | 24 | | ネブラスカ大学 | 100,000 |
| 4 | | 教育TVワークショップ | 43,300 | 25 | | ニューハンプシャ大学 | 100,000 |
| 5 | | 教育TV建設助言委員会 | 7,500 | 26 | | ニューメキシコ大学 | 500,000 |
| 6 | | 教育TV局専門補助委員会 | 82,500 | 27 | | ニューヨーク大学 | 62,900 |
| 7 | | NAEB & 教育TVセミナー | 10,000 | 28 | | ノースキャロライナ大学 | 100,000 |
| VI | 全米教育 T&R センター (NETRC) | | | 29 | | オハイオ州立大学 | 100,000 |
| 1 | | ラジオ特別シリーズ制作 | 15,000 | 30 | | セントルイス教育TV委員会 | 149,990 |
| 2 | | 教育T&R番組開発交換計画 | 4,350,000 | 31 | | シラキュース大学 | 30,200 |
| 3 | | 教育TV番組制作及び訓練計画 | 108,785 | 32 | | テキサス大学 | 40,200 |
| 4 | | 番組利用補助 | 200,000 | 33 | | 二都市地域教育TV協会 (ST&MI) | 100,000 |
| 5 | | TV技術コンサルティング | 26,824 | 34 | | ユタ大学 | 100,000 |
| VII | 太平洋基金 教育TV利用実験計画 | | 158,800 | 35 | | WGBH教育財団 (Boston) | 150,100 |
| VIII | 全米教育TV局建設計画補助 | | | 36 | | ワシントン大学 | 150,000 |
| 1 | | アラバマ大学 | 100,000 | 37 | | ウイスコンシン州ラジオ委員会 | 99,950 |
| 2 | | ダラス郡地域教育TV財団 | 100,000 | IX | シウクス市 (アイオア) 教育番組視聴効果実験研究 | | 11,500 |
| 3 | | アリゾナ大学 | 40,000 | X | 教育TV建設補助に関する基金の補助計画 | | 62,100 |
| 4 | | アトランタ教育委員会 | 100,000 | XI | 教育番組制作実験計画への基金の補助 | | 20,500 |
| 5 | | 湾岸地域教育TV協会 (S・F) | 150,000 | | アイオワ大学教育TV設備購入特別補助 | | 79,100 |
| 6 | | 中央カリフォルニア教育TV | 150,000 | | 教育TV局訪問面接調査費 | | 9,100 |
| 7 | | シカゴ教育TV協会 | 150,000 | | 教育TV&R全米ワークショップ補助 | | 325,000 |
| 8 | | ダド郡教育TV委員会 (フロリダ) | 100,068 | | 計 | | 11,811,800 |

出典) *Ford Foundation and Educational Television 1966*, Ford Foundation Archives

2) 1959年1月-1961年6月 (教育テレビジョン発展期)

　この時期は公共放送局の発展期、離陸期と言ってよい。放送局が増加し、放送時間が延長された。また全米教育テレビジョン・ラジオセンター (NETRC) の機能も強化されていった。

　1957年までに28局が放送を開始し、それぞれ毎週平均31時間放送を行った。この放送時間のうち1/2は教育テレビジョン・ラジオセンター (ETRC) からの番組の放送であった。1959年までに合計48局が放送を開始したが、リ

ポートによると「1週間の放送時間は各局平均48時間へ延長され、視聴者も7000万人に達した」[32]と推定されている。1961年までに56局が成立し、毎週10時間の番組をセンターから供給され、32局が基金の援助によって開局にこぎ着けた。

1951年から61年にかけて財団が教育テレビジョンに援助した資金は6000万ドルにのぼる。また成人教育基金の援助額は1200万ドルである。(表7-2参照)こうした援助によって初期の教育テレビジョンは放送を開始することができたが、リポートは「財団からの初期のリスクの大きい投資がなければ、教育テレビジョンは離陸できなかっただろう」と述べ、さらに「成人教育基金は、まさに個人の篤志事業として、劇的な、直接的な成果を得ることができた。」[33]とも述べている。

(3) 番組供給機関の設立
1) 教育テレビジョン・ラジオセンター（ETRC）の設立

最初の教育テレビ局の放送開始に先だって1949年、R.ハドソン（Robert B.Hudson）は成人教育基金会長のS.フレッチャーと会い、番組供給機関の設立を進言した。その理由として、①地方局が単独で番組を制作し、放送時間を充足させることは不可能であろう、②教育テレビジョン設立に努力している人々は知識を吸収するために外部で制作された番組を必要とする、③地方で制作された番組は、相互に開放される必要があるとした。R.ハドソンはイリノイ大学でイリノイ大学公共放送局長をつとめ、W.シュラムや学長のG.ストッダードと協力して放送局の運営に努力した人物である。彼は、1949年にイリノイ大学アラートンハウスで開かれた放送教育研究集会アラートンハウスセミナーの席上で、先の提案を行ったのである。

1952年成人教育基金はR.ハドソンの提案を討議した結果、番組供給、交換センターの設立を決定し、R.ハドソンに計画案を立案するよう要請した。R.ハドソンは教育テレビ・ラジオセンターの設立の目的を次のようにまとめた。

「① 人々の福祉の増進のために教育テレビ・ラジオの進歩を促進するため

② 知識と情報の交換のために
③ 番組の分析と教育目的への効果分析のために
④ 教育テレビ・ラジオ番組開発の助言と援助のために
⑤ 番組利用促進のために
⑥ 学校の教室、家庭における成人、グループなどの学習目的に適合させるため
⑦ センターの目的に適合する研究開発を援助し支持するために」[34]

1952年10月に、成人教育基金はミシガン州アナーバに教育テレビジョン・ラジオ番組センター ETRC (the Educational Television and Radio Center) を設立するために130万ドル（後に1954年に300万ドル追加）を支出した。結局ETCRはその年の11月22日に財団法人として開設された。ETRCの役割は各地方局で制作された番組を収集し、分配し、交換して加盟局や教育機関へ提供することであった。さらに、開局している教育局への番組制作の指導、制作主幹局に対する財政援助、収録、技術協力、調査研究協力なども行った。番組配布業務は1954年5月16日に正式に開始され、1週間5時間分の番組が1パッケージとして各局に提供された。

フォード財団は良質の番組を全国規模で放送することが教育放送局の使命であると考え、次のように補助金提供の基準を明確に示している[35]。

① 高品質の情報的、教育的、文化的番組の制作、複製、配布、促進へ限定すべきである。（番組の質に関する基準はスピアマンがBBCの番組綱領に沿って示したガイドラインに従っているものと思われる。）財団はここで文化の向上を明確に示している。

② 1年間に利用可能な番組の50％は公共問題、国際問題を扱う番組にすべきである。

③ ETRCは教育局から大部分の番組を購入する義務はない。なぜなら、ETRCの唯一の目的は高品質の番組をいかにして獲得するかであるからである。無制限に加盟教育局から番組を購入しないという、番組の質にこだわる財団の姿が明確になってくる。

④ 番組視聴促進のために、必要なら補助金の5％を使用することができ

る。財団はここで番組利用促進のために補助金を割くことを認めている。

⑤　間接費用として15％以上を使用してはならない。

フォード財団は、番組の質、番組の種類、番組の調達先を明確にし、番組利用促進の目的に補助金を利用することを認めた。報告書は、「ETRCネットワークのほかに、教育放送局を援助する機関を作るべきだ」[36)]と提案している。この提案はその後公共放送サービス PBS (the Public Broadcasting Service)、公共放送協会 CPB (the Corporation for Public Broadcasting) が公的機関として設立される契機となった。

また、「マックニール、レーラーアワー」に見られるように、社会問題を討論する広場として公共放送を位置づけることとなった。

2) ETRC から NETRC へそして NET へ

63年リポートによると、成人教育基金は財団に対して「財団は1963年9月に600万ドルの補助金を NET 1964年予算として支出すること、そして6月に180万ドルを支出しその後3回に分けて支出すること」[37)]を勧告した。その後毎年600万ドルの支出を提案している。

1959年教育テレビジョン・ラジオセンター (ETRC) は「全米」の名前をつけ名称を全米教育テレビジョンセンター NETRC (the National Educational Television and Radio Center) にかえ、本格的な活動に備えて本部をミシガン州アナーバからニューヨーク市へ移した。"ナショナル"の名の示すようにセンターは全国規模の教育テレビジョン・ラジオ番組の配給に乗り出したのであるが、これもフォード財団の資金援助があってはじめて可能になったことである。また1961年、教育テレビジョン連合委員会（JCET）は教育放送合同委員会 JCEB (the Joint Council on Educational Broadcasting) と名称を変更し、教育 TV に限らず広く放送による市民教育、大学教育、学校教育の研究へと行動の重心を移していった。

NET は加盟局に美術、時事問題、子ども向け番組を週10時間供給した。大多数の番組は加盟局が制作したものである。

NETCR は1962年ラジオ部門を切り離して全米教育テレビジョン（NET）となりテレビジョン番組に的をしぼって、より豊富な良質の教育番組を全国の

表7-3 放送時間にしめるNET番組比率

| 放送時刻 | 放送時間 | | NET番組比率 |
| --- | --- | --- | --- |
| プライムタイム | 総放送時間 | 1,921時間 | 100% |
| (午後7:00-10:00) | NET番組 | 1,083時間 | 56.4 |
| 全放送時間 | | 5,775時間 | 100% |
| (午後5:00-10:30) | NET番組 | 1,872時間 | 32.4 |

出典) *A National Noncommercial Broadcasting 1963*, p.21

公共放送局へ提供することとなった。

3) ETRC と NET の貢献

NETネットによる番組供給によって加盟放送局は毎週10時間放送を行うことができた。そのうち平均して5時間は自局制作番組で、残りの5時間はNETネット番組で埋めた。

表7-3で明らかなように、加盟局はプライムタイムのうち56.4%をNET番組で編成している。利用の比率は新しく開局した放送局ほど高く、長い経験を持つ放送局ほど低い。上記の資料は1962年10月1日の加盟局69局の1週間の放送時間である。平均83時間となる。

NET番組利用状況をボストン公共放送TV局 (WGBH) とイリノイ大学公共放送TV局 (WILL) の例で示す。1955年8月1日にテレビ放送を開始したWILLの1954年-1955年報によると、放送日数は237日、放送時間は561時間となっている。このうち自局制作番組（サスプロ）は260時間（45%）、ETRCから配信された番組による放送は263時間（46%）、その他フィルムや他局の制作番組によるもの52時間（9%）である[38]。

また同時期に開局したWGBHの場合、総放送時間は1031時間でこのうち自主制作番組による放送は634時間50分(61.5%)、ETRCより配信された番組による放送は295時間45分(28.7%)その他が100時間(9.8%)となっている[39]。このように、ETRCの供給する番組は加盟局にとって不可欠なものであった。1962年以降NETと名前を変えた番組供給機関の全米教育テレビジョンは加盟局の中で番組制作能力に優れた放送局に番組制作を依頼し供給を受けた。これらの局に対してフォード財団は開局当初から多くの補助金を支出してい

第7章　公共放送発展におけるフォード財団の貢献とその思想　161

東部・中西部・南部　ネットワーク　主要17局（1963年）

る。例えば主要7局へは15万ドルをまず支出する。（表7-1参照）そして最大のプロデューサーであるボストン公共放送局（WGBH）に対して、番組開発のために45万ドルを別個に支出している。NETが扱った番組は、①時事問題と行動科学に関する番組、②青少年向け番組、③人間性と芸術を取り上げた番組、④科学と社会問題の番組の4種類である。

こうした番組は、公共放送だけでなく商業放送の番組の質の向上をもたらした。

また、教育放送の無い地域の商業放送局へ無償で提供された。NETは加盟局から番組利用費を徴収したが、地域の人口の多寡に応じて年間7200ドルから1万8700ドルまで幅をもって徴収した。報告書によると、フォード財団は、「NET番組の供給能力を向上させ、少なくとも加盟局の1週間の放送時間のうち10時間を埋めたい」[40]と考えていたようである。

## 5 番組開発への援助

フォード財団は番組制作能力の向上を目的として各種の援助を行った。表7-2に明らかなようにNAEBへの補助金は番組開発、ワークショップを目的としたものであり、ETRCへの援助はまさしく番組制作そのものへの援助であった。これらの援助によって明らかとなった活動のいくつかを紹介する。

### (1) 総合番組「オムニバス」の開発

ガイザー報告に報告されたフォード財団が支援した活動のうち第一の貢献は、宣伝・娯楽中心の商業放送の放送の中で、人々にテレビとラジオの文化的利用の可能性を認知させ番組改善の道筋をつけたことである。

1951年から56年にかけて、制作された番組のうちで最も意欲的で独創的でよく知られた番組は「オムニバス (Omunibus)」である。このテレビ番組は1952年にCBSから最初に放送され、文学、音楽、美術、歴史、科学などを取り上げ、毎週日曜日の夜放送された。番組経費は一部スポンサーが支出したが、不足分をフォード財団が補塡した。5放送年度に必要とした制作費は500万ドルで、このうち300万ドル（65億円）をフォード財団が援助した。

オムニバスの番組制作上の理念は、商業放送番組にひけを取らない視聴者に魅力的な番組を制作することであった。この番組は成功して数々の賞を獲得し、番組制作上のモデルとなった。（この点で1970年代に開発されたセサミ・ストリートとよく似た結果を生んだ。）しかし、1956年以後は中止された。その理由は商業放送においても同種の番組が登場して視聴者の関心を集めたことと、もっと大きな理由は、ネットワークを持たなかったからである。ネットワークがないと限られた視聴者しか番組を見ることができず、経済効率が悪いと判断されたからである。この結果をふまえ、フォード財団は公共放送ネットワークの構築に乗り出し、東部、南部、中部、西部の4つのネットワークを作り上げた。

(2) ボストン公共放送TV局（WGBH）

　WGBHは全国対象番組制作のために1969年から73年にかけて290万ドルをフォード財団から受け取った。この補助金は、ロスアンジェルスのKCET局と共同で制作した「アドボケイト」と、ボストンポップスオーケストラの協力によって制作した「夜のポップス」の制作費として使用された。WGBHはまた6歳から12歳向けの子ども向け科学番組「ズーム」の制作にもあたった。この結果WGBH-TV局はNET傘下で最大のプロデューサー（番組制作局）に成長した。

(3) チルドレンテレビジョン・ワークショップ（CTW）ニューヨーク

　セサミ・ストリートは1969年就学前教育番組として開発され放送された。1968年CTWはNETを通してフォード財団から25万ドルを番組制作用に受領した。財団は連邦政府教育局、カーネギー財団、公共放送協会（CPB）などから提供される補助金の中心部分を受け持った。最初の26週間シリーズが完成して公共放送網に流されたが、このことによって1970年にCTWは子ども番組制作の主幹局として認められた。1970、71、72年のフォード財団は総額で500万ドルの資金をCTWへ提供した。CTWはさらに「エレクトリックカンパニー」の制作に乗り出し、フォード財団はこの計画へも600万ドルの補助を行った。

## 6　学校向け番組開発および効果調査

　1950年代は学校の教室へ教授メディアとしてテレビが導入された時代である。学校の児童数は戦後のベビーブームの影響により増加し、特に中学校と高等学校ではピークに達していた。1957年にソビエトの宇宙船スプートニクが打ち上げられた結果、児童生徒の基礎学力特に理科と数学の学力向上を画るにはどうしたらよいかの議論が盛んになった。一方テレビがアメリカの家庭の中に急速に普及していった。

　フォード財団の教育革新基金のスタッフは報告書で「学校は教育技術や大

学進学だけに熱心な教師に占領されている」[41]と分析している。そしてテレビはこうした教師にインパクトを与え教育を革新するメディアだと考えた。10年間に財団は3000万ドルを公立学校にテレビを導入するために補助した。以下は教育テレビ普及のためにフォード財団教育革新基金が採用した戦略である。

(1) ヘーガースタウン・プロジェクト

1956年から1961年にかけて5年間にわたり、フォード財団教育革新基金が100万ドル（18億円）を支出してメリーランド州ワシントン郡ヘーガースタウン（Hagerstown）において閉回路教育テレビの効果実験を行った。郡内の公立小中高等学校55校2万5000人の児童生徒が参加する大規模な実験プロジェクトであった。実験群と非実験群とによる比較研究の結果、教育委員会は低コストで質の高い教育を学校に提供することができると報告した。このプロジェクトは放送利用教育のモデルとなり、多くの見学者が訪れた。この実験を受けて、財団は、大都市（ボストン、シカゴ、デンバー、サンフランシスコ）などに公立学校テレビ利用全国プロジェクトを設置した。この実験を通して、教師がテレビを教育に利用することにより、テレビは教師の労働を軽減し、教授の質を向上させることが明らかになった。プロジェクトの結果について、日本からの訪問者やシュラムによる紹介と報告がある[42]。

(2) 中西部航空機教育テレビジョン・プロジェクトMPATI (Mid-west Program of Airborn Television Instruction)

インディアナ州のラファイエット（Lafayette）の6000メートル上空に飛行機を飛ばし、中西部のインディアナ、イリノイ、ケンタッキー、ミシガン、オハイオ、ウイスコンシンの各州を含む半径200マイルの地域へ航空機から録画テープを再生して教育番組を送り届ける実験で、地方の小さな学校の教育条件を改善する目的を持っていた。6州の500万人の児童生徒がこの実験による恩恵に浴した。財団は1959年から66年までの7年間に1470万ドル（320億円）の援助を行った。この実験は放送衛星を利用して学校放送番組を送り

届けるシステムの先鞭となったが、公共放送のネットワーク化が進み、マイクロウエーブによる番組の電送が可能になり中止された。フォード財団の情熱を傾けた実験であった。「空の放送局」として日本にも紹介されたこの実験についてメアリー・ハワードがまとめている[43]。

(3) 教師教育—コンチネンタル・クラスルーム

　高等教育におけるテレビの役割についての研究者J.ジグレル（James Zigerell）はフォード財団によるリポート『テレビジョンによる学習（1966）』を引用して「テレビジョンは教育における強力な手段である」と述べ、フォード財団について「初期の最も忠実な教育テレビジョンの支持者」[44]と説明している。

　J.ジグレルは「学校の教室や大学における教育はもはや唯一の教育ではなくなり、社会的経済的変化に伴い多くの成人への様々なメディアによる教育が必要な時代となってきている。テレビジョンはこうした教育への手段として期待されている。」[45]と述べた。J.ジグレルは、教師教育について1958年フォード財団が資金を提供して、NBCが制作、放送した「コンチネンタル・クラスルーム」を高く評価し、「教師はテレビジョンが紹介する教室実践を視聴して、彼らの教育技術を改善した」[46]としている。

　この番組は、フォード財団の財政的援助を受け、全米のNBCネット局150局の参加のもとに、理科教育改善を目的として1958年から1963年までおよそ5年間にわたり放送された。放送の契機となった事件は、1957年10月14日、ソビエトによる宇宙船スプートニクの打ち上げである。この事件はアメリカの理科教育がソビエトより遅れていることを証明したとして、全米に大きな衝撃を与えた。アメリカ政府はMITの学長J.キリアン（James R. Killian, Jr.）を理科教育の最高顧問に迎え、理科教育の改革に乗り出した。キリアンは理科教師の再教育が必要であることを時の大統領アイゼンハワーに進言し、放送により実施するよう計画を立てた。J.キリアンは後に公共放送カーネギー委員会の議長となる。この計画は商業放送のナショナル放送会社NBC（the National Broadcasting Company）が引き受け、フォード財団が資金を提供

した。最初の番組は「原子時代の物理学」でカリフォルニア大学バークレー校のH.ホワイト教授（Harvey White）が担当した。2年目には「化学」が、そして3年目には「数学」が放送された。番組は東部時間の午後6時から6時30分まで放送され、150万人が視聴し5000人の教師が270教育機関から単位を取得した。フォード財団は番組制作経費として総額1700万ドル（現行で約30億円）を支出した。コンチネンタルクラスルームは明らかにテレビジョンによる教師教育の最初の試みであり、全国放送の講座番組の価値ある実験であった。

## 7　フォード財団の公共放送に果した役割

### (1) 篤志主義の原点：キリスト教主義

　フォード財団は全米にあるおよそ50万の慈善事業体の一つである。こうした慈善事業体は、主として教会、大学、病院によって運営され、個人的な富を公衆の福祉のために役立てている。「1954年には400億ドルが慈善事業に投じられた」とD.マクドナルドは記した。歴史的には慈善財団は皇帝や王から認めれれた団体で、中世においては教会や僧院が法的な意味において慈善団体であった。しかし、公衆の福祉や人間性の向上を目的とした大富豪による篤志財団（Philanthropic Foundation）は、20世紀のアメリカの産物である。D.マクドナルドによると「フォード財団は少なくともその規模においてアメリカの篤志財団の最高峰である」[47]

　『アメリカ高等教育史における博愛主義』を著したJ.シアーズ（J. Brundage Sears）によれば「博愛主義（Philanthropy）はキリスト者が持つべきすべての徳として示され、報酬を求めず経済的奉仕者として人々に貢献する思想」であり、そして「最も明白な行為は寄付（Endowment）行為である。」[48]彼は17世紀から18世紀にかけて創設されたハーバード大学に代表されるアメリカの初期の大学群がこうした宗教的な博愛主義によって創設されたことを、多くの大学史を詳査することによって証明した。アメリカにおいては、伝統的にキリスト教に基盤を置く篤志主義が教育の発展に寄与してきた。

第7章 公共放送発展におけるフォード財団の貢献とその思想 167

　19世紀末から20世紀の初頭にかけて設立された巨大な篤志財団は、教育に強い関心を示し、既存の教会や学校の同窓会と協力して教育の発展に努めた。J．シアーズはこれを教会や同窓会への「補完的役割」[49]と呼んだ。巨大財団の武器は財力であった。そこで教育分野において教会や同窓会がなしえなかった新しい事業に進出した。フォード財団が新しいメディアとして登場した放送による教育に強い関心を寄せたのは、こうした理由からである。

(2) 富の分配論

　すでに述べたように、篤志主義（博愛主義）の原点はキリスト教である。A．カーネギーが「富の福音」で主張したことは、富の分配論である。彼は「カーネギー製鉄所の経営で最も苦労したことは、人間関係である」[50]と述懐している。企業が大きくなればなるほど経営者と労働者の人間関係は希薄になる。労働者は経営者を知る機会がなく、経営者も労働者を知る時間がなくなる。人間関係回復の手だてとしてカーネギーは富の分配を考えた。

　彼の自叙伝によると「分配は富の偏在をただし、人々を満足させる。私は私の成功のために貢献してくれた人々へ、会社を売却して得た利益の5％を分配した」[51]と記し、労働者の労苦に報いることによって人間関係の回復を図った。カーネギーは図書館王と呼ばれるほど多くの図書館を各地に寄付し、また大学教員の年金設立に多額の寄付をしたことでも知られている。彼は富の分配が神のみ心に叶うものと信じてこれを実行したのである。

　カーネギーの思想は多くの篤志財団の運営に影響を与えた。フォード財団も例外ではなかった。

(3) 教育革新の時代

　フォード財団がガイザー報告書に基づいて、教育の振興を目的とする2つの基金を設立した1950年代はソビエト連邦がアメリカに先立って人工衛星スプートニクを打ち上げた時代である。1957年10月に1号が、引き続いて11月に2号が打ち上げられた。アメリカはソ連に人工衛星の打ち上げに先を越されたことに強い衝撃を受け、その原因は科学の進歩の遅滞であるとした。ア

メリカ政府はマサチューセッツ工科大学長のJ.キリアンを大統領科学教育助言委員会の会長に迎え、科学教育の振興策を練った。J.キリアンはハーバード大学長J.コナントと協力して1955年ボストン公共放送TV局(WGBH)の設立に貢献し、後に「教育テレビジョンに関するカーネギー委員会」の会長に就任にした経歴を持つ故に、放送による教育に強い関心を示した。1950年代は公共放送局の開局の時代であり、この新しいメディアが教育の革新の担い手として注目された。フォード財団はこのような時代の潮流を感じ取り、教育メディアの育成に資金を投じたのである。

(4) 1977年における公共放送への補助の終焉

1977年フォード財団が発表した「非商業放送1951年－1967年におけるフォード財団の活動」には次のような文章が見られる。

「現在公共放送は毎週2000万人の視聴者を引きつけ、全世帯の3分の1が公共放送番組を見るようになった。また公共放送局が得る収入も1975年の1億7500万ドルから1975年の2億6400万ドルへと増加し、その結果財政的に安定してきた。連邦議会も財政的援助を行いつつある。1977年までにフォード財団は、総額で2億9000万ドルの資金を公共放送発展のために支出して来たが、その成果は明らかである。今後は、公共放送に対しては、特別な目的やプロジェクトに限って小さな基金は交付され続けるであろう。」[52]このようにフォード財団は、公共放送発展への目的は達成されたものとして、大型の補助金の支出を打ち切った。1967年に成立した公共放送法に基づき設立された公共放送協会（CPB）を通して、公共放送局へ連邦から補助金が支出されるようになった。さらに1969年には番組供給機関として公共放送サービス（PBS）が設立され、加盟公共放送局へ安定的に番組供給を開始した。さらに、1969年にCTW制作の「セサミ・ストリート」が公共放送局を通じて放送を開始し、公共放送の声価を高めるに至った。

こうした経緯からフォード財団はほぼ20年にわたる公共放送育成の使命を終えることにしたのである。支出された補助金の総額は2億9000万ドル、現在の貨幣価値になおすとおよそ5200億円にのぼる[53]。その貢献はアメリカ社

第7章　公共放送発展におけるフォード財団の貢献とその思想　169

会で今なお高く評価されている。

資料　1951年－1976年6月までの補助金のリスト

総額　290,291,333ドル
TV　289,008,706ドル
R　　　1,282,627ドル

出典）*Ford Foundation Activities in Noncomercial Broadcasting 1951-1976*
この金額は現在の貨幣価値に換算しておよそ5400億円となる。

詳細

Ford Foundation grants and expeneditures for educational broadcsting: fiscal years 1951-June 10, 1976

| Fiscal Year | TV and Radio | Television | Radio |
|---|---|---|---|
| Total | $ 290,291,333 | $ 289,008,706 | $ 1,282,627 |
| 1951 | 1,439,091 | 946,291 | 492,800 |
| 1952 | 2,646,106 | 2,646,106 | 0 |
| 1953 | 4,490,021 | 4,339,116 | 150,905 |
| 1954 | 4,776,068 | 4,776,086 | 0 |
| 1955 | 3,139,195 | 3,139,195 | 0 |
| 1956 | 9,979,675 | 9,979,675 | 0 |
| 1957 | 4,749,720 | 4,674,970 | 74,750 |
| 1958 | 3,965,932 | 3,765,932 | 200,000 |
| 1959 | 11,126,112 | 11,113,512 | 12,600 |
| 1960 | 7,708,701 | 7,707,201 | 1,500 |
| 1961 | 8,140,359 | 8,125,359 | 15,000 |
| 1962 | 19,580,006 | 19,580,006 | 0 |
| 1963 | 7,423,652 | 7,423,652 | 0 |
| 1964 | 7,560,522 | 7,560,522 | 0 |
| 1965 | 7,171,903 | 7,171,903 | 0 |
| 1966 | 16,288,700 | 16,288,700 | 0 |
| 1967 | 23,000,544 | 22,962,544 | 38,000 |
| 1968 | 10,998,411 | 10,961,911 | 36,500 |
| 1969 | 25,301,843 | 25,116,271 | 185,572 |
| 1970 | 17,098,172 | 17,023,172 | 75,000 |

| 1971 | 18,155,198 | 18,155,198 | 0 |
| 1972 | 19,103,000 | 19,103,000 | 0 |
| 1973 | 10,683,699 | 10,683,699 | 0 |
| 1974 | 28,974,773 | 28,974,773 | 0 |
| 1975 | 3,680,000 | 3,680,000 | 0 |
| 1976-10 | 13,109,930 | 13,109,930 | 0 |

出典) *Ford Foundation Activities in Noncommercial Broadcasting 1951-1976*
注) 補助金は2つの基金とフォード財団本体が支出した金額を含む

注

1) Ralph Engelman (1996), *Public Radio and Television in America: a political history*, Sage Publications, Inc, p.135
2) Robert J.Blakely (1979), *To Serve the Public Interest-Educational Broadcasting in the United States*, Syracuse University Press, p.84-85
3) Ford Foundation (1963), *A National Noncommercial Television Service*, For F.F Staff Ford Foundation Archives No.001106, p.2
4) Ford Foundation (1963), *ibid.*, p.3
5) Ford Foundation (1963), *ibid.*, p.34
6) Ford Foundation (1963), *ibid.*, p.34-35
7) Ford Foundation (1963), *ibid.*, p.36
8) Ford Foundation (1963), *ibid.*, p.37
9) Ford Foundation (1963), *ibid.*, p.39
10) Ford Foundation (1963), *ibid.*, p.41
11) C.シープマン 真木進之介、曽田規知正訳 (1954)『テレビと教育』法政大学出版局
　　C.シープマンの調査によると、1952年に37大学がテレビによる授業を行っていて、多くは地域の商業放送局に依頼して授業番組を放送している。授業番組は大学のスタジオで制作されたものと商業放送局で制作されたものがある。また地域の大学が協力して放送による教育を実施し、小中高等学校向け放送は少ない。p.97-98
12) Dwight Macdonald (1989), *The Ford Foundation the man and millions*, Transaction Publisher, p.3-4
13) A.ニールセン 林雄二郎訳 (1984)『アメリカの大型財団』河出書房、p.90
14) Dwight Macdonald (1989), *ibid.*, p.90
15) Dwight Macdonald (1989), *op.cit.*, p.45-46
16) Andrew Carnegie (reprinted 1986), *The Autobiography of Andrew Carnegie*, Northeastern University Press, p.249
17) Andrew Carnegie (reprinted 1986), p.249
18) 聖書の中に多くの表現がある。ヨハネの手紙Ⅰ 3章17節、福音書には「富める者は貧しい人たちに分け与えなさい。そうすれば天に宝を積むことになる」と記されてい

る。マタイ19章21節～23節、マルコ10章21節、
19) Ralph Engelman (1996), *op.cit.*, p.143
20) Andrew Carnegie (reprinted 1986), *op.cit.*, p.245
21) Richard Magat (1979), *The Ford Foundation at Work*, Plenum Press, New York, p.18-19
22) Fund for Adult Education (1963), *Ten-year Report of the Fund for Adult Education*, Box 4, Folder7, The National Archives of Public Broadcasting, p.10
23) Ford Foundation (1963), *op.cit.*, p.11
24) Ralph Engelman (1996), *op.cit.*, p.137
25) 1950年10月27日付けの国有地交付大学協会発行の回覧によると、第8項目に「テレビジョンのヒアリングについて」があり、「FCCからオハイオ大学教授キース・タイラー氏へヒアリングが行われ、まもなくチャンネル割り当てが開始されるだろう」となっている。
26) Ford Foundation (1977), *Ford Foundation Activities in Noncommercial Broadcasting 1951-1976*, Ford Foundation Archives p.5
27) Ralph Engelman (1996), *op.cit.*, p.138
28) Robert J.Blakely (1979), *op.cit.*, p.84-85
29) C.P.B. (1987), *History of Public Broadcasting*, Current Newspaper N.Y, p.10
30) Edwin L.Glick (1970), *WGBH-TV : The First Ten Years*, Doctrial Dissertation WGBH Archives, p.47
31) George Stoddard (1952), *Fact about The University of Illinois and Television*, University of Illinois Archives, p.3
32) Fund for Adult Education (1963), *op.cit.*, p.24
33) Fund for Adult Education (1963), *op.cit.*, p.25
34) Robert M.Pepper (1979), *The Formation of the Public Broadcasting Service*, University of Wisconsin Press, p.23
35) Ford Foundation (1963), *op.cit.*, p.54
36) Ford Foundation (1963), *op.cit.*, p.54
37) Ford Foundation (1963), *op.cit.*, p.59
38) WILL (1955), *WILL Annual Report 1954-1955*, University of Illinois Archives, p.2
39) Lowell Institute Cooperative Broadcasting Council (1956), *Annual Report 1955-1956*, WGBH Archives, p.6
40) Ford Foundation (1963), *op.cit.*, p.33
41) Richard Magat (1979), *op.cit.*, p.115
42) 白根孝之 (1965) テレビ学習の長期累積効果(1)(2)「ヘーガースタウン5ヶ年計画の報告」雑誌『放送教育』1965年(昭和40年) 4月号 p.46-49 5月号 p.68-71
　　Wilbur Schuram (1967), *Instructive Television : Promises and Opportunity*, NAEB

January, p.3
43) Smith, Mary Howard (1961), *Midwest Program on Airborn Television Instruction*, New York MacGraw Hill
44) James Zigrell (1991), *The Uses of Television in American Higher Education*, Praeger, p.4
45) James Zigrell (1991), *ibid.*, p.6
46) James Zigrell (1991), *ibid.*, p.22
47) Macdonald Dwight (1989), *op.cit.*, p.37
48) Jesse Brundage Sears (1990), *Philanthropy in the History of American Higher Education*, Transaction Publisher, p.1
49) Jesse Brundage Sears (1990), *ibid.*, p.81
50) Andrew Carnegie (reprinted 1986), *op.cit.*, p.245
51) Andrew Carnegie (reprinted 1986), *op.cit.*, p.247
52) Ford Foundation (1977), *Ford Foundation Activities in Noncomercial Broadcasting 1951-1976*, Ford Foundation Archives, p.22
53) 貨幣価値の換算はエコノミスト臨時増刊号（1997年4月）『米国経済白書』によりインフレ率を600％とし、1ドルを360円として算出した。

## フォード財団の系譜

| |
|---|
| 1936年<br>　フォード財団はヘンリーフォードと息子のエドセル・フォードの寄付金2万5000ドルを基金にミシガン州デトロイトに設立された。エドセル(Edsel Ford)が会長に就任<br>1936-1950年<br>　基金は主としてフォード家の利子に限られ、支出もヘンリーフォード病院とエジソン研究所に集中していた。<br>1937年<br>　ヘンリーとエドセルはフォード自動車会社の決議権のない株式12万5000株を財団へ寄付<br>1943年エドセル死去、彼の息子のヘンリー・フォードⅡ世が会長に就任<br>1947年ヘンリーフォード死去<br>1950年<br>　フォード家から分離し公式に財団法人組織となる。会長にホフマン(Paul G.Hoffman) が就任する。彼は実業家でマーシャル計画の指導者であった。<br>1951年<br>　財団は4人の信託委員を指名する。<br>　　シカゴ大学長ハッチンス（Robert M.Hutchins） |

## 第7章 公共放送発展におけるフォード財団の貢献とその思想

　　マーシャル計画ヨーロッパ大使カッツ（Milton Katz）
　　政府の農業専門家ディビス（Cherster A. Davis）
　　法律家で財団を国際的組織に育てた人物ガイザー（H. Rowan Gaither, Jr）
　ニューヨークを本部としパサデナ（CA）に計画本部を、デトロイト（MC）に、財政本部を置いた。
　将来の経営方針を示すガイザー報告書が発表される。この報告書に従って、3つの独立した基金を設立する。
　(1)　教育革新基金（the Fund for the Advancement of Education）
　(2)　成人教育基金（the Fund for Adult Education）
　(3)　東ヨーロッパ基金（the East European Fund）
　商業放送のテレビジョンとラジオの文化的利用の改善を目的に「ラジオとテレビジョンのワークショップ」を設立1951年－56年に300万ドル支出

1952年
　教育テレビジョン・ラジオセンター(Educational Television and Radio Center)が成人教育基金によって設立される。1959年に全米教育テレビジョン・ラジオセンター(the National Educational Television and Radio Center)と名称を変更し、ワシントンD.C.へ移転する。
　「オムニバス」がテレビジョン・ラジオワークショップによって制作された。

1953年
　パサデナ事務所閉鎖　ニューヨークに統合、会長にガイザー Jr. 就任

1956年
　メリーランド州ヘーガースタウンにおいて公立学校を対象に閉回路テレビ利用による教育実験を行う。(100万ドル1956－65)

1958年
　「コンチネンタル・クラスルーム（Continental Classroom）」がシカゴ大学を中心に制作され、大学レベルの教科を教えるために商業放送を使って実験的に放送された。
　(1958年－61年170万ドル)
　初等・中等教育改善計画が教師の参加を得て開始される。(1958年－67年3200万ドル)

1961年
　成人教育基金、教育革新基金廃止

1963年
　ニューヨーク東43番街に新社屋を建設
　教室テレビ利用実験終了（1951年－63年3010万ドル支出）
　全米向けに教育番組提供サービスを実施する全米教育テレビジョン・ラジオセンターの機能の強化に乗り出す。(1953年－70年9010万ドル支出)

1967年
　本部ニューヨーク320東43番街へ移転

　　　　公共放送ライブラリーへ1000万ドル拠出
1972年
　　　　ケーブルテレビ情報センターが250万ドルの補助によって設立される。
　　　　1972年－76年280万ドル支出
1973年
　　　　公共放送に対する4年間の最終的補助を4000万ドルとすることを発表
1977年までに総計2億9200万ドルが公共放送の発展のために支出された。
　　　上記の記録で明らかなようにフォード財団は1977年をもって公共放送への補助を打ち切ったのである。
　　　注) Richard Magat (1979), *The Ford Foundation at Work* をもとに作成した。

# 第8章 ボストン公共放送局とフォード財団およびハーバードグループ

　すでに述べたが、公共放送の発展の初期の段階におけるフォード財団の貢献は高く評価されている。公共放送の主幹局として成長したボストン公共放送局へのフォード財団の援助もまた大きいものがあった。その援助を3分類することができる。第1にボストン公共放送局開局時における援助、第2は公共放送番組制作局として番組制作費のための援助、第3は局舎の焼失に伴う緊急援助と東部放送網（ネットワーク）建設のための援助である。その他、大学教員が番組制作に参加した際にカットされる賃金の補充にあてる給与のための援助などがある。

　これらの補助金は、フォード財団の記録やボストン公共放送局年報に記載されているので知ることができる。

## 1　フォード財団とボストン公共放送局

　D.ホロビッツ（David Horowitz, 1995）はフォード財団とボストン公共放送局との関係を次のように述べている。「フォード財団が公共放送の援助に乗り出す前は、教育放送局は財政的理由から地方のホーム番組を制作し、自転車で番組を交換する『自転車ネット』と呼ばれる素朴な形式で番組の交換を行っていた。経営母体は大学や学校が主たるもので、利用者も学校や大学の学生であった。放送時間も平均して1日に8時間程度、こうした状況はフォード財団が公共放送の援助に乗り出すと一変した。例えば1時間番組の

マックニール、レーラーアワー（報道番組）は毎日9万6000ドルの経費がかかりこの番組制作費は公共放送が以前から制作していた同規模の番組『コスモス』や『シェークスピア劇場』などの3倍から4倍となっている。これらの番組の経費は商業放送番組より少ないとは言え、大学や地域社会が支出できる金額ではなかった。」[1)]

さらにR.エンゲルマンは「フォード財団の会長M.バンディ（Mcgeorge Bundy）とE.フォードはボストン公共放送局長H.ガンと親密な関係を持っていた。ボストン公共放送局はハーバード大学をはじめMIT、ローウェル協会、ボストン地域の4つの教育機関によって運営されていたが、ハーバード・グループによる放送局といっても過言ではない。初期のフォード財団の補助金によりボストン公共放送局は全米で番組制作局（Producer）としてトップの地位を占めることとなった。」[2)]と述べ、ボストン公共放送局の成長にフォード財団の財政的援助とハーバード・グループの貢献が不可欠の要素であったことを証言している。すでにこの事実については第6章で述べた。

フォード財団のボストン公共放送局への影響力は、フォード財団会長のM.バンディとラルフ・ローウェルの推薦によりボストン公共放送局長（アメリカ・プレイハウスの制作者）であったH.ガンがフォード財団へスカウトされ、公共放送サービス（PBS）設立の仕事を行ったことでも明らかである。

## 2 ボストン公共放送局開局時における援助

すでに6章1で述べたが1953年6月連邦逓信委員会（FCC）から非商業教育放送局としてチャンネル2を割り当てられると、すぐテレビ局の建設にとりかかり、5年間無償でボストン公共放送へ貸与することになっていたMIT所有の古いローラースケートリンクを改造してテレビ局を建てた。

そして、ラルフ・ローウェルは友人のH.ホドキンソンにテレビ局開局に必要な資金の調達について相談をして友人の持つ基金から35万ドルのほか、フォード財団から15万ドル、市民から14万5000ドルの資金を寄付されたことはすでに述べた。このように、ボストン公共放送局は、ボストンの大学、経

## 第8章 ボストン公共放送局とフォード財団およびハーバードグループ 177

営者、市民、そして篤志財団の協力によって開局に漕ぎ着けることができたのである。

E.ウィークスは、特に「フォード財団の援助なくしてはボストン公共放送TV局の開局はなかっただろう」[3]と述べ、フォード財団の開局における資金援助、チャンネル獲得における援助などを高く評価している。

ボストン公共放送TV局の開局には多くの資金が必要と見積もられた。フォード財団の教育革新基金の会長であったS.フレッチャーは、ラルフ・ローウェルが資金の面で開局に一時躊躇していたこと、それを教育革新基金の援助で払拭した経緯を1953年の初めに、ボストンにラルフ・ローウェルを訪問した思い出から次のように述懐している。

「私と副会長のG.グリフィス（G.H.Griffith）が最初に話題にしたのはボストン公共放送ラジオ局と放送している番組が優れているということであった。『このような優れた教育ラジオ局の運営に私たちは補助金を提供しているので、もしあなたがボストンで教育テレビジョン放送局を創設するなら15万ドルを支出致しましょう。』と申し出た。

ラルフ・ローウェルはクリスマスのサンタクロースに似て血色のよい頬とアーサー・フィドラー張りの白い顎鬚を蓄えていた。彼は椅子に深々と掛けて、『教育テレビについてはラジオ局の建設以上に解決しなければならない多くの問題を抱えている。私が、なぜこれ以上悩まなければならないのか』と言い、結局答えはノーであった。（注　A.フィドラーはボストン・ポップスの名指揮者）

数か月後私は再びボストンを訪問したが、この時はラルフ・ローウェル氏は銀行業務が順調に進んでいて、私が『もう一度教育テレビ局の建設についてご考慮頂けませんか』と申し出ると、この件について関心を示し私に援助について詳細に説明するようにと言い、結果は上々であった。こうして、ボストンにおける教育テレビジョン局の建設が軌道に乗ることになったのである。」[4]

このC.フレッチャーの証言から、フォード財団は積極的に教育局の開局の勧誘とそれに伴う資金援助を申し出ていたことが明らかになってくる。

## 3 番組制作の経費

　ボストン公共放送局年報1951－91には「ボストン公共放送TV局は、1975年以降公共放送サービス(PBS)が全米の公共放送局へ配信する教育番組の3分の1を制作するプロデューサーの役割を担うことになった。」[5]との記述が見られる。テレビの放送を開始して2年後の1957年に局長に就任したH.ガンは積極的に番組制作に取り組み次々に新しい番組を生み出していった。こうした努力の結果、ボストン公共放送局は公共放送局の中で第一の番組制作局の地位を築いたのである。フォード財団は積極的に番組制作費用をボストン公共放送局へ提供した。

　7章5の(2)で、すでにフォード財団より番組開発のための多額の援助資金を寄付金として受けとり、科学番組「アドボケイト」、音楽番組の「夜のポップス」、子ども向けの科学番組「ズーム」などの制作を共同で製作したことにふれた。これらの番組は1998年現在も放送されている。

　また、E.ウィークスによると1962年度に入りボストン公共放送局の学校向け教育番組「21インチクラスルーム」の放送時間を1週間12時間拡張させ充実させる計画がたてられた。番組制作に必要とされる経費は12週間で170万ドルと見積もられたが、この時もフォード財団は50万ドルを負担した[6]。

　PBSの前身である全米教育テレビジョンNETの資料によると、加盟公共放送局の1962年10月1日のプライムタイム（午後7時－10時）における合計放送時間1921時間のうち全米教育テレビジョンが配信した番組の占める割合は56.4％、1080時間であった。当時公共放送局の番組制作能力は高くなく、そのためフォード財団は番組供給を円滑に進める目的で補助金を出してNETを設立し、主要な公共放送局に番組制作を依頼し、番組を調達して多くの公共放送局にそれらの番組をNETを通して配信するシステムを作り上げた。ボストン公共放送局は主要な番組制作局（プロデューサー）の一つであった。

　フォード財団は1952年に全米教育テレビジョンの前身である教育テレビジョン・ラジオセンター（ETRC）がミシガン州アナーバに設立されるとき資

金として130万ドルを、その後1954年に300万ドルを追加した。その後1956年から1963年にかけて番組開発のために1600万ドルをETRCへ提供した。さらに1959年ETRCがアナーバからニューヨークへ移転しNETRCとして、その後NETと名称を変えて陣容の強化を計った際に、600万ドルを支出し、その後1970年まで総額で5000万ドルの援助を行った。また、放送網拡張を目的としたマイクロウェーブの増強のためにさらに1965年に600万ドルを援助した。

表8-1 NET加盟局による番組制作数（1953年-1962年）[7]

| 局 | 本数 |
|---|---|
| WGBH（ボストン） | 599本 |
| KQED（サンフランシスコ） | 416 |
| WQED（ピッツバーグ） | 394 |
| WTTW（シカゴ） | 323 |
| KETC（セントルイス） | 278 |
| KRMA（デンバー） | 124 |
| WHA（マジソン） | 101 |
| その他の局 | 637 |
| 計 | 2881 |

表8-1は1953年から1963年までの10年間における主要公共放送局によって制作された番組数である。

上記の局には年間平均して10万ドルが支給された。特にボストン公共放送局は中心的役割を果たし、全番組の21％を制作している。また実験番組の制作を行い、新しい教育番組の開発にも積極的に取り組んでいる。

## 4 都市環境学習におけるテレビジョンの教育効果実験

ボストン公共放送TV局は、1966年から1972年にかけて、アメリカ住宅、都市開発局HUD (the U.S.Department of House and Urban Development) と協力して、テレビの都市環境教育における教育効果について研究を行い、『児童と都市環境――学習経験』[8]としてまとめて出版した。この実験には番組制作費を含めて36万5000ドルを必要としたが、その半分を住宅、都市開発局が支出し、残りの半分をフォード財団、アメリカ環境保護協会、マサチューセッツ教育テレビ経営委員会、ゼロックス協会が補助した。

この実験は現在日本で行われているテレビの教育番組を利用した総合教科的学習における環境教育と相通ずるものがあり興味深い。

さて、この書物の著者の一人であるH.カーン（Howard M.Kahn）によると

「『都市環境教育プロジェクト (the Urban Conservation Project)』と呼ばれたこの実験は、ボストン公共放送 TV 局が環境教育番組『もしあなたが都市に暮らすとしたら、何処へ住みますか』というシリーズ名で5本の番組を制作し、ロチェスター(ニューヨーク州)、ルーイビル(ケンタッキー州)、サイナウ(ミシガン州)、サクラメント(カリフォルニア州)の5つの市で、市職員、教育管理者、教師 小学校4年生、5年生、6年生5000人に視聴してもらい、学習状況を調査し、都市環境教育におけるテレビ番組の教育効果を明らかにしたものである。」[9]

(1) アメリカにおける「環境保護(conservation)」の概念

D．レッティー (Dwight F.Rettie) によると、「アメリカにおける自然保護教育には2つのルーツがある。第一は科学者の流れを汲むもので、環境保護教育のカリキュラムに自然科学、自然地理学、森林学などを含み生態学の体系の学習に中心をおいたものである。第二は「自然学習」と呼ばれる流れで、アメリカにおける環境保護学習の基礎を成すものである。」[10] この考えは人間と自然との関わりを重視し、人間は常に自然と関係を持ち、共存していることを児童に学習させるべきであるとしている。児童は毎日の食べ物がどこから来るのか、水はどうして来るのか、都市の排水はどこへ行くのかなど複雑な食物連鎖や自然連鎖を学習し、この学習をとおして、児童は自然と人間との関係に興味を持つことができる。人間を環境の一要素と位置づけ、人間は自然の探索者にならなければならないという第二の考えをD．レッティーは環境保護教育の主流としている。

(2) 都市環境保護の倫理

1960年代に入るとアメリカの人口の3分の2は都市人口となり、都市の住民の都市環境保護に対する倫理観 (ethics) の確立が重要な教育的課題となってきた。そして都市環境保護の倫理は個人と地域社会との統合を支援する思想であると考えられた。技術社会では個人は孤立、非人間的環境に置かれるが、都市環境倫理は人々の人間的自己認知を促進し、技術の進歩が必ずしも

人間の幸福をもたらすものでないことを人々に理解させる。そして、この倫理は人類の将来にとって有益な概念となることはたしかであると多くの教育者によって考えられるようになった。

　都市環境保護の思想は自然環境をそのまま保護し続ける考えではなく、自然は変化していくものと考え、変化する自然と人間との調和をどのように保っていくべきかを基本とする思想である。アメリカにおいてはアメリカインデアンの自然と調和した生活が伝統的に環境保護のモデルとなってきた。都市においては自然を消費することは不可避の事実であるが、その消費をどのように抑制していくかが都市自然保護の課題となっている。したがって、都市環境保護の教育は都市環境保護の倫理の確立であるとする。

(3) ボストン公共放送TV局の実験の目的と番組制作

プロジェクトの目指す2つの目的[11]
1)　小学校の児童に、都市環境は農村の環境が持つ自然資源と同じ資源を持っていることに関心を深めさせること。
2)　教育関係者に、公共テレビの教育番組の中に環境学習のためのカリキュラムを編成することによって、児童、生徒に都市空間や都市の美しさ、歴史の保存への関心を深めさせられるという確信を得させること。

　ボストン公共放送局はこれらの目的に沿って番組制作に取りかかった。そのために、科学者、都市自然保護者、建築家、教育学者による諮問委員会を組織し、以下のようなガイドラインを決めた。
①地域社会の定義は、おおまかに個人を主体とした社会とする。
②地域社会はそれぞれ様々な人々のために成り立っている。
③地域社会は時代とともに変化する。
④地域社会の変化が、人々の様々な行動によるとするなら、人々の意志や選択が何であるかを明らかにする。
⑤人々と環境との相互交渉には多くの選択肢がある。
⑥その選択肢の中で、優先順位を決めるルールが確立されなければならない。

以上の基本的な考えに沿って、番組は児童に直接教えるものではなく、課題を発見し自ら考えるための資料を提供するもので、教師が教室で指導することを想定して制作された。最初試作番組が2本制作されることとなり、専門家の意見を入れて最終的にボストンとロチェスター（ニューヨーク州）で取材して制作された。

(4) 制作された番組

番組の長さは30分で、各番組にはカリキュラムに沿って5枚の学習カードがついている。このカードは5人から6人を1グループとするグループ学習を想定して作成された。5本シリーズの番組が5週間にわたって毎週放送されたので、学習カードは各グループへ総計25枚送られた。

番組のタイトルは以下の通りである。
①「ウインスロップ通りで」(On Winthrop Street)
②「家の中と家の中のこと」(Insideplace/Insidethings)
③「ちょうどいま」(In Time)
④「人々を観察してみよう」(People Watching)
⑤「どれを選ぼうか」(Among Priorities)

これらの番組には次の基本的概念を学習するための学習カードがついている。
①都市地域社会の意味とその発見。
②都市地域社会が様々に利用され、町の形が都市によって異なっていること。
③都市地域社会の変化を認知しそれを評価すること。
④都市地域社会の環境への人々の働きかけを理解すること。
⑤都市地域社会における複雑な選択の解決を理解すること。

制作された番組は、1970年の秋にマサチューセッツ州のニュートンに本部を置く東部教育テレビネットワーク EEN (the Eastern Educational Television Network) に乗せて放送された。このカバレッジにある20の都市の小学5年生・6年生150万人が番組を視聴したものと推計される。最初8000セットの

学習カードが24万人の児童に送られ、その後1971年に全国放送された際に、さらに1万セットが増刷されたので、およそ150万の児童がこのプロジェクトに参加したものと推計された。

(5) 番組のあらすじと目的
①「ウインスロップ通りにて」（地域社会）
　ニューヨークのブルックリンにあるウインスロップ通り、ここに住む4人の児童がそれぞれ、自分が好きな場所と好きな遊びについて語る。これは教室で番組を視聴している児童の討論の導入として利用される。この番組を通して児童は近所を探索してみたい衝動に駆られる。また、そこにいる昆虫や動物、植物を調べてみたいと動機づけされる。また、地域社会が様々な要素によって成り立っていることを理解する。
②「家の中と家の中のこと」（デザイン）
　3組の兄弟と姉妹が家の中で遊び、さらに他の町に住む友達を訪問する。家は同じ様な機能を持っているように見えるが、それぞれ見た目や雰囲気に違いがある。この番組を通して児童は、都市環境には様々な違いがあることを知る。また、都市のデザインの基本として都市の大きさ、色、建物の形、壁の大きさ、音や騒音などがあることを知る。
③「ちょうどいま」（変化）
　児童を取り巻く環境の中で　現在起こっている変化を扱う。テレビの番組、自動車の型、娯楽、スポーツ、建物、近所の人など。この番組を通して児童は変化を単に受け入れるのではなくて評価すること。そして変化を促進したり場合によっては抑制すべきことを学ぶ。
④「人々を観察してみよう」（人々）
　この番組では3つの場所を取り上げ、各都市には様々な場所があることを紹介する。ニューヨークのリスハウスプラザ、フィラデルフィアの街角、ニューオリンズのジャクソンスクエアーである。児童は彼らが住む町の様々な場所に関心を持ち、それらの場所を有益で愉しめる場所にするにはどうしたらよいかを考える。

⑤「どれを選ぼうか」(選択)

　都市には空き地がある。この空き地を扱う不動産業者が登場する。番組はこの空き地をどのように利用したらよいかの課題提供として利用される。児童に自分の選択だけでなく他人のそして公共の選択があることに気づかせる。また問題の解決には複雑な過程と妥協が必要であることを学習する。そして児童自身に選択させ問題を解決させる。

(6)　学習カード

　学習カードは児童が番組を視聴後に学習を発展させ、まとめるためにグループに分かれて用いるように作られている。例として「ウインスロップ通りにて」に関するカードを紹介しておく。

グループ1　植物：人々が植物に依存していること、市を美化し、清潔にし、空気をきれいにしていること

グループ2　動物：植物と動物の相互依存関係、市の動物係、ペット条例、ペットなど

グループ3　人々：近所の人々の性格、相互関係(簡単なソシオグラム)、グループや個人が活動する場所

グループ4　街路施設：戸外活動、人々の楽しみや安全を支援する施設、それらの保全

グループ5　信号：道路標識などの信号の利用とそれらのデザイン

　これらの課題は児童に実際に現場に出て観察し、絵を描いて記録をとり、討論して結論を導くことを要求している。最終的にはクラス全体で討論することになる。また学習に必要とされる資料として、電話帳、辞書、地図を指示し、教師は児童にガソリンスタンドや法務局、市役所の建設局、議会などを訪問するように指導しなければならないとされている。

(7)　結果の考察

　番組の視聴結果については教師への面接によって行われ、2つの重要な側面から考察された。第1は小学校4年生から6年生を対象にこのプロジェク

トのカリキュラムが適切で
あったかどうか。言い換え
れば、カリキュラムが対象
とした子どもたちの総合的
能力を発達させたか、都市
環境保護倫理観（道徳性）を
修得させたかどうかである。

表8-2 プロジェクトカリキュラムの適切性
（教師への面接から）

|  | 総　数 | 上級クラス | 下級クラス |
|---|---|---|---|
| 被面接教師 | 122人 | 68人 | 54人 |
| 回 答 な し | 43 | 19 | 24 |
| 回 答 者 | 79 | 49 | 30 |
| 適　　　切 | 91.1% | 98% | 80% |
| 非 適 切 | 8.9% | 2% | 20% |

そして、テレビ番組と学習カードとのどちらが子どもにより強い影響力を持ったかということである。

　第2は、教師がこのプロジェクトのカリキュラムへどの程度の関心を示したかである。彼らが学校のカリキュラムとプロジェクトのカリキュラムとの統合を試みたかどうかである。また番組と学習カードにどのような教育目標を見ていたかである。

　第1の問に対する答えは、表8-2に示される。

　多くの教師はカリキュラムは児童にとって適切であったと考えているが、児童の学年によって差が見られる。学年が高いほどプロジェクトの評価が高い。

　第2にTV番組と学習カードの効果についてである。教師は児童の学年に関係なく両者の効果の差を明らかにした。テレビ番組は成績上位の児童と成績下位の児童について効果の差は（86.4%と80%）あまり大きくなかったが、学習カードについては、大きな差が見られた。成績上位クラスにおいては85.7%が適切であると答えたが、下位のクラスでは61.7%であった。この原因は児童の読解能力の差によるものと思われる。

　次に児童の学習経験の差に関する調査である。これは、プロジェクトの教材の適切さと効果の違いを考えたものである。表8-2によると、教材は適切であった（91.1%）がしかし効果的であったと答えた教師は84.1%であった。さらに番組は学習カードより適切と考えられたが（84.1%と75.5%）しかし、学習カードは番組と比べより効果的と考えられた（86.9%と75.5%）。したがって、教材の適切さとその効果は必ずしも一致しないのである。

ところで、番組のみの学習と学習カードのみの学習ではどのような差が見られたであろうか。

番組だけの学習について、成績下位のクラスの方が成績上位のクラスと比べより効果的であり（92.6％と82.4％）、一方学習カードだけの学習においては逆に成績上位のクラスの方が成績下位のクラスと比べより効果的に学習した（95.4％と86.3％）という結果がでた。

これらの事実から、成績上位の児童は学習カードと連携し、これらを利用してより効果的に学習することが可能であることが明らかとなった。この理由は①成績上位の優れた児童の読解力、②学習カードの学習動機づけの強さ、③学習カードに使用された写真やイラストが動画より抽象的で、児童の自由なイメージを生み出す要素となったことである。一方成績下位の児童にとっては、感性や直感に訴えるテレビ番組が学習メディアとして親しみを持って迎えられ得たのである。

1970年においてすでにテレビによる総合学習形態の環境教育が実施されていたことは、アメリカにおいては環境保護に関心が深かったことの証である。また、児童、生徒に地域社会を通して生活環境としての都市を再発見させようとしたこのプロジェクトは、アメリカ社会がいかに地域社会（コミュニティ）を重視しているかの証でもある。アメリカは建国の昔から地域社会（コミュニティ・タウン）を中心に発展してきた。学校は地域社会の縮図であるという思想が伝統的に生き続けている。このような思想的背景のもとで、都市化の進展に教育はどのように取り組んでいくべきかの手がかりを得る目的でこのプロジェクトが実施されたと思われる。教師や教育関係者の面接による結果の集計には調査法として物足りなさを感ずるが、この経験がその後学校向けの科学番組「ノバ（NOVA）」の開発につながったことを思えば、アメリカにおける教育放送史における貴重な実験であることは間違いない事実である。

## 5　火事による局舎の焼失と再建への援助

第8章 ボストン公共放送局とフォード財団およびハーバードグループ 187

　1961年10月14日土曜日の未明ボストン公共放送局は火事によりそれまでの記録、レコード、施設のすべてを焼失してしまった。ボストン公共放送局の公文書館には焦げ跡の残る写真や記録が残されていて火事の有様を物語っている。しかし、多くのビデオテープは全国放送用にミシガン州のアナーバにある全米教育テレビジョン（NET）に送られ、ここでダビングされていて無事であり、また他の番組テープは燃えさかる局舎から消防士によって運び出され焼失を免れた。

　放送再開は敏速に行われ、これはすべて地域社会の放送機関の援助によるもので、火事のわずか2日後にテレビ放送が商業放送局と大学の臨時スタジオから送信された。学校放送番組「21インチ・クラスルーム」はダーラム（Durham）の商業放送局（WENH）からボストン公共放送局の放送塔に送られボストン地域に放送され、何らの空白期間を置くこともなかった。21インチ・クラスルームのビデオテープはほとんど無傷であったと記録されている。またボストンのカトリック放送センターはスタジオと放送設備を提供し、ボストンの商業放送局WNAC-TV局はフィルムとカメラなど撮影機材とスライド・プロジェクターをボストン公共放送局に貸与した。さらに商業放送WHDH-TV局は数週間制作機材を中継車に積んで使用できる状況にしてボストン公共放送局に貸し出した。そして、ボストン科学博物館はスターンズ・ホールをおよそ1年間にわたり、番組制作、送信、管理などに使用することを認め、局舎が再建されるまでボストン公共放送局がここを仮局舎として使用したのである。このように、ボストン地域社会の放送機関、文化機関が協力してボストン公共放送局の窮状を救い、放送中断の事態を招くことはなかったのである。

　1963年新しい局舎が最新式の設備を備えチャールズ川から目と鼻の先、ハーバード大学の所有地であるロースクールの裏手に建築された。局舎が炎上した1961年からこの時までに2万人の市民から35万3000ドルの献金が寄せられた。R．ローウェルは「こうした多くの人々の献金は、ボストン公共放送が地域社会の放送局として成長してきたたしかな証である。」[12]と感謝している。また、学校で「21インチクラスルーム」を視聴していてボストン公共放

送局に親密感を持っていた子どもたちも、一軒一軒家庭を訪問して寄付金を集めたと言われる。局舎の再建に合わせて、エール大学とボストン科学博物館が新しい会員としてローウェル教育放送委員会に加わった。局舎再建と放送設備の更新のために260万ドルを必要としたが、次に示すようにフォード財団は170万ドルを援助し最大の貢献を行ったのである。

## 6 フォード財団からボストン公共放送局へ提供された補助金

1955年から1966年までの10年間にフォード財団からボストン公共放送局へ提供された補助金を抜粋したものが以下である。補助金には、局舎の再建や番組制作費として提供された直接補助金と番組制作にタッチした教員の給与を補塡する目的などに使用される間接的補助金に分けることができる。これらをフォード財団の記録によって明らかにしてみる。

### (1) ボストン公共放送局への直接補助

---

① ボストン公共放送教育財団　ボストン　　1,725,000ドル
　　火災後の局舎の再建、ニューヨーク市との番組交換、マッチング（半額）補助（1962年、1966年）
② ボストン公共放送教育財団　ボストン　　44,800ドル（1960年）
　　東部地域教育放送ネットワーク（Eastern Educational Network）の構築のため
　　　　　　　　　　　　　　　　計　1,769,800ドル

---

東部教育テレビネットワーク（EEN）は1959年6月5日、ボストン公共放送局とマサチューセッツ州の北隣のニューハンプシャ州ダーラムにあるWENH局との間に建設された。その一年半後に、メイン州オーガスタのWCCB局へ延長され、さらにニューヨーク州スケネクタディにあるWMHTが参加した。これらの局は相互に番組を交換して民衆の要望に応えた。

1962年の秋、教育局として精力的に活躍していたニューヨーク州バッファロー市のWENDが東部教育テレビネットワークに加盟してきた。というの

第8章　ボストン公共放送局とフォード財団およびハーバードグループ　189

は、この時ボストン公共放送局と WEND の間にアメリカ電話・電信会社 (ATT) の有線ラインが設置され、この線を使って番組のリレーが可能になったからである。この工事の補助としてフォード財団は22万5000ドルを補助金として支出し、そしてネットワーク維持費として毎年9万4000ドルを提供することを約束した。

結局、EEN 構築に際しフォード財団は、最初の年に1万9000ドル、1960年に4万4800ドル、そして1962年22万5000ドル、総計28万8800ドルを補助金としてボストン公共放送教育財団および東部教育テレビネットワーク（EEN）へ提供したことになる。

```
③　ローウェル放送協会委員会（LICBC）              14,963ドル
    マサチューセッツ州教育テレビジョン学校放送、放送準備のため
④　ボストン公共放送教育財団　ボストン
    A．東部教育ラジオネットワーク構築             15,000ドル
    B．北東部教育テレビジョンネットワーク構築     15,000ドル
⑤　ローウェル放送協会委員会                     550,000ドル
    A．教育ラジオネットワーク計画                 450,000ドル
    B．教育FMラジオネットワーク計画(1951年−1961年) 100,000ドル
⑥　ボストン公共放送教育財団　ボストン放送局建設のため 150,166ドル
                                          計    730,000ドル
```

(2)　ボストン公共放送局への間接補助

```
①　大学教員などの教育番組出演に伴う給与カットへの補助
    A．ボストンカレッジ　（1958年）              37,500ドル
    B．ボストン大学　　　（1957年）              37,350
    C．ハーバード大学　　（1956年）              37,494
②　マサチューセッツ教育委員会（1959年）         81,067
    ボストン地域小学校の教育テレビジョンによるフランス語教育調査のため
③　マサチューセッツ州教育委員会                402,220
    ボストン地域における教育テレビジョン人間学番組の開発のため
④　ノースイースタン大学                         15,000
    教育テレビジョンコースによるティーチングマシンの利用実験のため
                                          計    610,631ドル
```

出典）Ford Foundation (1966), *The Ford Foundation and Educational Television*, p.1-23 Ford Foundation Archives

## 7 公共放送の発展におけるハーバードグループの活躍

(1) 公共放送指導者としてのR.ローウェル

　J.ロバートソン（Jim Robertson）が著した『テレビジョンを支えた人々——公共テレビジョンの創設者、その起源を語る——』[13]の中に、公共放送の偉大な創設者3人が紹介されている。すなわちボストン公共放送局のR.ローウェル、WTTW局（シカゴ）のE.ライアソン（Edward L.Ryerson）、そしてWQED局（ピッツバーグ）のL.ハザード（Leland Hazard）である。これらの教育局はともに1954年から1955年にかけて開局した伝統のある公共放送局である。彼らは、地域社会への奉仕の精神と高い専門性を持ち、地域社会の指導者として教育界ならびに実業界に活躍した理由から「尊敬すべき公共放送の父」と呼ばれている。

　この3人の中で「R.ローウェルは『偉大な教育テレビジョンの開拓者』『実業家』『WGBH-FMとWGBH-TVの父』と呼ばれている。」[14]とJ.ロバートソンは紹介し、R.ローウェルの貢献を以下のようにまとめている。

　①番組供給機関：教育テレビジョン・ラジオセンターの設立における働き

　すでにふれたが、イリノイ大学のアラートンハウスで開かれた教育番組セミナー後に、番組交換センターを設立すべきだという考えを討議するため、フォード財団成人教育基金会長のC.フレッチャーは1952年7月9日に会合を開いた。基金外から、イリノイ大学教育局長R.ハドソン、ボストン公共放送局長P.ウィートリー、イリノイ大学長G.ストッダード、アイオワ大の教授でエール大の政治科学の教授H.ラスウェルが参加した。

　参加者の意見によると、センターは広域の代表機関で、特殊な機関や協会との関係があってはならない。全米教育放送者協会（NAEB）のような既存の機関ではなく新しい機関で、しかも番組を制作せず配信だけの組織とすべきであるという意見が大勢を占めた。2日後にこの案がフォード財団の経営委

第8章 ボストン公共放送局とフォード財団およびハーバードグループ 191

員会で承認されたので、S.フレッチャーはセンターの設立委員会に自らも参加しG.ストッダード、H.ラスウェル、R.カルキン（ブローキング研究所の所長）R.ローウェル（ローウェル協会理事長）と話し合った。また彼らは、「教育テレビ番組有限会社」の案についても全米教育放送者協会のメンバーと話し合い、結局イリノイ大学教育局長R.ハドソンは24ページにわたる「教育ラジオテレビ番組交換センター」設立計画書を1952年11月15日付けで設立委員会へ提出した。この計画書は設立のためのワーキングペーパーとなった。教育テレビジョン・ラジオセンター（ETRC）は1952年11月22日に財団法人として設立され12月5日に最初の会合が持たれた。1952年から58年にかけて、12人の委員はS.フレッチャーのいう「学問、教育、社会科学、コミュニケーション、美術、企業管理、番組制作の最高権威者」[15]であった。

この会議においてR.ローウェルは指導的役割を果たし、教育テレビジョン、ラジオセンターはフォード財団の130万ドル（翌年300万ドル追加）の援助によってミシガン州のアナーバに設立された。

②人的交流への貢献　ボストン公共放送TV初代局長H.ガンの公共放送
　　サービス会長への転出

ボストン公共放送TV局の設立に尽力し、テレビジョン放送を軌道に乗せ、1957年まで11年間ボストン公共放送局の経営にあたってきたP.ウィートリーが退職して副局長H.ガンが局長に就任した。

P.ウィートリーは1946年ローウェル協会放送委員会が結成された時、経験を買われて初代の局長に就任しテレビジョンの開局に尽力した。H.ガンは1956年テレビジョン開局時に制作局長としてボストン公共放送局に参加した。彼はハーバード大学ロースクールに在学中、放送に興味を持ちハーバード大学ラジオ局の運営に参加した経歴を持っている。H.ガンは局長就任後10年間にわたりボストン公共放送局の局長をつとめ、テレビジョン番組の開発に情熱を注ぎボストン公共放送局の基礎を築き、1967年に公共放送サービス（PBS）が設立されるとR.ローウェルの推挙により初代の所長に就任した。ボストン公共放送局の年譜によると「1970年：1957年から会長の任にあったH.ガンが公共放送サービスの最初の会長として転出し、D.アイビス

(David Ives) が2代目の局長に就任した。」[16]となっている。

(2) カーネギー教育TV委員会会長J.キリアンの活躍など

フォード財団は公共放送の育成に多大な補助金を支出したが、公共放送に関する立法の意志は全く持っていなかった。そこで、R.ローウェルは公共放送法の法制化にカーネギー財団の力を借りることにしたのである。1967年カーネギー財団は「教育テレビジョンに関するカーネギー委員会 (the Carnegie Commission on Educational Television)」を設置して教育テレビジョンの将来と財政の安定を審議するための機関の設置を検討した。

この委員会にはマサチューセッツ工科大学 (MIT) の学長であったJ.キリアンが委員長に就任した。就任の経緯をキリアンは次のように述べている。「カーネギー委員会の設立においてフォード財団の会長A.パイファー (Alan Pifer) は私に委員長を引き受けるように要請した。この要請にはR.ローウェルの強い後ろ盾があった。」[17]このように、R.ローウェルは公共放送の社会的使命を明らかにし、経済的安定を目的としてカーネギー委員会を設立したが、もっとも親しく気心の知れたキリアンを委員長に推挙したのである。

(3) J.キリアンとR.ローウェルとその人脈

カーネギー委員会委員長J.キリアンはマサチューセッツ工科大学の学長であり、ボストン公共放送局の設立に関わり、公共放送の実状をよく熟知していたので、公共放送の将来像と財政的安定を検討するために組織されたカーネギ委員会の委員長に最もふさわしい人物であった。したがって彼の公共放送に対する考えは委員会リポートと公共放送の将来に強い影響を与えたのである。J.キリアンはホワイトハウスの最初の技術アドバイザーでアメリカの技術開発と安全保障の立案に重要な役割をも果たし、またMITとハーバード大学を往き来しその架け橋となった。例えばハーバード大学長であったJ.コナントを、原子爆弾開発計画として知られるマンハッタン計画へ招聘したのも彼の助言によるものであった。カーネギー委員会はフォード財団本部のニューヨークを基地として、委員長に任命されたJ.キリアンの意向

第8章　ボストン公共放送局とフォード財団およびハーバードグループ　193

に沿ってマサチューセッツ・ケンブリッジ（ハーバード大学とMIT）の人脈によって構成されたと言えるのである。

　実際、J.キリアンの助言者でカーネギー委員会の設立の原動力となったR.ローウェルはボストンはもちろん公共放送の発展に貢献した指導者であり、公共放送を深く愛し一世紀にわたり継続してきたローウェル協会講座を電波に乗せて、より発展させた。J.キリアンによると、「R.ローウェルは寛容で地域社会を愛し、ボストン地域におけるすべての文化施設に彼が経営委員として参加することによって、それらの施設が利益を得るように配慮し、そして指導力と人望によって非商業ラジオ・TV局のボストン公共放送FM局とボストン公共放送TV局をボストン地域の主要大学や文化施設の協力によって設立した。」[18]そしてR.エンゲルマンは「R.ローウェルは東部精神のボストンにおける代表者である。」[19]として、新しいメディアの開発に挑戦したR.ローウェルの意欲を開拓者精神と評価した。

　1964年にワシントンD.C.の全米教育放送者協会の事務局で開かれた教育テレビジョン局会議におけるR.ローウェルの提案が、カーネギー教育TV委員会成立の発端となった。ETSは1963年から4年にかけて、教育番組配信機構である全米教育テレビジョン（NET）が加盟局の番組の制作と資金援助を行う目的で創設した機関で、フォード財団と全米教育テレビジョンの財政援助と統制のもとに置かれていた。この会議の目的は公共放送の長期にわたる財政の安定を討議することであったが、ホワイトハウスはボストン公共放送局の主催者であるR.ローウェルと局長のH.ガンが提案したカーネギー委員会設立に強い関心を示した。事実時の大統領L.B.ジョンソンは、公共放送の財政的危機に心を痛め、機会があれば連邦政府からの資金援助を行いたいと考えていたからである。J.キリアンによると大統領の夫人と娘が大の公共放送ファンであったことも原因の一つとされた。大統領は委員会設立前に密かに公共放送の援助のために連邦政府の資金の支出を約束していたのである。

　H.ガンとJ.キリアンの両者はボストン郊外のケンブリッジにある同じ建物に住み、ともにボストン公共放送局の評議員でもあった関係から、日頃ボストン公共放送局を含めて非商業局の当面する諸問題についてよく話し合っ

ていた。そこでR.ローウェルはH.ガンと話し合い、J.キリアンがカーネギー教育TV委員会の委員長への就任を受諾するのは確実であるとの感触を得たので、カーネギー委員会の委員長にJ.キリアンを推薦したのである。そしてJ.キリアンは委員の一人に友人のハーバード大学学長J.コナントと他の一人にMITの同僚であるS.ホワイト（Stephen White）を選んだ。S.ホワイトはMITが教材供給機関として設立した教育教材機構（Educatioal Services）の責任者であり、雑誌「タイム」や商業放送局のCBSで働いていた経験を持っていて、教育放送に明るかった。もう一人ボストン公共放送局で番組制作の責任者として働いていたG.ハーニィ（Gregory G.Harney）も選ばれた。この二人は、後に委員会の最終報告書の執筆者となる。

R.エンゲルマンはこうした経緯と委員の人脈から「太平洋ラジオがカリフォルニア・バークレーグループによって性格づけられたと同様に、公共放送の性格づけは人的と地理的にボストン・ケンブリッジ派によって形成された。」[20]と述べて、カーネギー教育TV委員会を分析したのである。この委員会は、非商業放送局として成長してきた教育放送局を社会的視野から「公共放送局」と定義づけ、その将来像を明確にスケッチしたことで知られている。

J.キリアンは「公共テレビジョン（public television）」という用語を創り出した経緯を次のように述べている。「商業テレビを含めてすべてのテレビはニュース、娯楽、教養の3領域を内容とする番組を放送している。しかし、教育局と商業放送局とでは放送の目的に大きな違いがある。教育局は公共の利益（Public interests）に奉仕するために放送し、商業放送局はコマーシャルへ人々の関心を向けさせるために放送する。教育テレビは広い意味での教育番組を通して、人々に学習し、自己を改善し、充実させようとする意欲を呼び覚まそうとする。したがって、教育テレビは公共の利益に奉仕する放送という意味で公共放送と呼ぶ方がふさわしいのである。」[21]

公共放送法は1967年11月にL.B.ジョンソン大統領によって署名され、連邦政府資金を公共放送局へ配分する組織として公共放送協会（CPB）が設立されJ.キリアンは経営副委員長に就任する。またその後公共放送局へ番組を配信する機構として公共放送サービス（PBS）が設立され、初代の会長に

H. ガンが任命された。

カーネギーレポートが発表された10年後にコロンビア大学長のウイリアム・マックギル（William McGill）を委員長とする第二次カーネギー委員会が組織され改めて公共放送に関する建設的勧告がなされた。この勧告は次のように述べている。

「公共放送は国家の良心の中に深く根を下ろし、それを利用する人々や、企業、州、地方政府、大学、学校、財団、そして連邦政府などの社会的組織によって支えられている。議会や政府は1967年に設立した全国ネットワーク組織や番組制作集団に多額の資金援助をしなければならない。そして、政府を含む強力な支持機関の監視のもとで、自由な創造性と言論の自由をどのようにして保持するかが問われる。」[22]

このように、公共放送法成立後においても公共放送局は依然として財政的困難さを克服できず、連邦政府を初め多くの機関からの援助を必要とするが、しかしそのことが公共放送の言論の自由を侵してはならないと述べているのである。

注
1) David Horowitz and Laurence Jarvik edit. (1995), *Public Broa and the Public Trust*, Second Thought Books, p.4
2) Ralph Engelman (1996), *Public Radio and Television: a Political History*, SAGE Publications, p.5
3) Edward Weeks (1966), *The Lowells and Their Institute*, An Atlantic Monthly Press Book, p.176
4) Jim Robertson (1993), *Televisonaries: in thier own words, public television founders tell how it all began*, Tabby House Books, p.103-104
5) WGBH (1995), *Guide to the Administrative Records of the Lowell Institute*, Cooperative Broadcasting Council and WGBH Educational Foundation, p.10
6) Edward Weeks (1966), *op.cit.*, p.182
7) Ford Foundation (1977), *Ford Foundation Activities in Noncomercial Broadcasting 1951-1976*, Ford Foundation Archives, p.17
8) Marshall Kaplan, Gans, and Kahn (1972), *Children and the Urban Environment: a Learning Experence-evaluation of the WGBH-TV educational project*, Praeger Publishers NY

9) Marshall Kaplan, Gans, and Kahn (1972), *ibid.*, p.V
10) Marshall Kaplan, Gans, and Kahn (1972), *ibid.*, p.VIII
11) Marshall Kaplan, Gans, and Kahn (1972), *ibid.*, p.4
12) Edward Weeks (1966), *op.cit.*, p.183
13) Jim Robertson (1993), *op.cit.*, p.99
14) Jim Robertson (1993), *op.cit.*, p.102
15) Robert J.Blakely (1979), *Educational Broadcasting in the United States*, Syracuse University Press, p.102
16) WGBH (1995), *Guide, op.cit.*, p.10
17) James R.Killian, Jr. (1985), *The Education of a College President: A Memory*, The MIT Press, p.350
18) Jim Robertson (1993), *op.cit.*, p.100
19) Ralph Engelman (1996), *op.cit.*, p.156
20) Ralph Engelman (1996), *op.cit.*, p.157
21) James R.Killian, Jr. (1985), *op.cit.*, p.345
22) James R.Killian, Jr. (1985), *op.cit.*, p.353

# 第9章 地域社会と公共放送
― マサチューセッツとイリノイの場合

　公共放送局は地域の放送局として、地域の人々へ奉仕する、そして地域によって運営される放送局として発展してきた。ボストンにおける WGBH 局は、ボストンの市民社会の中で育った地域放送局である。いわば都市の公共放送局といってよい。しかし、1950年代に誕生した公共放送局の中には農村社会の中で成長した放送局も多い。例えばネブラスカ公共放送局（1954年開局、ネブラスカ州リンカーン市）、イリノイ公共放送局（1955年開局、イリノイ州アーバナ・シャンペィン市）、テキサス公共放送局（1953年開局、テキサス州ヒューストン市）などが代表的な公共放送局で、指導的役割を果たしている。これらに共通していることは、地域社会へ奉仕する目的で大学が設立したもので、大学の学長の指導力に負うところが大きいという点で、これが文化機関や市民の協力によって誕生したWGBH局と違うところである。こうした相違をイリノイ大学公共放送局の事例によって明らかにする。

## 1　国有地交付大学としてのイリノイ大学

　アメリカにおける大学の成立には二つの流れがある。第一の流れは1600年代から1700年代に古典的なイギリスの大学に倣って成立した私立大学群であり、1636年に J. ハーバードによって創設されたハーバード大学はその代表である。エール大学（1701）、ペンシルベニア大学（1740）、プリンストン大学（1746）、コロンビア大学（1754）などがこれに続いた。これらの大学は寄付金

(endowment)によって創設された独立(independent)系大学である。もう一つの流れは1800年代にアメリカ社会の産業化への流れを受けて、モリル法(the Morrill Act 1862)によって創設され実践的教育を指向した国有地交付大学(the Land Grant College)と呼ばれる州立大学群である。

イリノイ大学は後者に属し、国有地交付大学の代表と呼ばれる。1910年にカーネギー財団は「偉大なる大学」として14の大学をリストに掲載したが、その中にリストアップされた5つの州立大学の一つとしてイリノイ大学は名を連ねている。その理由をD.スロッソン(1910)とC.サンダース(1994)はともに次のように述べている。

「イリノイ大学の創立はイリノイ出身ジョナサン・ターナー(Jonathan B.Turner)の功績による。J.ターナーはエール大学卒業後ジャクソンビルにあるイリノイカレッジで教鞭をとるために西部へやってきた。彼は自己の使命をイリノイの教育改造にあると考え、多くの人々に大学教育を受ける機会を与えるため農業大学の設立キャンペーンを行った。シカゴの同志と協力して1853年州議会に、中西部の州に農業大学を設立するため国有地交付を連邦政府に申請するように働きかけた。」[1]。その後J.ターナーはこの提案をイリノイ州のグランビルで開かれた農民大会で発表し、州議会も彼の熱意に応えて連邦政府へ農業・機械工学大学設立のための国有地交付を行うように、他の中西部の州議会へも働きかけを行った。J.ターナーの提案は、J.モリルが連邦議会へ国有地交付大学法案を提出した1857年の4年前のことである。J.ターナーの発議はモリル法(the Morrill Act,国有地交付大学法)発議の端緒となった。その後J.モリル(Justin Morrill)の努力により1862年6月モリル法はリンカーン大統領の署名によって成立した。このモリル法によれば、州は連邦政府から交付された土地の5％を利用して州立大学を設置し、大学には農業、産業、軍事コースを置かなければならないとされた。

モリル法に従って全国に1743万エーカーの土地が交付され、イリノイ州には48万エーカーが割り当てられた。サンダース(C.Sanders)によれば「イリノイ州の各都市が競って大学誘致に名乗りを上げたが、結局アーバナ(Urbana)への設置が決まり1868年イリノイ産業大学(the Illnois Industrial

第9章　地域社会と公共放送　199

University) がスタートした。」[2] J．ターナーはその功績の故に農学部の入り口のパネルに名前が刻まれている。イリノイ産業大学の初代学長 J．グレゴリー (John M.Gregory) はモリル法が大学に農業や産業教育を義務づけているとはいえ、そうした教育は視野の狭い人間を創ることになるので、大学教育は学芸（リベラル・アーツ）を重視しなければならないと考えた。彼の考えに沿って大学に人間科学、教養課程が置かれるようになった。イリノイ産業大学が発足して7年後の1885年に「産業」の名前を外してイリノイ産業大学はイリノイ大学 (University of Illinois) となった。

　イリノイ大学のあるアーバナ・シャンペイン市は、シカゴの南およそ220kmにある人口6万3000人の複合都市である。インディアナ州境から西へ70kmの地で、放送ではこの地域を「中東部イリノイ」と呼んでいる。ほとんど平地で元来沼地であり、水の引いた後にできた肥沃な農地である。土地の80％は農地で主産物はとうもろこしである。

　大学は1993年現在、農学、応用生活科学、商学、経営管理学、コミュニケーション学、教育学、応用美術学、リベラルアーツの8学部からなり、2140人の教師と学部学生2万5846人、大学院・専門課程学生9969人によって構成されている。州立大学の共通の課題として、州の人々への教育奉仕と、研究開発に取り組んでいる。

## 2　ラジオ放送局の成立

### (1)　初期の WILL ラジオ局

　イリノイ大学のラジオ放送の歴史は古く、ラジオ放送が開始された1920年代にさかのぼる。イリノイ大学ラジオ局 WILL の成立過程については、全米教育放送者協会 (NAEB) の事務局員であったP．ジョーダン (Patoricias Jordan 1954) の論文「WILL のプロフィール」によって知ることができる。

　全米教育放送者協会は当時事務局をイリノイ大学に置いていた。この経緯については後述するが、すでに述べたように全米教育放送者協会はアメリカ公共放送の成立、発展にとって多大の貢献をし、その任務を1969年に設立さ

れた公共放送サービス (PBS) に引き継ぐまで公共放送の発展を支えていった団体である。全米教育放送者協会については第8章で触れているので参照されたい。さてP.ジョーダンは初期のイリノイ大学局WILLについて次のように述べている。「イリノイ大学アーバナ・シャンペィンのラジオ局WILLの第一歩は、9XJのコールレターでイリノイ大学へ実験局として波長300m－360mのラジオ放送が認められた1921年10月のことである。大学には1922年に実験放送ではなく正規の放送局として放送免許が与えられ、コールレターはWRMとなった。放送局は連邦ラジオ委員会FRC (the Federal Radio Commission) から波長360m、周波数834kHz、出力400ワットの放送が認可された。」[3]

アメリカにおける正規の放送は、1920年ピッツバーグのウエスチングハウス社所有のKDKA局からであるから、実験放送とは言えイリノイ大学局の放送開始はかなり早いと言える。波長、周波数からAM放送であることが分かる。

「1920年代の中頃に周波数や出力の変更があり、1939年5月11日に現在の580kHz、出力5キロワットの放送となった。コールレターWILLが使われるようになったのは、1928年の11月11日以降である。放送は午前7時30分から日没までであった。」

1926年から1938年まで、WILLは「サリバン記念局 (the Sullivan Memorial Station) と呼ばれていた。その理由は1926年4月14日、シカゴの実業家B.サリバンがイリノイ大学長に、1921年に死去した彼の父の記念として大学放送局を寄付したいと申し出たので、大学評議会がこの資金を受け入れることになったからである。大学はラジオ放送のために新しい機器を購入し、新しいスタジオを電気工学研究所に設けた。この研究所で放送技術に関する技術的実験や改善研究が行われた。」[4]

山口秀夫 (1979) によると、アメリカでの最初の放送法といわれる「1912年無線法」による初期の被免許者は、イリノイ大学を含めて大学や研究所などの非営利の教育機関が多い。当時無線通信は、物理学の恰好の実験材料であり、その研究と応用に関しても大学や研究所が他をリードしていた[5]。イリ

第9章 地域社会と公共放送　201

グレゴリー・ホール（初代の学長の名前にちなんだ建物）
コミュニケーション学部とAM、FMラジオ局（WILL）が入っている

図9-1　イリノイ大学のグレゴリー・ホールとその内部
　　　「Will」の文字が見える

ノイ大学も例外ではなく、実験放送局から正規の放送局へと成長したのである。

その後研究所に併設されたスタジオの狭さと、実験開発から本格的放送局へ脱皮したいという理由から、WILL は1942年3月新しく建築されたグレゴリーホール (初代学長の名前にちなんだ5階建ての建物) へ移転した。グレゴリーホールは、大きな玄関ホール、7つの事務室のある新しい建物で、ニュース、音楽、子ども向け番組、教養番組が放送され、管理スタッフが事務を行うスペースもゆとりのあるものとなった。スタジオから遠隔教育用ケーブルが大学のキャンパス内の各建物にのび、教室で放送番組を利用することができた。1942年にサリバン記念放送局の名前は廃止され、WILL は名実ともにイリノイ州における「大学放送局」(the University of the Air) として知られるようになった。現在この建物にはマスコミュニケーション学部とAM、FM 放送を行うラジオ局 (WILL) が入っている。

(2) 全米教育放送者協会と WILL 局

全米教育放送者協会 (EAEB) の本部をイリノイ大学へ誘致したのはW.シュラム (Wilbur Schramm) と1948年に第10代イリノイ大学長に就任したG.ストッダードである。1949年にW.シュラムはロックフェラー財団から資金援助を仰ぎ、全米の放送教育に関心のある学者、放送者、教育者を大学のアラートンホールに招いて放送教育の研究会を開催した。これが第一回アラートン会議 (Allerton Seminar) である。この時W.シュラムは全米教育放送者協会の本部をワシントンD.C.からイリノイ大学へ移すように提案し了承され、全米教育放送者協会事務局は1951年イリノイ大学へ移転した。全米教育放送者協会事務局 (NAEB) の使命は教育用周波数の確保と番組交換さらに教育放送の促進、開発を行うことであった。当時の全米教育放送者協会と WILL 局との関係をイリノイ大学コミュニケーション学部助教授のJ.ランデイ (Jerry Landy 1991) は次のように述べている。

「全米教育放送者協会はグレゴリーホールの一階の騒がしい一角に陣取った放送者と教育者の一団であった。1951年から、全米教育放送者協会は全米

の非商業放送局に番組の配布を開始した。これはいわば番組ネットであるが、それは現在言われるような電波によって結ばれたネットワークではない。原テープを同時に20本コピーして加盟局へ配布するシステムである。番組テープはグレゴリーホールから100のラジオ局へ郵便で送られ、そこで放送が終わると次の局へ自転車で運ばれるものもあった。そして再利用されるためアーバナへ返送されて来た。ネットワークが1951年に運用を開始してから1958年までに、7400番組が配布され12万5000時間放送され、これにより加盟放送局は週あたり放送時間の20時間分を埋めることができた。

　加盟局は主としてカレッジや大学、学校委員会、地方自治体のラジオ局で、教育放送局と呼ばれていた。全米教育放送者協会のスタッフの一人は当時のことを『毎朝トラックがやってきて、古いテープの入った袋を降ろし、代わりに新しいテープの入った袋を積んで走り去った。』と述懐している。それらの番組はどちらかというと概念を教えるための講義調の番組で、単調なものが多かった。」[6]

　このように全米教育放送者協会は番組調達および供給・交換機関としての役割を果たしていた。この番組ネットワークは「自転車ネットワーク」と呼ばれ、前述したように自転車に番組テープを積んで送り届けるほどの素朴なものであった。

　初期の教育放送の指導者はNAEB育ちが多い。コミュニケーション学の創始者であるW.シュラムやM.マクルーハンがそうであった。全米教育放送者協会の初代会長を勤めたH.スコーニア（Harry Skornia）イリノイ大学教授は今でも公共放送創設の父と言われている。その他ボストン公共放送TV局の局長を勤め、後に公共放送サービス（PBS）の第一代の会長となったH.ガン（Hartford Gunn）も全米教育放送者協会育ちであった。アメリカ公共放送の発展の母胎となった全米教育放送者協会の前身が大学放送局協会（ACUBS）であったことから明らかなように、アメリカの公共放送の発展には大学が深く関わり、イリノイ大学は指導的役割を果たしたのである。

## 3 イリノイ大学長G.ストッダードとW.シュラム

(1) W.シュラムとマスコミュニケーション研究所

1946年から53年までおよそ7年間にわたってイリノイ大学長をつとめたG.ストッダードは、太平洋戦争終結直後の1946年に米国教育使節団長として来日し、日本の教育改革を推進したことで知られる。

G.ストッダード（1897-1981）は1946年イリノイ大学の学長に就任する。この経緯は彼の自叙伝ともいうべき『教育の探求』(1981)に書かれている。「ニューヨーク州教育長官としてオールバニーの教育庁に勤務していた1945年の春、私はイリノイ大学からの2人の使者の訪問を受けた。彼らは大学学長を指名する人事委員会のメンバーである。なぜ彼らが私に興味を持ったかよく分からなかった。また、アイオワ大学の誰一人として東隣り（イリノイ州はアイオワ州の東にある）の偉大な学問的隣人（イリノイ大学）の存在を意識していない者はなかったが、しかし交流はなかった。彼らは誠心誠意私を説得したので、私は1946年7月1日付けでイリノイ大学学長に就任することを承諾した。」[7] G.ストッダードは就任に先だってイリノイ大学を「眠れる巨人(Sleeping Giant)」と呼び、大学の持てる力を引き出したいと意欲を示している（注 ストッダードは長い間アイオワ大学に勤務していた）。

G.ストッダードは学長に就任するとまずコミュニケーション研究所の創設を考え、アイオワ大学で言語学を担当し人間のコミュニケーションの研究に没頭していたW.シュラムを所長として迎えることにした。1947年1月にケンタッキー州のレキシントンで開かれたジャーナリズム学会からの帰路、W.シュラムはアーバナに立ち寄り、G.ストッダードの申し出を受諾した。G.ストッダードは就任の見返りとしてW.シュラムに学長補佐のポストを与えたのである。

M.ロジャース（1994）によれば、W.シュラムがコミュニケーション学の創始者と呼ばれるようになった理由は、「彼がイリノイ大学にアメリカにおける最初のコミュニケーション研究所をつくり、コミュニケーション研究の

ための大学院コースを開設したからである。」[8]

ここで短くG.ストッダードの経歴とW.シュラムとの関係について触れておく。G.ストッダードはペンシルベニア州立大学とフランスのソルボンヌ大学において心理学を専攻し、1923年にアイオワ大学において博士号を取得した。1928年に彼はアイオワ大学の児童福祉研究所長となる。

1920年代の後半にG.ストッダードはペイン財団から補助金を得て、W.シュラムと協力しアイオワ大学において映画の幼児に及ぼす影響についての研究を行った。この時G.ストッダードはマスコミュニケーション、特にメディアの効果研究に興味を持ち、共同研究を通してW.シュラムとの交流を深めた。したがって、G.ストッダードとW.シュラムはアイオワ大学以来の友人であり、教育メディアとしての放送に共通の関心を持っていたのである。

(2) W.シュラムとアラートンハウスセミナー

W.シュラムはマスコミュニケーション研究所長に就任すると、精力的に仕事を始めた。1948年イリノイ大学においてW.シュラムから直接教えを受けコミュニケーション学P.H.D.を取得し、その後コミュニケーション学部長を務めたT.ピーターソン（Theodore Peterson）(1995)は、「シュラムは放送に強い興味を持ち、その教育的効果を確信し WILL 局長に、CBS（the Colombia Broadcasting Service）の教育番組部長R.ハドソン（Robert Hudson）を迎えた。また全米教育放送者協会（NAEB）をイリノイ大学へ誘致し事務局長にH.スコーニアを据えた。彼について特に印象深い出来事は、W.シュラムが主催して開かれた放送教育の研究集会としてのアラートンハウス・セミナーである。」[9]と述懐している。

周知のようにW.シュラムは「放送は教育のための最新のメディアである」と信じその研究と学者・教育者の団結を呼びかけた。

W.シュラムは、それらの問題を解決するために会議を開くことを決意した。そして1948年 NAEB 会議をアーバナで開き、翌年の1949年の夏に大学のアラートンハウス会議センターでロックフェラー財団の補助金によって2週間のセミナーを開催した。G.ストッダードは主催者として活躍し、全米の

大学から放送教育に関心を持つ放送教育者、商業放送者、研究者22人を招待したが、その中にコロンビア大学の社会学者のP.ラザースフェルド (Paul Lazarsfeld) がいた。彼は子どもへのラジオの影響を含めて聴取者の研究の座長を務め、次のような発言を行った。「心理学者の皆さんにお聞きしたい。行動心理学によると、学習の成立には報酬 (Reward) が必要であるが、ラジオによる学習には報酬がない。これをどう考えたらよいのであろうか。ラジオによる学習の成立に関する研究をもっと進めるべきではなかろうか。」[10]と。彼の提案に対して参加者は聴取者研究をさらに進めるべきだという意見で一致した。セミナーの総括として、「教育放送の目的は①商業放送が対象外と考えている特定の聴取者（子ども、青年、成人）に奉仕すること、②特定の興味に基づく学習を完成させることによって聴取者を満足させること、③広く人間の問題を取り扱う番組を制作すること、④教育に利用できる番組を制作すること。」[11]との結論に達した。W.シュラムは「教室は教育を効果的に行うための唯一の場である。しかしラジオやテレビがもう一つの場となることができるだろう。」[12]とも述べている。

翌年W.シュラムはロックフェラー財団から補助金の提供を受け、アラートン第二回会議を開いた。この会議でW.シュラムはNAEBの本部をアーバナに置き、番組制作と配布を行うことをこの本部の使命とすべきであると提案した。そして番組供給センターの設置のためにケロッグ財団に24万5千ドルの補助を支出するよう要請し成功した。（注　第一回会議をアラートンⅠ、第二回をアラートンⅡと呼ぶ）

2週間続いたアラートンⅡ会議の中心テーマは教育番組制作についてであった。「教育局は商業放送の制作する15分の細切れ番組とは違った番組を制作すべきである」、「戦争と平和といった大きな問題を教育放送は取り上げられるか」、「もっとも効果的な番組の長さはどの程度か」「教育ラジオやテレビは詩、ドラマ、社会時評、などの新しい形式の番組を生み出せるか」などである。

アラートン会議参加者は、全米教育放送者協会 (NAEB) は3種類の野心的番組を制作すべきだとの結論に達した。そしてフォード財団に新番組制作の

ための費用の支出を依頼し、結局フォード財団の成人教育基金（Adult Education Fund）はこの試みに30万ドルの補助金を提供することに同意した。制作された3シリーズは次のものである。

1) シリーズⅠは「人類の生活」で、世界の文化、習慣、民族文化を扱った13本からなるもの
2) シリーズⅡは冷戦を扱った「共産主義の下の人々」で、ソ連の社会と歴史について解説した13本シリーズ
3) シリーズⅢは「ジェファーソンの遺産」で、ニューヨーク大学で制作され、ジェファーソン学者のD.マローン（Dumas Malone）がスクリプトを書き第3代大統領のT.ジェファーソンの生涯とその思想を描いたものである。

これらの番組はテーマを見てもかなり硬派の番組であることが明白である。そこで番組が人々に受け入れられるかどうか危惧する声もあったが、NAEB加盟の教育局から放送されると高い評価を得た。NAEBの会長W.ハーレー(William Harley)は「この成功はすべてフォード財団に帰すべきものであり、教育局が商業放送に引けを取らない番組を制作できる能力を持つことの証明である。」[13]と述べ自信を示した。

この成功の結果から、フォード財団は1960年代、70年代の公共放送の発展に更なる支援を行い、公共放送の財政的安定に貢献したのである。

## 4　G.ストッダードの放送教育理念
### ―大学拡張講座による州民への奉仕

時代はすでにテレビの時代を迎えようとしていた。G.ストッダードは2度にわたるアラートン会議の成果をふまえて、コミュニケーション研究所長のW.シュラムと協力してテレビ局を設立すべきだとの結論に達した。1950年連邦通信委員会が教育局へ割り当てるために242のテレビチャンネルを留保したとき、彼はチャンネルの割り当てを受けるべく行動を開始した。イリノイ放送者協会（the Illinois Broadcaster Association）は、視聴者を大学放送に

奪われることをおそれて、大学がテレビ放送局を持つことに強い抵抗を示した。しかし、州立大学の使命は納税者としての州の人々に教育を受ける機会を提供し、州民の福祉と産業の向上に寄与することであるというストッダードの確信は少しの揺らぎもなかった。彼の放送教育論は心理学者としての発言と、大学経営者としての学長の立場からの発言から理解することができる。

(1) 心理学者として

次の演説要旨は、心理学者G.ストッダードが1945年9月15日にオールバニーにおけるニューヨーク州教育テレビ委員会の席で行ったもので、テレビが子どもの放課後の時間や成人の卒業後の教育にいかに有効であるかを説いたものである。

まずG.ストッダードは、「我々は今教育TV時代の入り口に差し掛かっている。ちょうど教育ラジオの開拓時代と同じ状況にある。」[14]と述べる。そして合同委員会 (Joint Committee)[15]は、1862年に国有地交付大学の設立の勝利を獲得した委員会と同じように、WILLに対して教育TV電波の割り当てを約束させたが、これは偉大な成功の第一歩であるとする。彼はまず教育者が団結して、国家の資源としての電波の一部を教育に利用する政策を政府に認めさせた成果を、国有地交付大学法の成功になぞらえて賞賛したのである。

G.ストッダードは、テレビと本を比較して読者と視聴者はメディアに向かい合う人としては同じであるとする。そしてテレビは本を提示出来るメディアであり、また数年前イリノイにおいてW.シュラムが述べたように新聞をも提示できるメディアであると説明する。私たちは新聞記事をスクラップして保存できるがそれと同様に写真によってテレビの映像を記録しておくことが出来る。この点でTVは写真の集合体と考えられる。

彼は心理学者らしく、「人間は見ることからイメージを形成し、イメージの集積(平均値)として概念を獲得する。したがって直接的、身体的経験だけが真実の経験ではなく視覚的経験も概念形成に重要な役割を果たしている」[16]と説く。この点でTVは本や美術、写真、その他の教材と同じ機能をもっているとする。

さらにTVのもつ柔軟性の有利さを強調する。「テレビは好きなときに見ることができる、またいろいろな種類の人に利用できるということである。このことは書籍と比較してみれば明らかである。本は良く売れたといっても10年間にせいぜい1万部である。よく知られるようにプラトンは1世紀を通じてひと握りの学者にしか読まれなかった。シェクスピアも同様であった。しかし、かつてエリートのために創作されたこのような芸術や文学は、テレビによって広く人々に親しまれるようになるであろう。」[17]と述べている。

### (2) 大学経営者として

次の発言は、1952年12月イリノイ州立大学の学長の立場からテレビ放送の必要性を教職員、学生に語ったものである。演説の題は「なぜ大学がテレビジョンに関心をもつか」であった。主張の中心は、州立大学の教育的使命を果たすために独自のテレビ局を持つ必要があることを主張したものである。

「イリノイ大学のような州立大学は実験室や教室に限られたものではない。州全体がキャンパスである。大学はキャンパスに学ぶ若者だけでなく州に住むすべての市民に対して奉仕すべきである。この理由から大学は選挙民への奉仕の一つとして州の人々の学習を助ける新しい手段を常に模索している。イリノイ大学は書籍、パンフレット、訪問教師、電話による相談、農業アドバイザー、家庭講習会、ラジオ放送、学校のための映像教材、その他多くの手段を使ってイリノイの人々の学習に奉仕している。

現在この奉仕のための新しいメディアとしてテレビジョンが導入されつつある。TVは印刷メディアの発明以後の教育のための最大の可能性を持った教授メディアである。海軍特別開発センターの実験結果によるとテレビは伝統的教室教育と同じ効果を持っていることが明らかになった。研究によると、アイオワ州立大学局の農業専門家の解説番組は地方への出張教授より、より多くの人に情報を伝達できることが明らかになった。疑いもなく教育TVは視聴者にとって魅力的で効果的な教材である。

以上の理由からイリノイ大学は、州の人々により多くの奉仕をするために教育TVに関心を持ったのである。大学はテレビの教育番組を制作するとと

もに、テキストを発行し、農業生産現場に教育専門家を派遣する。全米2000（注 当時商業放送を含めて2000の放送局があった）のTV局の一つとして期待されるために、新聞における編集、宣伝の専門家、学校における教師と同じように放送専門家を育てる予定である。これはコミュニケーション研究所にお願いする。」[18]

そうして、イリノイ大学が独自のテレビ局を持つ理由を5つ挙げて詳細に説明している。

「1．好視聴時間に番組が放送できるから。商業放送局が教育番組のために時間を提供してくれるという期待が持てないし、また州の人々が放送番組を利用できる好適時間に放送してくれるとは思われないから。

2．大学は最も教育に効果的な番組フォーマットを、開発するための実験ができるから。

3．大学所有の放送局によってのみ、制作された番組の継続性、系統性が保たれるから、また商業放送に依頼して教育番組を放送するより、独自の放送局から放送する方がより教育効果を高めることができるから。

4．独自の放送局によってのみ、大学や学校によって制作された番組を放送することができる。すでに、全米教育番組交換センター（the National Television Program Exchange Center）が設立され、大学や学校によって制作された番組の交換を行っている。

5．制作局と密接に結びついたカリキュラムによって、学生は効果的な教育を受けることができるから。論理と実践を別々に学習するより共通の場で学習する方が学習効果があがるから。」[19]

以上のようにG.ストッダードは、番組制作、利用のしやすさ、番組の系統性、放送要員の訓練、番組交換などの面で、大学放送局は威力を発揮するだろうと確信していた。そうして将来に向けての構想として、他州の教育機関と連携して番組開発や番組交換をすることが、イリノイ州の人々へのよりよい奉仕となると考えていた。

## 5　G.ストッダードの説得

イリノイ大学が連邦通信委員会（FCC）からテレビチャンネルの割り当てを受けて放送局を開設する事態に関してイリノイ放送者協会は強い危機感を持った。彼らは、大学が独自の放送局を持つことは州の納税者に重い負担と無駄を強いることだと主張した。そして、G．ストッダードに宛てて決議文を送ったのである。1951年8月7日付けイリノイ大学長宛の決議文は次のように書かれている

「決　議
1）委員会は大学放送委員会が教育テレビのためのチャンネルの割り当てを申請しようとしていることに反対する。
2）イリノイ大学がその提案の推進や目的のために民間基金や税金を支出することおよび、指導的立場に立つことに反対する。
3）局舎の建設やテレビジョン放送機器購入に必要な資金を税金によってまかない新しく放送局を建設することは、州の人々に対する間違った行為である。なぜなら、職員給与、設備費、毎日の運用費は年間数十万ドルを要し、州民に対して負担を強いることになるからである。
4）アーバナの大学放送局は、半径60マイルの地域しかカバー出来ず、イリノイ州の中心部や人口密集地にサービスできない。
5）商業放送は大学が制作した教育番組を無料で放送することを宣言し、州立大学のためにイリノイ州全域へ番組を届けることを約束する。

以上の理由からイリノイ放送者協会は大学テレビ局の設立と運用のために税金を支出することと計画を進めることに反対し、この決議案を州知事、州議会議員、イリノイ大学学長あてに送付する。」[20]

さらに次の理由によっても反対している。
1）大学が放送局を持つことによって州の意向を放送するご用放送局になる恐れがある。
2）商業放送と競合して視聴者を奪う恐れがある。
3）大学番組を放送することによって、大学で働く人の働く機会を奪う。例えば看護学部、農学部における作業員の職場などである。この理由は大学職員の労働組合から出されたものである。

4) 商業放送局を活用すればよい。
5) 州や大学の経済的負担が大きい[21]。

この決議に対してG.ストッダードは、TV放送局設立についてすでに大学評議会の賛成を得ていること、商業放送の利益を損なわないこと、むしろ商業放送と相互補完によって州民の利益の向上につながること、現場職員はむしろ遠隔地教育に能力を発揮できることを説いた。1951年8月31日付けの彼の返書は次のように書かれている。この返書にも彼の教育理念が明確に示されている。

「親愛なるR.リブゼイ（Ray Livesay）殿（イリノイ放送者協会会長）
イリノイ大学は現在商業放送によって州民に提供されている番組を補足するものとしてテレビ番組を放送したいと考えています。州内におけるテレビ電波を独占したいとか、また人々がテレビに期待している娯楽をばかばかしいものと考えたりするものではありません。さらに大学における工学、社会学、コミュニケーション学の研究結果から、テレビは州の大多数の人々にとって重要であり、多様な番組は広範囲に利用されうると信じます。」[22]

G.ストッダードはこうした事態から、大学の決定を変えることは困難な状況にあることを訴え、提出された質問に答えている。

質問1　テレビは国有地交付大学の能力を州民へ提供するためにどの程度貢献し得るか。

回答　大学成立経緯や州民へ奉仕するという伝統に沿って、イリノイ大学はイリノイ州の発展のために広範な奉仕の手段を開発してきました。例えば、農業拡張講座、放送、無料出版物、実験センター、大豆改良研究所、合成ゴム研究所、コミュニケーション研究所、経営相談、学校と教師への奉仕などであります。そこでテレビはどれほど大学の活動を拡張できるでしょうか。まず、テレビは農業大学拡張講座を効果的なものとすることはたしかです。

質問2　公立学校や専門家集団はどんな種類のサービスをテレビに期待しているか、彼らはそのサービスをどのようにして受け取ることができるか。

第9章　地域社会と公共放送　213

　　回　答　多くの人々はテレビを教育のための貴重なメディアと考えています。そうだとしたら、学校の教育や成人教育のためにテレビを利用してもよいのではないでしょうか。学校や成人教育グループは一般向け番組と違った教育用番組に多くの時間を割いて欲しいと希望しています。毎年、イリノイ大学は電話によって7500人の歯科医に短期講座を提供しています。電話に替わるメディアとしてテレビによる専門家や教師教育のための短期講座や特別プログラムへの要求が多いのです。
　　質問3　大学はテレビに関する研究を行う義務があるのか。あるとすればそれは何か。
　　回　答　言うまでもなく、知識の開拓者として働くことが大学の使命です。テレビについての技術研究はもちろん、番組の開発研究と効果研究も重要であります。私はこのように大学でテレビに関する研究をすべきだと主張してきました。大学は、この巨大なコミュニケーションメディアの研究を推進すべきだと考えます。」[23]
　　G.ストッダードは、このように大学の使命遂行とテレビ放送局との関係を明らかにするとともに、大学拡張講座としてまず農業講座をテレビで実現させたいと考えていた。そして、テレビ局を独自に所有した場合にかかる費用について、すでに多くの放送機器の貸与を受けていること、ラジオ放送の長い歴史と経験を持っていること、スタジオも既設のものが使用可能なこと、商業放送に教育番組の放送を依頼した場合より経費が安くつくことなどのメリットがあると回答している[24]
　　これに対してイリノイ放送者協会は、教育番組の放送にあらゆる面で協力をおしまないから、大学は放送局をもたないで制作した番組の放送を商業放送局に依頼したほうがよいと勧告した。G.ストッダードは「もし大学が週に7時間から14時間の番組を制作し商業放送に放送を依頼したとしても、軽減される経費は20％である。年間13万ドルが10万5000ドルに、また23万ドルが18万ドルになるだけである。」[25]と述べ経済的、教育的面からも大学独自で番組を制作し放送したほうがよいと主張した。そして、この機会を逃すとイリノイ大学はチャンネルの割り当てを受ける機会を失ってしまうと述べてい

る。

　当時全米各地で大学による教育局の設立が盛んに行われていた。この実状をG.ストッダードは説明して、イリノイ大学が決して特殊な計画を遂行しようとしているのではないことを、彼らに理解してもらおうとした。

## 6　G.ストッダードとW.ベントン

　イリノイ大学への教育チャンネル割り当てについてのよき理解者はW.ベントン (William Benton) であった。W.ベントンはエンサイクロペディア・ブリタニカ社の社長を務めアメリカ広告界の発展に貢献した人物である。彼は1950年コネチカット州選出の上院議員となり、教育テレビへのチャンネル割り当てに関する上院公聴会で、教育テレビの役割を高く評価して積極的に割り当てるべきだと発言している。G.ストッダードとは度々連絡を取り合い、イリノイ大学へのチャンネルの割り当てに援助を惜しまなかった。

　W.ベントンは、1900年ミネアポリスに生まれた。少年の時父を失い未亡人となった母親とモンタナへ移住、開拓者の生活を送る。カールトンカレッジを卒業後、エール大学へ進学、1921年に卒業する。広告業界に入り1929年にベントン・ボーエル協会を創設し、放送の広告効果に目をつけ1935年までに大不況にもかかわらず世界第六番目の商会に育て上げる。この時放送界との人脈を作り上げたようである。その後35歳の時その商会を売却して、1937年シカゴ大学の副学長としてシカゴに赴く。学長はエール大学時代の友人のR.ハッチンス (Robert M.Hutchins) である。R.ハッチンスは著名な社会学者で、後に『学習社会 (Learning Society)』を著し日本でも知られるようになった人である。

　W.ベントンはシカゴ大学でラジオによる高等教育としてよく知られる「シカゴラウンドテーブル」を企画し成功させた。1945年W.ベントンはシカゴ大学を去り、H.トルーマン大統領のもと国務次官補に就任した。彼は、平和時における国際情報交換と教育交換の立案に従事し、その結果アメリカを世界の人に理解してもらうためのラジオ放送「アメリカの声 (Voice of

America)」をスタートさせた。またソビエトにアメリカ情報局を置き、大学教師と学生の交流を促進した。また国際連合のユネスコへのアメリカの参加を後援し、フルブライト法による留学生の受け入れにも積極的であった。1947年国務省を辞任し49年コネチカット州の上院議員に出ることを承諾し、1950年当選する。上院では、彼は自由と正義のキャンペインを行い、自由の権利と市民の権利の擁護に尽力する。そして議会の国連へのより一層の協力を訴えた。特に「赤狩り」で有名なマッカーシーと対決しマッカーシー法を無効とする決議案を提出した。3年間の任期を了え上院を去った後、彼はそのエネルギーを教育と公共の利益へと注いだ。彼は多くの大学の評議委員となり、またエンサイクロペディア・ブリタニカの経営に従事する。1956年ソビエト連邦の教育についての最初の解説書といわれる『クレムリンの声』を出版し、また1961年には、『ソビエト連邦の教師と教育』を上梓した。その他100にのぼる論文を主要雑誌に掲載している。1957年ブリタニカ・フィルムをブリタニカの別会社として設立し、また1967年12月ブリタニカ創立200年記念式典をスミソニアン研究所で挙行した。W.ベントンはブリタニカ1000セットをL.ジョンソン大統領に寄贈し、それらは学校へ配布された。彼はその後国連大使に就任する。」[26]

このようにW.ベントンは放送メディアの情報伝達力を高く評価し、広告に教育にこれを利用した。またすでに述べたようにアメリカ海外向け放送VOAの産みの親でもあった。G.ストッダードは、W.ベントンがシカゴ大学副学長の時代に行った放送メディアの教育的効果についての研究、当時の大学遠隔教育実験としての「シカゴラウンドテーブル」の放送を通じて彼の知己を得た。

『米国教育使節団の研究』を著した土持ゲーリー法一（1991）によれば、G.ストッダードが1946年米国対日教育使節団長に選任された理由の一つは、当時国務次官補であったW.ベントンの推薦によるものであった[27]。

このような知己をたよって、G.ストッダードはイリノイ大学がFCCからチャンネルの割り当てを受け得るためにW.ベントンの協力を仰いだのである。

W.ベントンはこれに応えて、上院において連邦逓信委員会は教育機関へTVチャンネルを割り当てるべきだとの演説を行った。以下はその演説の一部である。

「1936年私は広告会社を売却し実業界から引退し、シカゴ大学においてラジオの成人教育番組『シカゴラウンドテーブル』の制作の責任者として9年間を過ごしました。その後1945年『アメリカの声』に移り国際放送の開発に努力しました。国務省補佐官として諸国にアメリカ合衆国を理解してもらうための国際放送の運用に従事し、ラジオの威力を身をもって体験しました。正直に申しますとそのときテレビの威力を予感していたのです。

大統領閣下、原子力が産業エネルギーとしてまた防衛力として認められていると同じように、テレビも道徳的啓蒙や知的啓蒙にとって重要な手段と成りうるのです。

過去20年のアメリカにおけるラジオの歴史をたどりますと、コマーシャル放送に毎年100万ドルが費やされ、将来にわたって継続されるものと思われます。これは恐るべきことです。私は広告業者が一部でもよいから善良な番組を放送するよう願っています。教育基金の補助を受けてテレビの教育効果についての研究を続けている私の友人の一人は、商業放送に影響を与えるためのいくつかのアイデアを提案し私に送ってくれました。それらのアイデアは非常に希望のある、また影響力のあるものと私には思われます。彼を信頼し、公共の利益のために必要とされるテレビのチャンネルを、私たちに認可して下さるようお願いいたします。」[28]

W.ベントンは上院における演説において、イリノイ大学や、かつて副学長であったシカゴ大学の放送教育に関する実践をイメージしながら、商業放送の俗悪番組を追放するためにも連邦逓信委員会（FCC）が教育団体にチャンネルを割り当てるべきことを大統領をはじめ多くの議員に訴えたのである。

こうした努力の結果、イリノイ大学へ連邦逓信委員会からVHF12チャンネルが割り当てられた。1953年5月のことである。R.ブレイクリーによると「チャンネルの割り当ては、イリノイ放送者協会の抵抗に会い予定より1年遅れた。」[29]のであり、G.ストッダードがイリノイ大学長の職を辞す3か月

前のことであった。結果としてG.ストッダードはチャンネルの割り当てを待ってイリノイ大学を去りニューヨーク大学遠隔学習センター長へ移動することになった。WILL-TV局の開局はストッダードの長年にわたる献身的な努力の賜物といってよいであろう。

WILL-TV局はチャンネルの割り当てを受けて、1年半を費やして開局の準備を進め1955年8月1日（日）に正式に放送を開始した。

## 7　WILL局年報からみた活動

### (1) 1954年－55年年報より

初期のWILL-TV局の歩みは局長F.スコーレ（Frank E. Schooley）が大学放送委員会に提出したWILL局年報によって知ることができる。F.スコーレは1954－55年はイリノイ大学にとって変化の年であると述べているが、それはテレビの放送開始のための準備が進み、制作した番組を商業放送局に委託して放送したからである。

そのほか彼が特に強調している事項は学校向け放送の充実と利用の促進である。以下の記録によって、学校向け教育番組は番組助言委員会の指導によって制作、調達されていたこと、また大学の多くの学部の協力によって番組が制作され、それらが商業放送局によって放送されていたことが明らかになる。

「1954年から55年にかけてを回顧してみると、16年にわたる教育放送の継承のうえに、教育番組が州の多くの人々に利用されたことが明らかとなった。特に小中学校の教師と児童生徒のために番組を用意した最初の年であった。イリノイ学校カリキュラム委員会によって設立された番組助言委員会は番組の開発に協力してくれた。将来他の州からもラジオとテレビジョンによる学校向け番組の放送に参加してくれるものと期待している。全米教育放送者協会学校ネットワークからラジオとテレビジョンの番組の供給を受けた。

市民教育への直接的サービスとして、ラジオ局は子どもたちが30分の長さの5番組を月曜日から金曜日まで毎日夕刻に家庭で視聴できるように放送し、

金曜日の朝には2番組を放送した。ラジオは今後従来どおりキャンパス外（off campus）の学習者への奉仕を続けていく予定である。

番組制作には、図書館学部、家庭経済学部、政治学部、美術学部が協力した。その他多くの学部が貢献してくれた。音楽学部は学生、職員、ゲストなどを出演させてくれた。農学部は毎日の番組を通じて家庭や農場に情報を提供した。

音楽、ニュース、ニュース解説、スポーツ、解説なども併せて放送した。また全米教育放送者協会（NAEB）から多くの番組の供給を受けた。

テレビについては、大学は放送開始に向けて準備を進めている。スタジオ、放送塔、放送機器の設置などがすすみ、コミュニケーション学部では要員の教育が行われた。一方商業放送WCXAを通して19シリーズが放送された。番組は大学のスタジオからマイクロウエーブによってWCXAへ送られた。

結論として、今年はテレビ放送設備の完成、AM、FM、番組の重要性の増加、テレビ放送の改善が進んだ年であった。

大学放送局長　F.スコーレ」[30]

このように大学は総力を挙げて番組制作に取り組み、キャンパス内教育のみならず市民への奉仕、学校教育への教材提供を実施した。まさに大学教育の市民への開放であり、G.ストッダードの理想の実現であった。

(2) 1955年-56年年報より

1955-56年報はテレビジョンの放送開始を報告し年間の放送時間に触れる。大学放送委員会は大学放送の目的として、高等教育に貢献することを第一に掲げている。例えば科学技術の研究、社会的、経済的、市民的問題に対する啓蒙、市民教育への奉仕、人々の利益などへの貢献である。したがってTV放送開始によって、テレビメディアを通して人々への大学教育の機会の拡充がより一層促進されたことが報告されている。以下はその報告である。

「1）テレビジョン

過去1年間の最大の出来事はもちろん1955年8月1日のWILL-TV局の放送開始である。予算年度における放送日は237日である。通常の放送スケ

第9章　地域社会と公共放送　219

ジュールは月曜日から金曜日まで午後6時15分から8時30分の放送である。
番組の制作源別と放送時間数の概要は以下の通り

  自主制作ナマ番組　　　　　　　260時間　　　　45％
  ETRC（フィルム、録画番組）　262時間　　　　46％
  その他のフィルム番組　　　　　52時間　　　　 9％

　通常の番組編成は、毎日のニュース、天気予報、隔週毎に家庭経済学部制作の家庭経済番組、幼児向け番組、毎週の学校、職場で行われているコンサートの紹介番組、図書館学部提供の本の紹介、広報部からのお知らせ、その他フットボールリーグの成績、交通情報、教師向けにテレビによる教授法の研究などである。
　図書館学のC.ストーン（C.W.Stone）教授による『読書について』はイリノイ州の放送局ばかりでなく他州の放送局へも提供された。
　2）スポーツ番組
　1955年9月24日WILL-TVは、初めてフットボールの放送を行った。またバスケットボールシーズンにはシャンペィンにある商業放送局WCXAのために5試合を中継放送し、2試合を他の商業放送局WTVCのために放送した。また高校バスケットトーナメントを2試合WCXAとベル電話ネットワークのために中継した。
　3）閉回路放送（ケーブルTV）
　1955年10月、WILL-TV局は獣医学部の大学院コースへ閉回路を使って講義を送った。またシカゴ大学歯学部大学院短期コースへも講義を提供した。そのほか6都市へ実験的に閉回路放送を行った。3月の月曜日に4回WILLは実験的に歯科コースをクリーブランド、インディアナポリス、ミルウォーキ、ミネアポリス、セントルイス、シカゴの放送局へ送信した。全部の番組ではなかったが一部を録画して、ロスアンジェルスにも送った。
　4）「教育テレビジョン・ラジオセンター（ETRC）」番組
　ETRC提供の番組は、教育、教養の広い領域をカバーした。1956年には新たに3シリーズが加わる予定である。」[31]

表9-1　放送予定表　1956年1月

| 1月9日、16日、23日（月） | 1月10日、17日、24日（火） |
|---|---|
| 6：15　ニュース　天気予報 | 6：15　ニュース　天気予報 |
| 6：30　発見者 | 6：30　子ども番組 |
| 7：00　読書について | 7：00　工業界 |
| 7：15　未開の宇宙 | 7：15　家庭のあなたのために |
| 7：30　現代のアメリカ | 7：30　大平原の三部作 |
| 8：00　キャンパスの宗教 | 8：00　突然の死 |
| 1月11日、18日、25日（水） | 1月12日、19日、26日（木） |
| 6：15　ニュース　天気予報 | 6：15　ニュース　天気予報 |
| 6：30　マーグルさんの鼻 | 6：30　子ども番組 |
| 6：45　お友達の巨人 | 7：00　原子の魔術 |
| 7：00　行動の科学 | 7：15　家庭の貴方のために |
| 7：30　偉大なアイデア | 7：30　夏の日のすべて |
| 8：00　音楽の時間 | 8：00　航空情報 |
| 8：30　シカゴ市場レポート | |
| 1月13日、20日、27日（金） | |
| 6：15　ニュース　天気予報 | |
| 6：30　魔法の窓 | |
| 6：45　窓から観察すると | |
| 7：00　オペラへのスポットライト | |
| 7：30　羽ペン | |
| 8：00　偉大な絵画 | |

出典）University of Illinois Archives
注）時間はすべて午後

　以上の報告から、①自主制作番組の比率が高いこと、②他の放送局への番組の提供を積極的に実施していること、③スポーツ中継を地域の商業放送局に提供し広めていること、④CATV放送を大学内の教室向けに行ったことなどを知ることができる。
　参考までに1956年1月月曜日から金曜日までの放送予定表の一部を紹介する。
　表9-1によると、子ども向け時間は午後6時30分から7時までの2枠30分である。放送時間が2時間であるので放送時間の4分の1が子ども向けに割かれていたことになる。ちなみにほぼ同時期にテレビ放送を開始したボストン公共放送TV局と放送時間と子どもの時間を比較してみる。

表9-2から1日の放送時間および子ども向け番組時間について、WILL-TV局はボストン公共放送TV局の半分である。これは放送局の施設および制作・技術要員の差によるものと思われる。WILL局長のF．スコーレは、

表9-2　子ども向け番組時間比較

|  | WILL-TV | WGBH-TV |
| --- | --- | --- |
| 放送時間 | 6：15－8：00<br>（1時間45分） | 5：30－9：00<br>（3時間30分） |
| 放送曜日 | 月曜日－金曜日 | 月曜日－金曜日 |
| 子どもの時間 | 6：30－7：00<br>（30分） | 5：30－6：30<br>（1時間） |

出典）University of Illinois Archives and Harvard University Archives　資料から作成

年次報告書の中で、「施設を拡充し要員を増やさなければならない。要求は大きく放送局は小さい」[32]と述べている。

## 8　「クラスルーム・コネクション」
　　　―イリノイ公共放送TV局による学校放送

　1955年8月にテレビジョン放送を開始したイリノイ公共放送局は、最初の年には午後6時から8時までのわずか2時間の放送を行うに過ぎなかった（表6-1参照）。しかし次第に放送時間を拡大していって、5年後の1960年には午前8時から午後1時まで放送し一旦中断して再午後6時に放送を再開して10時までの合計7時間の放送を行っている。

　1960年12月に発行されたイリノイ公共放送局の広報紙「チャンネル12ニュース」には「テレビジョンは教室でお役に立っている」との見出しで学校における番組利用を紹介している。例えばテレビジョンチャンネル12は体育の模範演技を提示したり、理科の実験、社会見学などの代替経験を与え、学校の児童生徒や教師に歓迎されているとして教室で視聴風景やスタジオでの実験風景の写真を掲載している。これらの番組は午前の時間帯に放送されたものである。この学校向けの放送は現在も継続して実施しているので、間単位紹介しておく。

　現在、イリノイ公共放送局は公共放送協会（CPB）、イリノイ州教育局、イリノイ州教育委員会、イリノイ大学、企業経営者、学校教師によるイリノイ

公共放送委員会（the Illinois Public Broadcasting Council）によって運営されているが、教育委員会は学校向けの番組を放送するために「父母と教師と管理者による委員会」へ専門委員を送り込んで公共放送サービスから提供される番組の選定や、制作に助言している。

(1) 「クラスルーム・コネクション」

イリノイ公共放送局の学校放送は1960年イリノイ州の教育局と学校教師の要請によって開始され「クラスルーム・コネクション」（Classroom Connection）」と呼ばれている。放送時間は学校の授業のある9月から翌年の5月まで、月曜日ー金曜日の午前9時から10時30分までと午後1時から2時までの1日2時間30分である。放送される番組は年度当初、イリノイ大学教員、教育委員会専門職員、教員、市民の代表によって構成される番組諮問委員会によって決められシリーズ名が表で示される。ほとんどの番組は長さは15分のため1日に9シリーズが放送されている。

現在、WILL局では学校向けの番組を制作していないため、放送される番組は公共放送サービスから配信される教育番組を録画したり、CTWのような教育番組プロダクションから購入して放送している。公共放送サービスは全国ネットを放送衛星でカバーしているが、時差の関係で全国同時放送は不可能なためそれぞれの公共放送局は録画して地域向けに放送することになる。

WILL局はVHF波によるサービスだけでなく、学校向けにサテライトサービスとケーブルサービスを行っている。これは学校で使用する番組を録画できるようにサテライトとケーブルによって学校に送信するサービスである。このサービスを受けられる学校は、WILLと契約を結んだ学校にかぎられる。

(2) 「クラスルーム・コネクション」契約

「公共の利益に奉仕する」という大学の理想も経済的負担にはかなわず、学校放送番組を利用する学校は、使用料を支払わねばならない。学校は利用に先立ってWILLと「クラスルーム・コネクション」契約を結ぶ。この契約によると、年間の利用料は1校あたり250ドル、教師1人あたり2ドル、児童生

徒1人あたり20セントである。教師と生徒数は州の教育委員会で認定された数となっている。またケーブルサービスを受けるためには25ドル、サテライトサービスには250ドルが必要である。(これらのサービスを受けるためには特殊なアタッチメントが必要である。)

しかし一方教師は無料で、利用ガイド、教師用テキスト、利用相談、毎月の通信、研究会への参加などが保障される。

(3) 利用ガイド「クラスルーム・コネクション」の発行

毎年新学期に先だって、イリノイ公共放送は6月に教師向けの番組利用の手引きとしてA4版で240ページの冊子「クラスルーム・コネクション」を発行している。1996年-97年版を見ると、内容は1)利用の手引き、2)番組紹介、3)特別シリーズ、4)学習の準備、となっている。

1)利用の手引きは、番組の選択の方法、カタログの利用の仕方、教師用テキストの利用、年間継続利用、選択利用、録画利用など利用方法が詳細に述べられている。また録画にはナマ放送録画と夜間放送録画があるとして、録画の方法としては予約録画が良いなどと説明も初心者を想定したものである。

番組が準拠する基準は、①国家の教育基準、②州の学習目標、③学校区の教育目標、④標準的教科書、⑤最新のカリキュラム、であるとして教室の教師が利用しやすい番組を提供していることを強調していた。さらに、番組を利用することによって教師は授業を効率化し、児童生徒の学習内容の理解を促進し、学習に興味を持たせることが出来ると利用効果について解説している。

2)番組紹介では、①幼稚園から小学校低学年向けとして54シリーズ890番組、小学校中高学年向けに75シリーズ966番組、中学校向けに60シリーズ492番組、高等学校向けに99シリーズ883番組がリストアップされ、シリーズ毎にそのねらいと各番組の内容が紹介されている。

3)特別シリーズは特殊学校向け番組、少数民族向け番組、教師向け番組である。

4)学習の準備は、1992年に連邦政府が教育の振興を目的として制定した

ヘッドスタート政策を推進するための番組である。

(4) 教師との連携

WILLは毎年1月2日を利用状況調査の日とし、「クラスルーム・コネクション」に入会している教師を対象に、質問紙法によって調査を行っている。その目的は、①新年度の番組編成の参考資料とするため。②少ない予算を効率的に使うため、③教師とWILLとの連携を深めるため、である。

調査項目は、①利用しているシリーズ、②児童生徒数、③学年、④5段階評定による番組評価、⑤自由記述などである。調査結果は毎年3月第一金曜日にイリノイ大学で開催されるイリノイ州番組諮問委員会で発表される。この会議への参加は自由で毎年500人の教師が出席している。この会議に出席した教師は次のように述べている。

「私は番組をカリキュラムの導入、展開、深化のために使用している。」「私はリーディング・レインボウを使っているが、教科書に載っているからである。」「番組の質が高いので、生徒が学習に集中することができる。」「録画できるので、使いたいときに使うことができるので便利である。」「イリノイ公共放送TV局の番組は有益である。生徒に経験できないことを経験させることができる。特に科学番組がよい。」

こうした教師の感想を読んでいると、子どもの発達を願う教師の思いは万国共通である。

イリノイ公共放送局は開局年次から言えばベストテンに入る伝統ある公共放送局である。しかし他の公共放送局と同様に厳しい経済状況に置かれ、ボランティアの母親や地域の企業経営者などによって支えられ、今日なお運営を続けているのである。

## 9 イリノイ大学TV局とボストン公共放送TV局との比較

G.ストッダードは、イリノイ大学を中西部における有数の優れた大学に育て上げた功労者であった。卓越した行動力と政治力をもって多方面に活躍

した。ＴＶ放送局設立もコミュニケーション研究所の開設と時を同じくして成功させた。自己の業績の18番目に全米教育テレビにおける働きを挙げているが、R.ブレイクリー（1978）によるとG.ストッダードはフォード財団の成人教育基金会長のS.フレッチャーの要請に応じて、1952年公共放送局へ番組を供給する機関としてテレビ・ラジオ番組センターの設立に協力した。このセンターはミシガン州のアナーバ（Ann Arbor）に置かれた。センター長にはG.ストッダードの指名によってオレゴン州立大学長H.ニューバーン（Harry Newburn）が就任した[33]このように、G.ストッダードはその指導力、行政力の故にイリノイ州のみならず全米教育テレビジョンの発展にも大きな役割を果たした。土持ゲイリー法一（1991）によれば、

「その能力はニューヨーク州の教育長官時代にすでに認められ、米国対日教育使節団長に推薦されたといわれる。」[34]

金子忠史（1994）が指摘するように、州立大学は学生定員や量的規模の面で私立大学より大きく、教育機会均等の原則に基づき国民大衆の教育水準を引き上げることに貢献している。さらに産業・福祉の向上を目指して有用性の原則に従い教育、研究、公共奉仕の義務を負わなければならない。また大学の経営に州が参加し、それ故に独立系大学より多くの奉仕を州から求められている[35]

G.ストッダードはこのような州立大学の負うべき使命を深く自覚し、放送の教育的効果を信じて州議会、企業、教育者、商業放送者、連邦議会そして州民へ働きかけＴＶ放送局の開設にこぎつけた。

そこで、ハーバード大学を中心とするボストン大学群と文化機関の協力によって設立されたボストン公共放送局（WGBH）とイリノイ大学局（WILL）を比較することによってWILL局の特色を明らかにすることができると考えられる。表9-3はその比較表である。

ボストン公共放送局は、都市化の進んだ大都市に位置し設立母体もローウェル財団とハーバード大学を核に多くの大学と文化機関によって構成されている。イリノイ大学局は中西部の農村に位置し設立母体はイリノイ大学のみである。指導者としてG.ストッダードとJ.コナントはアメリカ教育界を

表9-3　イリノイ大学局とボストン大学群局との比較表

| | WILL-TV局 | WGBH-TV局 |
|---|---|---|
| 設立母体 | イリノイ大学 | ハーバード大学他MITボストン美術館など |
| 大学の起源 | 州立大学 | 私立独立系大学 |
| 地理的条件 | 農村地帯 | 文化・産業都市 |
| 指導者 | G.ストッダード | J.コナント |
| 放送対象者 | 農民・小中学生 | 市民・小中学生 |
| 財政的基盤 | 大学・州 | 財団・大学・企業 |
| 放送開始年 | 1988/8 | 1955/5 |
| 中心的視聴者 | 学生・小中学生 | 市民 |
| 学校向け放送 | クラスルーム・コネクション | 21インチクラスルーム |
| 学校放送の現状 | 継続 | 州所属の他機関へ委譲 |

代表する双璧であり遜色はない。両者とも国際性豊かな人物で後にG.ストッダードはユネスコで活躍し、J.コナントはドイツ大使として活躍した。土持ゲーリー法一（1991）によれば両者とも米国対日教育使節団長の候補にのぼり、G.ストッダードがその任を全うした[36]

　両局はともに市民への奉仕に尽力したが、地域の差により番組に差があった。ボストン公共放送局はローウェル協会講座の発展として市民教育講座を放送で実施し、産業文化都市にふさわしく実用講座を開発した。一方イリノイ大学局は番組の重心を農民への奉仕として農業講座や、農業経営講座に置いた。共に学校向け番組の開発に努力したのである。

　ほぼ同時期に放送を開始した両放送局のその後の歩みは、若干異なっているように思える。成熟した市民社会としてのボストンにおけるボストン公共放送局の役割は主として市民教育にあり、農村を地盤とするイリノイ大学局は農民教化と学校教育への奉仕が中心となった。これは地理的、社会的条件の違いによるだけではなく、独立系大学と州立大学の違いにもよると思われる。

　現在イリノイ大学局は公共放送サービス（PBS）から教育番組の配信を受け、学校の教室へ送り届けている。毎年5月に教員、指導主事、大学教師による学校放送番組委員会を大学の放送委員会の下に開催し、利用状況を明ら

かにするとともに9月からの新年度に学校で必要とされる番組がどのようなものかの要望を汲み上げる努力をしている。財政的理由から自主制作番組は週30分の趣味講座番組と電話による視聴者参加の対話番組のみであるが（赤堀 1996)[37]、人々の教育要求を満たすべく努力を重ねている。多くのボランティアによって運営が支えられ「みんなの放送局」として親しまれ地域社会の発展に貢献しているのである。

注
1) David E.Slosson (1910), *Great American Universities*, Macmillan, pp.280-82
2) Claire Sanders (1994), *The Right Foot-Guide to the University of Illinois at Urbana-Champaign*, Tall Order Press Demographic, p.47
3) Patoricias Jordan (1954), *Profile of WILL*, NAEB NEWSLETTER Vol.10 pp.7-12
4) *Ibid.*
5) 山口秀夫 (1979)「アメリカにおける公共放送―その生成と史的発展について―」『NHK放送文化研究年報』24 p.137
6) Jerry Landy (1991), *The Cradle of PBS*, Illinois Quarterly Winter 1991 pp.35-41
7) George D.Stoddard (1981), *The Pursuit of Education an autobiography*, Vantage Press, p.104
8) Everett M.Rogers (1994), *A History of Communication Study*, Free Press, pp.448-450
9) Emeritus Theodore Peterson (1995) 筆者による面接資料
10) Paul Lazarsfeld (1949), *Seminar on Educational Radio; Remarks of Paul Lazarsfeld, Coleman R.Gliffith, O.H.Mowrer, Willard Spalding and J.W.Albig*, University of Illinois Archives, p.2
11) Allarton House Seminar Report (1949), *Educational Broadcasting-Its Aims and Responsibilities*, University of Illinois Archives, pp.1-30
12) *Ibid.*
13) *Ibid.*
14) G.Stoddard (1946), *How Can Educational Television Improve the Quality of Citizenship and Strengthen Democratic Institutions?*, New York University Educatinal Television and Radio Center, University of Illinois Archives
15) JCET (the Joint Committee on Educational Television) 1950年10月、7全米教育団体の連合体として結成され、連邦通信委員会（FCC）に対して教育用の電波の割り当ての要求を行った。加盟団体は
　　①全米教育委員会 (the American Council on Education),

②教育ラジオ協会 (the Assosiation for Education by Radio),
③全米州教育事務局委員会 (the National Council of Chief State School Office),
④国有地交付大学協会 (the Association of Land-Granted Colleges and Universities),
⑤全米教育放送者協会 (the National Association of Educational Broadcaster),
⑥全米州立大学協会 (the National Association of State Universities),
⑦全米教育協会 (the National Education Association)
である。

16) G.Stoddard (1946), *op.cit.*
17) G.Stoddard (1946), *op.cit.*
18) G.Stoddard (1952), *Fact about THE UNIVERSITY OF ILLINOIS AND TELEVISION* 出典 学長演説 University of Illinois Archives
19) G.Stoddard (1952), *ibid.*
20) University of Illinois (1951), *University of Illinois News* 8/2
21) *ibid.*
22) University of Illinois President Documents (1951), イリノイ放送者協会宛 学長書簡 University of Illinois Archives
23) *ibid.* (テレビの使命)
24) *ibid.* (質問に対する回答)
25) *ibid.* (経済的軽減についての意見)
26) Encyclopedia Britanica (1979), *William Benton*, Encyclopedia Britanica Inc Vol.3 pp.449-450
27) 土持ゲーリー法一 (1991)『米国教育使節団の研究』玉川大学出版部、p.64-66
28) W.Benton (1951), 上院議会演説 University of Illinois Archives
29) R.J.Blakely (1979), *op.cit.* p.101
30) F.Schooley (1955), *WILL Annual Report 1954-55*, University of Illinois Archives
31) F.Schooley (1956), *WILL Annual Report 1955-56*, University of Illinois Archives
32) F.Schooley (1956), *WILL Annual Report 1955-56*, University of Illinois Archives
33) R.J.Blakely (1979), *op.cit.* pp.103-104
34) 土持ゲーリー法一 (1991) 前掲書、pp.67-68
35) 金子忠史 (1994)『変革期のアメリカ教育』[大学編] 東信堂、pp.37-38
36) 土持ゲーリー法一 (1991) 前掲書、p.46
37) 赤堀正宜 (1996)「アメリカの良心 公共放送—イリノイ大学 WILL 局—」『放送教育』Vol.50 No.11、pp.62-65

**参考資料**

I.G.ストッダードの主な活動（自叙伝より）pp.336-37

| | |
|---|---|
| 1920-24 | |
| 1921 | ペンシルベニア州立大学卒業 |
| 1921-22 | カーノンダール高等学校の英語教師 |
| 1922-23 | パリ大学大学院生 |
| 1923-25 | アイオワ大学大学院生と研究助手 |
| 1925-1929 | |
| 1925 | アイオワ大学心理学と教育学の助手　心理学博士 |
| 1926-28 | アイオワ大学心理学と教育学の助教授 |
| 1928-29 | アイオワ大学児童福祉研究所準教授 |
| 1929 | アイオワ大学教授 |
| 1930-1934 | |
| | アイオワ大学心理学と教育学教授 |
| | アイオワ大学児童福祉研究所長 |
| 1935-1939 | |
| | アイオワ大学教授、児童福祉研究所長　大学院長 |
| 1940-1944 | |
| | ニューヨーク州立大学学長、州教育委員 |
| 1943 | 『知能の意味』出版 |
| 1945-49 | |
| 1945-46 | ニューヨーク州立大学学長、州教育委員 |
| 1950-1954 | |
| 1946-53 | イリノイ大学学長　1953の8月まで |
| 1954 | ニューヨーク大学遠隔学習センター長 |
| 1955-1959 | |
| 1955-56 | 自己学習センター長 |
| 1955 | ケンブリッジ大学フルブライト教授 |
| 1956 | ニューヨーク大学教育学部長 |
| 1960-1964 | |
| 1960-64 | ニューヨーク大学評議委員と副学長 |
| 1964 | ザルツブルグアメリカ研究セミナー |
| 1964 | ニューヨーク大学名誉教授 |
| 1965-69 | |
| 1965-67 | ニューヨーク大学名誉教授 |
| 1967 Summer | ロングアイランド大学副理事長 |
| 1968 Fall | ロングアイランド大学評議員 |

Ⅱ. イリノイ放送者協会構成員
ILLINOIS BROADCASTERS ASSOCIATION

| 氏　　名 | コールサイン | 場　所 | |
|---|---|---|---|
| Ray Livesay | WLBH AM & FM | Matton | 会長 |
| Oliver J. Kellar | WTAX AM & FM | Springfield | 副会長 |
| Joe Kirsy | WKRS AM & FM | Waukegan | 事務局 |
| Harold Stafford | WLS | Chicago 7 | |
| Charles R. Cook | WJPF | Herrin | |
| Charles C. Caley | WMBD AM & FM | Peoria 2 | |
| Walter Rothschild | WTAD AM & FM | Quincy | |

# 第10章 公共放送の社会的使命
―民衆の、民衆による、民衆のための

## 1 放送の公共性

　日本、イギリス、フランス、ドイツなどの放送先進国においては、政府から距離を置く独立した組織として公共放送局がスタートし、1950年代にテレビ時代の幕開けによって商業放送が認可されると、商業放送との番組視聴率や財政上で激しい競争にさらされることとなった。こうした国々では、公共放送が先行して発展し、商業放送が公共放送の後を追うという形をとっている。

　これに対してアメリカにおける公共放送は特異な発達をとげた。自由競争の国アメリカでは、放送の幕開けから認可さえあれば誰もが放送事業に参入できる時代が1930年代まで続いた。こうした時代に、公共放送は非商業放送、非営利放送として、商業放送や営利放送と肩を並べて発達した。それ故、公共放送は最初から商業放送との競争にさらされていたのである。

　アメリカの公共放送を一言で表すのは困難であるが、W.ホイネスは公共放送についてボストン公共放送局職員へのインタビューから「彼らは公共テレビをあたかも拡張学校（Extension School）のようにイメージし、そこで働きながら彼ら自身が毎日何かを学習する喜びを得ている。」と述べ、「結局彼らは同じ放送という職業で働いているとはいえ、商業テレビと違った世界に働いていると感じている。」[1)]と結んでいる。つまり、公共放送に働く人々は、公共放送局を商業放送と違った教育、教養番組を放送している放送局と

漠然と感じているのであるが、番組制作面においては商業放送と違った過程を踏む企業体として認識しているわけではなく、むしろ商業放送局の番組制作者と同じ放送人であると自認しているようである。しかしその上に、公共放送の使命として、広く教育番組制作を意識の中に持ち続けていることを証言したものである。

公共放送の生成の歴史をたどれば、最初教育放送局として創設され、1967年の公共放送法によって非商業放送局として公共の利益に奉仕する放送局と性格付けられ、この性格づけに従って教育番組に限定されない広く教養番組の制作局へと成長してきた。ボストン公共放送局職員は多分このような歴史的背景を身をもって感じとり先の感想を述べたのではないかと思われる。それではまず、放送の商業主義（commercialism）と対比される公共性とは何であろうか。

放送の公共性（publicness）について『イギリスにおける公共奉仕放送』(1993)を書いたJ.ブラムラー（Jay G.Blumler）は、公共放送の先駆者である英国において次の条件をみたす放送として定義している[2]。

1) 精神の高潔さ（high-mindedness）

できる限り多くの家庭に人類の努力と成果において最高のものを送り届けるための道徳的責任感の高さ

2) 総合的信託性（comprehensive remit）

イギリス公共放送は総合性の倫理によって形成されてきた。このことは商業主義の中でアメリカの良心と自認しているアメリカの公共放送と大きな違いである。アメリカの商業放送は「ダラス」（娯楽）を提供し、公共放送は「パバロッティ」（教養）を提供すると言われる。しかしイギリスの公共放送は、娯楽、教育、情報の幅広い領域をカバーし、しかも番組の質の高さと大衆性を併せて追求する。この性格は財政基盤から由来し人々からその責任を信託されていると考えられる。つまり、テレビセットにかかる「受信料」がBBCの財源だからである。

3) 番組領域と均衡（program range and balance）

番組制作方針は多くの人々の興味と関心を満足させることである。集団の

規模に関係なく、小さな集団でも大きな集団でもである。
4) あまねく奉仕すること (universal provision)
　すべての人が利用できるように。これは新しい情報メディアとしてのケーブルテレビジョンが、経済的に利用可能な人々にのみ奉仕している状況とは違ったものである。
5) 編集の独立性 (editorial independence)
　この原則は、番組制作においていかなる政治的、宗教的、社会的集団の影響も受けてはならないということである。
6) 公共的責任 (public accountability)
　与えられた免許に報いるため、放送者は公共の要請に忠実であるよう心がけること。
　一方スカンジナビア諸国における公共放送についてP．セプスツラップ (Preben Sepstrup) は次のように述べている[3]。

　公共放送の基本原則に従い、放送者はいかなる利益の追求もしてはならない。また、政府の道具となってはならない。番組の内容と視聴集団について常に多様性を念頭に置かなければならない。要約すると公共放送者は
1) 少数民族や好視聴時間をも考慮に入れて、人々に多様な番組を提供すること、
2) 社会における経済と政治の高潔さを維持し、人々がそれを実行するための手だてとなる番組を制作すること。
3) 国のすべての家庭が、同じ料金で受信できるラジオやテレビの電波を送信すること。
4) 国家的文化の創造への支援（例えば脚本の買い上げ、交響楽団の維持、芸術家、演劇家の支援といった）を行うこと。
となっていて、公共の利益に奉仕し、社会の正義と秩序の維持に貢献する放送と位置づけている。こうした思想は、日本やイギリスにおけるような国家的規模の公共放送にとっても共通の規範となっている。

## 2 アメリカにおける公共放送の思想

　自由主義の国アメリカにおいてはどのように考えられたのであろうか。1967年に出版された『教育放送に関するカーネギー報告書』は、「公共テレビジョンの番組は、地方生活における地域社会の感覚を人々に深めさせる。そして、公共放送は地域社会の真の姿はなにかをわれわれに伝え、討論の広場とならなければならない。公共放送は人々に相互の交わりをもたらし、そこは公共の意志が調和して存在し、人々の希望や主張、熱意、意志を表現する場となり、地域社会における集団の声をつたえる機関でなければならない。」[4]と述べ、公共放送が地域社会に基盤を置き地域社会の発展に貢献すべき義務を負っていることを示した。W.ホイネスは「公共放送のバックボーンは地域の教育放送局という自負である。」[5]と述べ，さらに「名称は変わったが教育放送は『公共放送』の中に生き続けている」[6]と書き公共放送の重要な使命が教育放送であることを明らかにしている。『アメリカにおける公共ラジオ・テレビジョン』を著したR.エンゲルマンは、「1967年の公共放送法（Public Broadcasting Act）はアメリカに非商業放送システムを確立した戦勝記念碑である」[7]とする。それ故、公共放送法の成立の思想的基盤を構築した1967年のカーネギー報告書は、放送を国家の貴重な資源と定義し、この資源を公共の利益に使用する公共放送の行うべき使命を明らかにした報告書であり、したがってアメリカの多様性と生活の復興を可能にする民主的道具として公共放送の潜在力を高く評価した報告書である。カーネギー報告書には、民主主義の根源であるコミュニティの復活と実現を公共放送に期待する文章が数多く見られる。

　またR.エイベリー（Robert Avery）は、アメリカの公共放送は自らを「商業主義の海の中の福祉の島」[8]と認めていると表現し、商業放送と対峙するものと規定した。

　以上の多くの論説から、公共放送はアメリカの地方自治の伝統の中で、地方に根を下ろし育ってきた教育放送局（Educational Broadcasting Station）を母

体として、公共の利益に奉仕する使命をもった放送局であるといえる。これらの放送局は、公共放送法が成立した1967年以前は、非商業放送局あるいは教育放送局と呼ばれていた。

アメリカにおける公共放送についてW. ローランド Jr. (Willard Rowland Jr.) は、「公的資金によって運営され、教育的に自由な放送局で、受け継がれてきた良識、進歩主義、商業主義を越える各種の改革などに関する責任を持っている。基本的には、教育への責任、学問の自由、公共の安定を目指す。」[9)]そして「かつては公共放送は、中産階級、白人、男性指向であると批判されたが、現在では経済においても政治においても幅の広い選択をすべての人に等しく提供している。」[10)]と述べている。

アメリカでは特に商業放送の商業主義と対比して、公共放送はアメリカの良識と考えられているのである。

## 3 大学の使命と公共放送

アメリカにおいては、公共放送局の草創期に多くの大学がその設立に関与した。大学のバックアップなしでは公共放送の発達はありえなかった。すでに述べたようにイリノイ大学長 G. ストッダードはマスコミュニケーション研究所長のW. シュラムと協力して大学付属の放送局WILL-12VHFを1955年にスタートさせた。またヒューストン大学長ウォルターW. ケマラー (Walter William Kemmerer) はアメリカ最初の教育放送局を1953年の春に大学の校舎内に設置した。彼は1951年4月にペンシルベニア州立大学で開かれた教育テレビジョン連合委員会(JCET)に出席した経験と、全米教育放送者協会(NAEB)の教育放送の必要性を訴えた報告書とに強い衝撃を受け、2年間の努力の結果ヒューストン大学局(KUHT)をスタートさせた[11)]。W. シュラムによると教育局のチャンネル割り当てが連邦逓信委員会(FCC)か

表10-1 公共放送局の増加

| 開局年 | 数 |
|---|---|
| 1953年 | 1 |
| 1954年 | 8 |
| 1955年 | 8 |
| 1956年 | 5 |
| 1957年 | 7 |
| 1958年 | 8 |
| 1959年 | 10 |
| 1960年 | 7 |
| 1961年 | 10 |
| 1962年 | 13 |
| 計 | 77 |

出典 W.Schuramm[12)]

表10-2 公共放送局の免許所有機関
1962

| | |
|---|---|
| 地域社会・市民団体 | 20 |
| 大学 | 34 |
| 学校組織教育委員会 | 23 |
| 計 | 77 |

注) 上記の放送局のうち幾つかは地域放送網を構築した。ボストンにあるWGBH局はニューイングランド放送網を完成した

ら発表された直後の1954年に開局した8教育放送局のうち4局が大学が関与したものであった[12]。

表10-1と表10-2は初期の10年間に設立された公共放送局の増加状況と免許所有機関についてである。

ボストン公共放送局について言えば、ハーバード大学長J.コナントは1930年代から50年代にかけてのアメリカ教育界の重鎮である。彼の指導力なしではボストン公共放送局はありえなかったと思われる。ボストン地域の大学群の組織化、文化機関の協力のとりつけ、放送免許の申請とその取得、財政的援助の引き出し(これは主としてフォード、ローウェルの両財団および大学群、ボストンの指導者)などは彼の功績である。そしてなお今日多くの大学が公共放送の経営委員会に名を連ね、運営に当たっているのはなぜであろうか。これらの点を大学の教育理念や放送に対する人々の考え方からまとめてみる。

(1) 大学の理念—公共奉仕の精神—

周知のようにアメリカの大学の使命は教育、研究と並んで公共への奉仕にある。大学は研究、教育の成果を社会に還元するのは当然として、そのうえに知識の応用という面で公共への奉仕の使命をもっているのである。その具体化として「高等教育の機会はすべての人に開かれているべきだ。」という思想がある。この起源は1862年のモリル法にさかのぼる。国有地交付大学の創設を目的としたこの法は、「誰でも、どんな学習でもできる大学」すなわち大学教育を広く民衆に開放することを政策の基盤としている。教師中心、研究中心の大学ではなくて利用者中心、サービス中心の大学である[13]。ハーバード大学放送委員会が学長J.コナントに提出した放送局創設に関する報告書に、大学の使命と放送との関係が明確に示されている。再掲すると、①成人教育を行うため、②ハーバード大学の研究の成果を広く人々に知ってもらうため、③公共の利益と福祉に貢献するため、④教育、文化、技術の発達

に寄与するため、⑤放送によって人々に学習の機会を提供するためと述べている。人々に広く大学教育を開放する目的で、1915年には全米大学拡張協会(the National University Extension Association)が結成され、その宣言に「国のあらゆる場所においてすべての人に学習の光をあてる」ことを唱い、大学の社会的使命としての教育機会の開放を明らかにしている。

(2) 新しい大学の使命と市民教育（Ｊ．コナントの思想）

　ハーバード大学長Ｊ．コナントは、1950年１月バッファローにあるニューヨーク州立大学において「現代の大学の社会的機能」[14]と題して講演した。その中で彼は、現代の新しい大学の使命として①専門教育、②知識の開発、③実践的技術教育の３つを挙げた。Ｊ．コナントは21世紀を展望して、多くの青年が大学教育を享受するであろうこと、技術革新が急速に進むことを予想して、実践的技術教育を多くの若者に施すべきであると主張している。そして若者への実践的技術教育を行う教育機関として、彼は急速に普及してきたコミュニティ・カレッジに期待を寄せている。

　彼の思想的根元には教育の自由と平等があり、人々は常に学習する自由と学習権の行使が許されるべきだと考えていた。そこで、大学においても人々に対してこの権利を保障する使命があり、その手段の一つとして大学拡張教育やその具体的な教育手段としての教育放送を考えたのである。

　Ｊ．コナントの論文の中には、しばしば「成人教育（Adult Education）」に触れた部分を見るのであるが、彼が生涯教育、継続教育に深い関心をもっていた証拠であろう。なお当時のアメリカの大学は、第二次世界大戦から帰還した帰還兵学生の増加に直面し、彼らの教育に追われていたことも確かな事実である。

　Ｊ．コナントの成人教育に対する思想を理解する手がかりとして、1948年２月にボストン公共放送FM局から放送されたラジオ番組「大学とラジオによる教育」(the Colleges and Education by Radio)がある。この番組は、ボストン地域の７大学長による座談会形式の番組で、ラジオによる成人教育の可能性を大学の立場から論じたものである。番組司会をはローウェル協会放送委

員会事務局長のP.ウィートリーが行った。

　この番組の中で、J.コナントはまず継続教育のメディアとしてラジオに強い期待を寄せて次のように述べている。「すでに全米高等教育委員会が成人教育の手段としてラジオを高く評価している。そして事実、人々の継続教育のために多くの機関が存在するが、今やラジオは間違いなくそれらの中で重要な地位を占めるようになった。」そして「人々にとっての真の一般教育 (general education) は、彼ら自身の社会生活の中で継続的に行われなければならない。学生は大学教育を終えて将来の実務家や科学者、技術者、法律家を目指して巣立って行くが、知識や社会性の完成のためにはさらに継続教育が必要である。しかし彼らはこうした認識なしに学業を終了している。この状況を改善するためにラジオ番組が利用されなければならない。

　ところでわれわれは、まずラジオの聴取によって人々は何を学び、彼らの行動にどんな変化をもたらすのか、彼らはどんな目的でラジオを聴くのかを明らかにしなければならない。それらはまだ解明されていないが、教育メディアとして登場してきたラジオによる成人教育講座が直接人々の家にとどき、大学教師が多くの家庭へ直接働きかけることが可能になったことも事実である。」[15] このようにJ.コナントは、人々は大学を卒業した後にも生涯にわたって継続的に学習すべきこと、そして学習を刺激し情報を伝達するメディアとしてラジオの教育的機能を検証しながら、大学は継続教育へ貢献すべきであると主張している。

　この番組はローウェル協会放送委員会（LIEBC）が民間放送の電波を買って大学拡張講座を開始しようとしていた時期に放送されたもので、J.コナントの放送への期待と意欲がよく現れている。

　当時、ハーバード大学だけでなく多くのカレッジや大学が、アメリカ社会が追い求めてきた「万人に高等教育を」という高等教育機会の均等化の理想の完遂を目指して教育手段の多様化を模索していた時代であった。こうした社会状況の中で、新しく登場してきたラジオという放送メディアを利用したことは当然の結果であろう。

(3) 大学教育の公開化、弾力化の思想

　大学教育の公開化、弾力化の思想は、学習者の教育要求を満足させる学習者中心の教育思想であり、また伝統的教育方法にとらわれない実用的、実践的なプラグマティズムの教育思想を基盤にしている[16]。世界に先駆けてアメリカでは、キャンパス外（off campus）教育、単位互換制、夜間コースの設置、学習時間の弾力化、遠隔教場における訪問教育などが行われてきた。

　大学大衆化の流れの中で、学生の多様な学習要求や学習形態を満たす教育方法としての大学教育の公開化は、遠隔教育の形で具体化され広く世界で実践されつつある。放送の発達は大学教育の公開化を促進し、放送は教授メディアとして基幹的役割を果たしている。放送の発祥国のアメリカが大学教育の手段として率先して放送を取り入れたのは当然であった。


(4) 地域社会の再生とプラグマティズム

　アメリカが独自に生み出した哲学が、実用主義といわれるプラグマティズム（pragmatism）である。このプラグマティズムの精神がアメリカの公共放送を支えていると考えられる。

　1870年代のはじめハーバード大学に形而上学クラブと呼ばれた小さな哲学研究グループが生まれた。彼らは、神学者、哲学者、科学者、心理学者など様々な学問領域に属す人々で、二週間に一度メンバーのいずれかの書斎に集まって哲学の諸問題について話し合うのが常であった。このメンバーの一人に数学の天才と認められていたC．パース（Charles Sanders Peirce）がいた。彼は、神によって創造された被造物としての人間は、神の存在を認めながらも自らの行動を科学に置いてもよいとして、神の意志と人間の行動との止揚を図り、この考えをプラグマティズムと呼んだ。つまり神の意志によってこの世に生れた人間は神の意志に従って生きねばならないが、しかし、科学の基本である合理性に行動の規範を置いてもよいと考えた。その後この思想は、ハーバード大学で道徳哲学を講義したW．ジェイムス（William James）に引き継がれ、そして教育における実用主義としてJ．デューイ（John Dewey）が経験主義教育の思想を確立する基礎とした。

地域社会の再構成とプラグマティズムの関係を『地域社会の再構成(1992)』にまとめたJ.キャンベル (James Campbell) は「J.デューイは地域社会を再構成するために2つの方法があると考えた。第一は知的方法であり、そこではまず問題設定の過程にかかわり、そのために人々は情報を収集し、状況を把握し、そして発見と創造を助けるために何が可能であるかを明確にしなければならない。そして、第二の方法として実践的方法が考えられ、それは人々の善意に基づく協同的実践的努力 (the cooperative practical effort based on good will) である。」[17]と述べて、J.デューイが地域社会をアメリカ社会の基礎において、プラグマティックに改造していく理想を持っていたことを明らかにしている。

　J.デューイは、地域社会の再構成には人々の参加が必要であり、そのために地域社会の人々による共同体 (Cooperation) の構築と相互の交わりを強化しなければならない。そのために新聞や雑誌の活用、討論と説得、人間関係の深化を行うことが大切であると考えた。そして、お互いに自己の専門性を出し合って、衆知を集めて地域社会を再生しなければならないと説いた。

　彼の主著『学校と社会』が世に出たのは、1899年のことである。J.デューイは生まれ育ったバーモント州バーリントンの町をイメージしながら、教育の基礎をプラグマティズムと地域社会に求めてこの書物を著したのである。

　ボストンにおける大学拡張講座の開始とその後の公共放送局成立は、J.デューイの活躍した時代と時を同じくし、またボストンがプラグマティズムの発祥の地であることを考えれば、教育における実用主義の実践として市民教育への放送利用は当然の結果であると言えよう。

(5) 大学大衆化の潮流

　さらに1945年以後の大学大衆化の歴史的潮流と帰還兵の大学への大量入学を無視するわけにはいかない。第二次世界大戦中の1944年に成立した「復員軍人援護法：略称GI Bill」(Servicemen's Readjustment Act,) は復員軍人のハイスクール、短期大学、および大学への復学または進学を保障しあるいは彼らが企業内で訓練を受けることを援助する目的で、授業料、教材費、および生

活費の一部を連邦の補助金から支給するものであった。もし大戦後多数の帰還兵が帰国して職を求めた場合に、アメリカ社会は彼らを円滑に受け入れることが困難であると予測され、段階的な受け入れの手段として大学への受け入れを考えたのである。復員軍人の受け入れ要請は連邦政府の方針として、連邦教育局長官のG.ズーク（George Zook）によって大学側に伝えられた。復員軍人援護法によって、1945年から1949年の間に220万人の復員軍人が大学へ進学すると考えられた。事実、「終戦直後の1946年にはMITは毎月4000人の入学希望者を受け入れ、またハーバード大学は6000人を受け入れた。大学は愛国心（patriotism）を以て対応した」[18]とR.フリーランドは述べている。ハーバード大学学長J.コナントは「この自由主義社会のアメリカにおいては、人々は自己の希望を満たす機会が与えられ、また世界は平和を維持する機会をもっている。この国の若者はそれを可能にした。」[19]と評議会で述べ、復員学生の受け入れに理解を求めた。学生数は1663年にハーバード大学が開学してから一貫して増加してきた。とくに第二次世界大戦後の増加は著しいものがあり、全米では1950年には学生数は250万人、1960年には300万人を越え1970年には約700万人、実に該当年齢の48％を占めるに至った[20]。結局1950年代と比較して70年代に学生数は3倍増となったのである。こうした学生の教育には、あらゆる教育資源の利用を考えなければならないのは当然で、学生を教育するために教育テレビ網で大学課程が提供され、大学外でも課程修了試験を行う制度が確立されたのである[21]。

　1972年－1973年の大学拡張委員会の報告書には、単位取得のためにWGBH-TVから放送されたテレビジョン番組について、「これらの番組制作費は海軍の予算から支出されている」[22]と書かれている。大学拡張委員会を構成しているボストン地域の大学に多くの復員学生が在籍していて、これらの学生の教育のために国防総省から大学および公共放送局に補助金が交付され、これによって大学拡張講番組が制作され、キャンパス外教育が実施されていたのである。


(6)　電波の利用に対する自由開放の精神

公共放送の発展を支えてきた要因の一つにアメリカの電波に対する自由開放 (Laissez Faire) の哲学がある。R.ブレイクリーは「この精神に基づいて、連邦政府が商業者だけでなく教育者に自由に電波を使用できる枠を設定したことが公共放送の発達を促した。」[23]と述べている。

放送法の精神とは、①電波は公共の財産である、②電波は公共の利益にのみ使用される、③上記の目的に使用する場合には何人も規制を受けないの3項目に要約される。

1927年のラジオ法 (the Radio Act of 1927) は放送法の精神について次のように述べている。「我々は放送の自由を保持している。それは放送する自由と言論の自由である。ラジオ放送の自由には、聴取者の自由も含まれる。電波は公共の財産であり、公共の利益のために使用されるべきものである。その利益は放送者と聴取者相互のものである。両者に葛藤があってはならない。」。さらに「電波はすべて、視聴者である公共の利益に属し、放送者は認可のもとに、公共の利益のためにのみ電波を使用することができる。放送者は公共の関心と公共の便宜のために放送しなければならない。そして電波の規制を行う独立した機関として連邦ラジオ委員会 FRC (the Federal Radio Commission) を設立すべきである。」と。また時の大統領フーバーの言葉を借りれば、「電波は公共の資源である。この資源を使用したいと思う者はその自由が保障される。しかし使用に際して公共の利益を最優先とし他人を傷つけたり反道徳的な内容の放送をしてはならない。連邦政府は電波の混信を防止するために最小の規制を行う」となる[24]。1927年ラジオ法に基づいて連邦ラジオ委員会が設けられ、以後電波の割り当てに関する規制を行うようになった。

### (7) 民間主導型の教育放送

教育番組制作機関と放送機関に関してはそれぞれの国の政策、社会文化の違いによって異なっている。番組制作機関と放送機関と組み合わせて分類すると次の4つになる[25]。

①国立放送局において文部省の統制下で番組制作と放送を行うもの。
②放送局と番組制作機関とが分離しているが、いずれも国立の機関である。

③公的協会組織の放送局で番組制作と放送を行うもの。

④自由開放主義で制作組織や放送に関する規制が少ない。

①のタイプは中国、インドネシア、韓国、チリ、

②のタイプはシンガポール、マレーシア、フランス、

③のタイプは日本、イギリス、カナダ、オーストラリア、

④のタイプはアメリカ

　上記の分類で明らかなようにアメリカ型の教育放送は世界に比類のない独特のものである。放送免許の被免許団体は放送局ではなく大学、州教育委員会、地方教育協会などであり、国の規制から独立して番組を制作し放送している。しかも教育番組の対象者も高等教育から次第に中等、初等教育へと拡大していった。この点でも他の国とは異なっている。財政についても、1967年以後連邦政府の財政的補助があるとはいえ1993年の統計によれば公共放送運営経費のうちの26％を占めているに過ぎない。財政的補助が少ないだけ政府の統制も少ない。言い換えれば民衆に支えられた放送局なのである。

　本書では、ボストン公共放送局を中心に公共放送の生い立ちを論じてきたが、公共放送局は民衆による、民衆の、民衆のための放送局である。そして民衆の先頭に立ち創設と運営の要の役割を果たしてきたのが大学である。そこで次に、地域の放送局としての公共放送局について触れてみたい。

## 4　地域放送局としてのボストン公共放送局

　ボストンに本拠をおくボストン公共放送局（WGBH）は、公共放送サービス傘下の主幹局である。その理由は公共放送サービス（PBS）のプロデューサー局として多くの全米向け放送用の教育番組を制作、供給しているからである。ボストン公共放送局の年譜によると、「1980年代の中頃から公共放送サービスの配信する全米向け番組の3分の1を制作するようになった。」[26]と記録されている。しかしボストン公共放送局の使命はあくまでも地域社会への奉仕である。地域社会に支えられ、地域社会のために、そして地域社会の放送局として生き続けている。こうした傾向はアメリカの公共放送に普遍化

できると思われるので、ボストン公共放送局を例にとって詳述してみたい。

(1) ボストン公共放送局の使命に示される地域性

ボストン公共放送局の年次報告書には、「ボストン公共放送局の使命」として次のような文章が記されている。「この非営利的協会の目的はテレビジョン、ラジオ、その他の通信手段によって公共の人々の教育を促進し、情報や娯楽を提供し、人種や宗教、年齢、出自を越えてすべての人々を力づけることにある。そしてこのような奉仕によって人々の生活は豊かなものになるであろう。」[27] そして具体的に、①市民性の向上、②賢明な市民として教養、科学的知識、人間性を備えた創造的で、知的な人間の育成、③相互理解の促進、④健全な児童の教育のための番組の提供をあげている。この宣言から、ボストン公共放送の使命が健全な市民の育成に貢献する教育番組の提供にあることが分かる。

(2) 経営の方略に示された地域性

経営委員会は教育、文化、地方政治、企業の経営者の代表からなる4つの小委員会によって構成されている。
　①信託委員会（the Board of Trustees）ボストン地域の教育・文化の指導者
　②監督者委員会（the Board of Overseers）ニューイングランドの指導者
　③地域助言委員会（the Community Advisory Board）世論指導者・理解者
　④共同経営委員会（the Corporative Executive Council）指導的経営者

信託委員会委員としてのハーバード大学、MITなど大学、文化機関は設立当初の委員より増加して10となっているが、現在は5機関ずつ2チームに分かれ2年の任期で交代し、経営に参加している。

(3) 財政基盤の構成に示される地域性

財政は地域の人々の寄付や拠出金によって支えられている。表10-3は1999年度の収入源の一覧である。

表10-3で明らかなように、連邦政府からの補助金が少ない。最も多い収入

源は公共放送サービス加盟局からボストン公共放送局へ支払われる番組の使用料である。これはボストン公共放送局が公共放送局で最大の番組制作局であることの証拠でもある。ロイアリティは番組で使用されているキャラクターなどの使用料である。

表10-3　収入一覧

| | |
|---|---|
| PBS加盟局より | 5,140万ドル（29％） |
| CPBからの分配金 | 1,060万ドル（6％） |
| 各種の企業・協会 | 3,010万ドル（17％） |
| 連邦政府 | 1,240万ドル（7％） |
| 篤志財団・非営利団体 | 890万ドル（5％） |
| 支持会員（個人・団体） | 2,100万ドル（12％） |
| オークションその他 | 180万ドル（1％） |
| ロイアリティ・催しもの | 1,600万ドル（9％） |
| その他 | 2,480万ドル（14％） |
| 計 | 14,700万ドル（100％） |

出典）WGBH (1999), *Annual Report 1999-2000*

その他は公共放送協会から番組制作のために分配される分配金、ボストン市内のショッピングセンターに設けられた販売店におけるテキスト、人形などの売り上げ金などがある。つまり、公共放送サービスや公共放送協会を含めた公的資金は年間予算の40％で、残りの60％は民間の企業や協会さらに非営利の篤志財団、個人からの寄付金によってまかなわれている。財政上から見てもボストン公共放送はボストンの人々に支えられた放送局である。

(4) 番組制作に示された地域性

　ボストン公共放送局は公共放送サービスの主幹局として全米放送用の番組を多く制作し配信している。現在制作している番組は以下の通りである。また学校放送番組は「21インチクラスルーム」と称して開局当初から放送していた。

①成人教育・教養番組

「フレンチ・シェフ」料理番組で15年にわたり継続され多くの賞を獲得した。

「古い家」趣味番組、古い家を日曜大工で再生させる。

「スペイン語講座」語学講座

「西部の伝統」アメリカ西部の生活と文化を扱った教養番組

「心理学の発見」大学講座

「数学教育」教師教育講座
②学校放送、子ども番組
「Where in the world is Carmen Sandiego?」地理番組
「Nova」科学番組
「コロンブスと発見の時代」歴史教育番組

上記の番組は全米向け放送番組としてボストン公共放送局が公共放送協会・公共放送サービスから資金を得て制作しているものである。いずれもテキストが発行されている。

③番組評価

精細な番組調査資料は見あたらないが、利用者への通信「Thinking」に次のような記述がある。(Current Thinking 1996/6/17)

「NOVAの教師用テキストを受け取った教師の91％がよく番組を利用していると報告し、88％の教師が生徒とともにテキストを利用していると回答している。一方ポスターガイドを受け取った教師の66％が番組の利用に興味を示した。」[28]

同様に地理番組「カーメン」の利用者調査では、利用教師の半数は、ボストン公共放送局から利用の手引きを受け取ったために、利用しようと考えたと回答している。他には生徒の学習意欲を高めること、よく知られた番組であることが理由として挙げられている。電話調査では、番組の質の高さと無料であることが番組を利用する理由として明らかになった。以下は教師の態度変容についての報告である。

a. 教師の地理に対する新しい発見がある
b. 教師に教育への意欲をもたせる
c. 教師に世界におけるアメリカの立場を知らせる。

ボストン公共放送局では毎年教師を集めてワークショップを開催し、その後電話による利用促進のフォローアップを行っている。1996年1月と2月にボストンで開かれたワークショップには100名の教師が参加した。3分の2の教師は番組の利用を確約した。その他、ボストン公共放送局は番組利用促進のために教師用テキストを無料で配布したり、ポスターを制作して学校に

配布しPRにつとめたり、利用促進のための教師向け研修会を開催している。
　さらに、最近ではホームページを作成して教師の番組利用の便を図っている。例えば科学番組「ノバ」のホームページには、「放送予定番組名」、「ホームページによる教師の手引き」、「ビデオ」、「実験キッズ」、「双方向ビデオディスク」、「質問に答えて」のコーナーが設けられ、教師がいつでもアクセスでき彼らの質問や要望に対する回答が得られるようになっている。

(5) 財政（1999年）

| 支出　1億7千700万ドル | 地域局運用費（4局） | 21% |
| --- | --- | --- |
| | 番組制作費 | 62% |
| | 技術開発。研究費 | 9% |
| | WGBY 運用費 | 3% |
| | 教育活動 | 5% |

　支出される経費の6割が番組の制作に当てられ、技術開発や研究に割かれる資金を含めると番組関係費が予算の70%を越えて、かなり健全な財政状況にあると言える。また、最近の「公共放送リポート」によると、ボストン公共放送局の経営者の年間給与が昨年に比較してすべて増加していることから、財政には問題ないと言えるのではなかろうか。
　開局当初スタジオを置いたMITのアイススケートリンクは、1961年10月14日に火事で消失した。スタジオ再建のために小中学校の児童生徒が一軒一軒家を回って募金したと言われる。3年後の1964年に4階建ての新しい局舎がボストン市西通り125に再建され今日に至っている。ボストン公共放送局の支持者は大学群や文化機関から企業や一般市民へ広がり、年々増加しているとボストン公共放送局年報（1997年）は報じている。
　番組制作についても基幹放送局としての地位を保ち、公共放送サービスのネットワークを介して数多くの番組を全米の公共放送局に送り届け、さらに世界へ向けて情報を発信し活躍している。

## 5 アメリカにおける公共放送の課題

公共放送は現在多くの課題を抱えている。まず1)情報伝達媒体の多様化によって、その存在価値を問われている。次に2)地方に根を下ろし、育った放送局として、独自に制作する地方色の濃い番組の少なさも問題である。また、3)デジタル放送時代を迎えて設備の更新も焦眉の急である。さらに、4)世界的傾向であるが教育放送に支出される資金の減少傾向が挙げられる。これらの問題をボストン公共放送局も避けて通ることはできない。

### (1) 多様化する情報伝達媒体

情報伝達媒体の多様化、マルチメディア化が急速に進んでいる。テクノロジーの発達による情報伝達媒体の発達は伝達する内容をも規制してくる。放送について言えば、①マイクロ波による従来型の放送、②衛星放送、さらに③有線によるケーブルテレビジョン、④地域へ限定した低出力放送がある。さらに⑤コンピュータの登場によりインターネットが構築された。これらをデジタル信号によって組み合わせて情報を交信するマルチメディアシステムが新しく加わった。

ボストン公共放送局ではマルチメディア化の対策として、コンピュータによって情報を提供するオンラインサービスの充実と、ビデオ、ビデオディスクおよびCD-ROMによる教材の提供、電話により視聴者とスタジオとを直接結ぶ相互交渉システムの開発に努めている。

### (2) 地域奉仕への工夫

多くの公共放送局は、人材の不足、設備の老朽化、財政の逼迫化など様々な理由で自局での番組制作が困難な状況に置かれている。そして、公共放送サービスから配信される番組の中継局としてのみ機能するようになってしまった放送局も少なくない。全米で最初の公共放送局と言われるヒューストンのKHUT局の第一の悩みは、W.ヘイズ（William Hawes）によれば「地域に

密着した番組の不足」[29]である。言い換えれば地域に密着した自主制作番組が不足し、公共放送サービスから配信されて来る他の放送局が制作した番組で時間を埋めているということである。こうした問題を克服して、地域へ奉仕するための様々な工夫が各公共放送局で行われている。例えば、ボストン公共放送局が視聴対象ごとに各種センターを設けて行っているきめの細かいサービスがある。以下は各種センターとサービスの内容である。

1)教師教育センター (teacher training)

番組利用のためのワークショップの開催、諮問委員会の開催、各種テキスト、教材の配布、ビデオ、ビデオディスク、CD-ROMの配布、インターネットによる利用相談など。

2)学校放送センター (for classroom)

児童・生徒対象の観察・見学旅行、実験教室の実施、課題集の配布、スタジオ見学など。

3)成人教育センター (adult basic education)

資格取得のための放送、趣味講座の開催、公開録画、インターネットによる質問コーナーなど。

4)大学単位取得サービスセンター (diploma connection)

空中波とCATVによるコミュニティカレッジや大学向け単位取得番組の放送。現在以下のコミュニティカレッジおよび大学と提携して番組を提供している。

### 提携しているコミュニティカレッジおよび大学

| | |
|---|---|
| Bay State College | Massascot Community College |
| Bridgewater State College | Middlesex Community College |
| Bristol Community College | Mount Wachusett Community College |
| Bunker Hill Community College | North Shore Community College |
| Fuchburg State College | Quincy College |
| University Massachusetts Lowell | |

(3) 資金の不足の克服

1981年に施行された「公共放送修正法 (the Public Broadcasting Amendment

Act of 1981)」は公共放送の運営財源を連邦政府の資金から企業の広報宣伝費およびその他の民間資金へ切り替えることを目的としたもので、以後連邦政府は公共放送に対する援助を固定化し削減することに成功した。例えば公共放送サービスへの連邦政府の資金援助は1979年1億6300万ドル、15年後の1993年には2億8100万ドルで総額としては増加しているが、公共放送サービスの全予算（1993年13億8000万ドル）に占める割合は27％から20.4％へ減少している。

こうした連邦政府の補助金支出の減額によって、PBSから各公共放送局へ配分される番組制作費は、ボストン公共放送局に例をとれば、表10-3で明らかなように、900万ドルから1000万ドルで年間予算の7％である。

予算の不足を補うために公共放送局は財源を地域社会に求め、放送によってスタジオから直接募金を呼びかける「ライズ・マネー」、「オークション」などを年間季節毎に4回放送している。また、支持会員を募り個人会員、家族会員、特別会員などに分け、会費として年間100ドルから200ドルを徴収している。ちなみにボストン公共放送局の個人会員の場合、年会費は100ドルである。

さらに、アンダー・ライティングと称して、資金を提供してくれた企業の名前を番組にスーパー・インポーズしたり、番組使用料を学校や大学から徴収し、さらにボストン公共放送局から番組制作費の補助を受けると同時に、制作した番組の使用料を受け取っている。

多様な方法を駆使して収入の増加を計った結果地域社会の民衆や企業、基金などの支持によってボストン公共放送局は資金の不足を克服しつつあると考えてよいようである。というのは、1999年の「公共放送リポート」[30]によると、WGBHの経営陣の年俸はすべて5％上昇したと報告されている。さらに、放送の教育的役割に対する人々の理解が再確認され、深まってきたことも資金不足を解消する理由の一つである。

## 6 教育メディアとしての放送の再考

## (1) テレビ教育番組の利用

アメリカでは公共放送局が369局、ケーブルテレビジョン局が1万1000局、商業放送局が1,261局と多メディア時代にある。(巻末資料参照) さらに、教育改革を最重要課題とする連邦政府の政策に従って、各学校の教室や図書館をインターネットで接続するネットワーク化が進行して、情報ハイウエー時代に突入している。児童生徒の学習は知識を記憶する従来型から、知識を創造し発信する学習へと変化しつつある。

このような多メディア時代に、教育テレビの役割を再認識する機運が生じてきた。公共放送協会が1997年に行った抽出調査によると、全米の教師220万のうち前回の1991年の調査時よりテレビをより利用するようになったと回答した教師が36％、変化なしと回答した教師が47％で、一方減少したと回答した教師は20％にすぎなかった。利用する理由として、教師にとって教育番組が授業に役立ち、児童生徒にとってより多くのことが学べるからであると教師は答えている。こうした報告から、放送教育番組の利用は決して低下してはいないのである。しかし、教育制度や教育内容、教授法がすべて各学校区に任されているアメリカにおいては、学校や教師の主体性において、メディアを自由に使って授業が進められている。教師の間に、公共放送サービスが配信する教育番組と平行して、マサチューセッツ州では州のカリキュラムに準拠した教育番組への要望が高まるのは当然である。マルチメディア時代の教育放送として新しい形の教育放送が生まれた。

## (2) マサチューセッツ教育通信機構のスタート

1982年にマサチューセッツ州議会によって設立されたマサチューセッツ教育通信機構 MCET (the Massachusetts Corporation for Educational Telecommunication) は、ボストン公共放送と協力してマサチューセッツ州の児童生徒および教師に対して、ボストン公共放送とは異なった多様な通信技術を駆使して教育番組を提供している。

このサービスは毎日の衛星放送、コンピュータネットワークを利用してE-mailによる学習相談、利用相談、さらに利用者の技術的訓練と番組利用の

便宜のためのビデオテープ、ビデオディスクが用意されている。ボストンに隣接するケンブリッジ市（MITの裏手ケンドール・スクエアー）にあるこの組織は教育機関、非営利的機関、政府機関、企業を対象に奉仕を行っている。教材の提供は以下の4つの形式による。

1)マサチューセッツ学習支援機構 MLP (the Mass Learn Pike)

マサチューセッツ州の学校や成人に対して総合的な学習メディアを提供する機構、教育衛星によるネッワークの名称

マサチューセッツ学習支援機構は広い範囲の地域の、あらゆる年齢の人々を一堂に集め、教育者、行政官、企業人などに新しい教材を提供し学習手段と学習する喜びを与える。

幼稚園から高校（K-12）までの番組は、国および州の教育課程の枠組みに沿って制作され、学校における児童・生徒の学習のサポートを行い、さらに教師の現職教育、教員養成課程も役立っている。マサチューセッツ学習支援機構の教材は、衛星放送、印刷教材、実験教材などマルチメディアで構成されている。

利用者は、放送時間と番組および内容についての解説を年間2回発行されるパンフレットで知ることができる。（「冬・春」号、「夏・秋号」）

番組は、衛星放送およびケーブルテレビジョンを通して会員の学校および学校区へ配布される。

2)マサチューセッツ教育オンライン学習ネットワーク（the Mass Ed. Online Learn Net)

マサチューセッツ州の教師、教育局、マサチューセッツ教育通信機構（MCET）とを結ぶ公的ネットワーク。この学習ネットワークは広域通信帯（ブロードバンド）を持つ光ファイバーを利用している。

その使命は情報技術を利用してマサチューセッツ州における学習と教授技術の改善に貢献する生涯学習に寄与すること、また州内の教育機会の均等化を計ることである。マサチューセッツ教育オンライン学習ネットワークはこのネットワークの一部と考えてよい。メディアはコンピュータ通信と電話の組み合わせによる相互交渉が可能である。

3)インターネット・サービス

マサチューセッツ教育オンライン学習ネットワークは常時インターネットを通して番組、放送計画、会員登録、新しい情報を提供している。

以上のように現在マサチューセッツ州の教育放送は、2重構造をなしている。長い歴史をもつボストン公共放送局と州政府の管轄下にあるマサチューセッツ教育通信機構である。マサチューセッツ教育通信機構は連邦遥信委員会のチャンネル割り当てを必要としないいわば都市型ケーブルテレビジョンである。なぜこのような形態が出てきたのであろうか。第1に放送形態の多様化である。放送衛星、通信衛星を利用した新しい放送の形態が発生したこと、第2に通信ネットワークの発達により地上波を媒介としない情報電送形態が発生したことである。第3に州の統一カリキュラムに準拠する番組を学校現場で必要としたこと、そして最後の第4に公共放送の商業放送化が挙げられる。V.ホブス（1997）の報告によれば「マサチューセッツ教育通信機構形式の組織は全米で24ある。」[31]

また、教育は人間の相互交渉による行為と考えられるので双方向通信が可能なメディアの開発が教育関係者によって求められた結果でもある。

地域社会への奉仕者として生まれた公共放送は、新しいライバルの出現によって、役割の棲み分けを迫られているのである。参考までにボストン公共放送局とマサチューセッツ教育通信機構の比較表を示す（表10-4）。

最後に、毎年東京で開かれている教育番組の世界的コンクールである日本賞教育番組国際コンクールへ全世界から多くの番組が寄せられているが、こ

表10-4　WGBHとMCETとの比較

| 項　目 | WGBH | MCET |
|---|---|---|
| 設立年度 | 1955年 | 1982年 |
| 母　体 | WGBH教育財団 | MA州政府 |
| 職員数 | 700人 | 200人 |
| 搬送形態 | マイクロ波　ケーブル | 衛星放送、ケーブル |
| 番組制作 | PBS主幹局 | なし（中継、調達） |
| サービス | 成人・教養・大学教育 | 学校、教師、大学教育 |
| 双方向通信 | CD-ROMビデオ | I-NET　電話　衛星 |
| 州政府との関係 | やや独立 | 密接 |

表10-5　日本賞教育番組国際コンクール参加番組数（TV）

| 回数と年度 | 1(1965) | 2('66) | 3('67) | 4('68) | 5('69) | 6('70) | 7('71) |
|---|---|---|---|---|---|---|---|
| 参加国 | 46 | 54 | 61 | 53 | 56 | 56 | 59 |
| 参加機関 | 70 | 84 | 86 | 86 | 86 | 85 | 82 |
| 参加番組数 | 90 | 79 | 96 | 80 | 104 | 105 | 94 |
| 回数と年度 | 19(1992) | 20('93) | 21('94) | 22('95) | 23('96) | 24('97) | 25('98) |
| 参加国 | 43 | 52 | 47 | 48 | 50 | 46 | 51 |
| 参加機関 | 87 | 108 | 97 | 99 | 122 | 108 | 106 |
| 参加番組数 | 106 | 162 | 163 | 143 | 187 | 171 | 170 |

注）回数と年度が一致しない理由は、隔年開催の時期があったためである。

のコンクールは教育番組の質の向上と、制作者の交流、番組交換を目的として1965年に第一回が開かれ、30年にわたり多くの国から優れた教育番組が寄せられた。参加国による質問紙調査によると、教育放送の役割は国民の識字教育、言語統一の教育、教師教育、大学教育など国によって様々である。参加国数はやや固定化してきているが、参加番組数は年々増加している。表10-5は初期の7年間と最近の7年間の参加作品数と参加国を示しているが、これを見ると、世界では依然として教育放送番組による教育への期待が大きいのである。マルチメディア時代の今日、教育メディアとして放送はなお人々から大きな期待を寄せられ、地域への奉仕だけでなく、広く世界の人々への奉仕の課題を負わされているのである。

注

1) William Hoynes (1994), *Public Television for Sale-Media, the Market, and the Public Sphere*, West View Press, p.143
　　1960年代にNHK学校放送部においても、番組制作者は教師かジャーナリストかという論争があった。結局、番組制作者は学校で利用される教材制作者ではあるが放送メディアの特性を生かして、しかも今日的問題の解決に寄与する番組を制作するのであるから、ジャーナリストと考える方が正しいという結論に達した。WGBHの職員の考えと相通じるものがある。
2) Robert Avery ed. (1993), *Public Service Broadcasting in a multi-channel Environment*, Longman Publishing Group, pp.3-6
3) Robert Avery ed. (1993), *ibid.*, p.93
4) Carnegie Commission on Educational Television (1967), *Public Television: A*

第10章　公共放送の社会的使命　255

*Program for Action*, New York Bantam p.92
5) William Hoynes (1994), *Public Television for Sale-Media, the Market, and the Public Sphere*, Westview Press, p.11
6) William Hoynes (1994), *ibid.*, p.11
7) Ralph Engelman (1996), *Public Radio and Television: a Palitical History*, SAGE Publication, p.135
8) Robert Avery (1993), *op.cit.*, p.3
9) Robert Avery ed. (1993), *op.cit.*, p.164
10) Robert Avery ed. (1993), *op.cit.*, p.165
11) William Hawes (1996), *Public Television: American's First Station*, Sunston Press, pp.24-25
12) W. Shuramm (1963), *People Look at Educational Television*, p.8
13) 金子忠史（1994）『変革期のアメリカ教育』〔大学編〕東信堂、p.285
14) James B. Conant (1950), *The Function of Modern University*, Satuday Morning Paper Harvard University Archives UAI 15.898
15) LIEBC (1948), *The Colleges and Education by Radio*, (1948) ラジオ番組スクリプトより Harvard University Archives UAI
16) Fred Percival, David Carig, Dorothy Buglass edited (1987), *Flexible Learning System*, Kogan Page, p.188
17) James Campbell (1992), *The Community Reconstructs: the meaning of pragmatic social thought*, University of Illinois Press, p.46
18) Richard M. Freeland (1992), *Academia's Golden Age: University in Massachusetts 1945-1970*, Oxford University Press, p.73
19) Richard M. Freeland (1992), *ibid.*, p.74
20) 喜多村和之（1994）『現代アメリカ高等教育論』東信堂、p.17
21) James Zigerell (1991), *The Use of Television in American Higher Education*, Praeger, pp.18-21
22) Harvard Univerity (1974), *Commission on Extension Coures: Sixty—Third Year 1973-1973*, p.3
23) R J. Blakely (1979) pp.27-51
24) Don R. Pember (1993), *Mass Media Law*, Brown & Benchmark Indiana pp.548-549
25) 秋山隆志郎（1994）は企画、制作、放送の3つの組み合わせから4分類した。『放送教育研究』19号 pp.3-5
　　①「企画・番組制作・放送」一体型　　　NHK　BBCなど
　　②「企画」「番組制作・放送」二分型　　　多くの発展途上国
　　③「企画・番組制作」「放送」二分型　　　アメリカセサミストリート
　　④「企画」「番組制作」「放送」三分型　　日本の県域放送

ブレイクリーは以下の4種類に分類したR J.Blakely (1979) p.28
①国の統制下にあるもの（ロシア、中国、マレーシアなど）
②公的協会組織（日本、イギリス、オーストラリアなど）
③国と私企業との共同経営組織（シンガポール、ルクセンブルグ）
④自由開放主義（アメリカ）　と4分類している。
　赤堀は番組の編成と制作の原則を組み合わせて教育放送を以下の4つの型に分類した。
　赤堀正宜（1994）「放送と教育」教育工学関連学協会連合第4回全国大会　講演論文集（第一冊）p.106 日本教育工学会
①放送の自由の原則　教育放送の社会的使命、奉仕の思想を原則とする。
　　アメリカ
②創造性の原則　制作集団の意志と創造性を尊重し、これを原則とする。
　　イギリス、フィンランドなど
③国家の意志の原則　国の教育政策を第一の原則とする
　　多くの発展途上国
④教育性の原則　教師の尊重、教材性重視
　　日本

26) WGBH (1995), *Guide to the Adminstrative Records of the Lowell Institute Cooperative Broadcasting Council and WGBH Educational Foundation 1945-1994*, WGBH Archives
27) WGBH (1997), *Overseers Notebook 96'-97'*, Introduction
28) WGBH (1997), *ibid.*, Access and Educational Activites
29) William Hawes (1996), *op.cit.*, p.99
30) Warren Publishing (1999), *the Public Broadcasting Report* Vol.21 No.1 Warren Publishing Inc., p.5
31) Vicki M.Hobbs (1997), *Virtual Classroom*, p.8
　W.シュラムは、教育放送の必要性について次のように述べている。
　　「①教室における授業の革新へのための必要
　　　②教師教育への必要から
　　　③発展途上社会における識字教育と生活方法の教育のための必要性
　　　④成人教育のため
　　　⑤学校や大学の拡張のため」[32)]
　　　出典）Wilbur Schramm ed. (1967), *The New Media-Memo to Educational Planners*, UNESCO Institute for Educational Planning, Paris

# 引用文献一覧

○欧文文献

Allarton House Seminar Report (1949), *Educational Broadcasting-Its Aims and Responsibilities*, University of Illinois Archives

Atack, Jeremy & Passell, Peter (1994), *A New Economic View of American History from Colonial Times to 1940*, Second Edition, W.W.Norton & Company

Avery, Robert ed. (1993), *Public Servce Broadcasting in a Multi-channel Environment*, Longman Publishing Group

Benton, W. (1951) 上院議会演説　イリノイ大学公文書館

Blakely, Robert J. (1979), *To Serve the Public Inerest: Educational Broadcasting in the United States*, Sracuse University Press

Bode, Carl (1958), *The American Lyceum: Town Meeting of the Mind*, Southern Illinois University Press

Borrowman, Mede L. ed. (1965), *Teacher Education in America: A Documentary History*, Teacher College Press, Columbia University

Campbell, James (1992), *The Community Reconstructs: The meaning of pragmatic social thought*, University of Illinois Press

Carnegie, Andrew (1885), *Triumphant Democracy*, Dubleday, Doran & Company

Carnegie Commission on Educational Television (1967), *Public Television: A Program for Action*, New York Bantam

Commission on Extension Course (1910), *Extension Course in Boston*, Harvard University

Conant, James B. (1945), *Letter*, Harvard University Archives

Conant, James B. (1950), *The Function of Modern University*, Saturday Morning Paper, Harvard University Archives UAI 15,898

The Corporation for Public Broadcasting (1997), *Study of School Uses of Television and Video*, C.P.B

Cremin, Lawrence A. (1957), *The Public and The School: Horace Mann on the Education of Free Man*, Teachers College Press, N.Y.

DaBoll, Irene Briggs & Daboll, Raymond F. (1969), *Recollections of the Lycelim & Chautaqua Circuit*, The Bond Wheetwright Company

Dalzell Jr., Robert F. (1987), *Enterprise Elite: The Boston Associates and the World They Made*, Harvard University Press

Duboff, Richard B. (1989), *Accumulation & Power: And economic history of the U.S.*, M.E. Sharp Inc.
Encyclopedia Britanica (1979), *William Benton*, Encyclopedia Britanica Inc.
Engelman, Ralph (1996), *Public Radio and Television: A Political History*, SAGE Publications
Faler, Paul (1981), *Mechanics and Manufactures in the Early Industrial Revolution*, State University of New York Press
Ford Foundation (1963), *A National Noncommercial Television Service*, For F.F Staff Ford Foundation Archives No.001106
Ford Foundation (1977), *Ford Foundation Activities in Noncommercial Broadcasting 1951-1976*, Ford Foundation Archives
Fund for Adult Education (1963), *Ten-years Report of the Fund for Adult Education*, Box 4, Folder 7, The National Archives of Public Broadcasting
Glick, Edwin Leonard (1970), *WGBH-TV: The First Ten Years (1955-1965)*, Unpublished Doctorial Dissertation WGBH Archives
Harvard Extension School (1996), *Harvard Extension School 1996-1997*, Harvard Extension School
Harvard University (1956), *Harvard Annual Reports 1954-1997*
Harvard University (1956), *Harvard Annual Reports 1954-1955*, Official Register of Harvard University Vol.LVII September 28, 1956 University Extension
Harvard University (1957), *Harvard Annual Report 1955-1956*
Harvard University (1958), *Harvard Annual Report 1956-1957*
Harvard University (1960), *Harvard Annual Report 1958-1959*
Harvard University (1972), *Commission on Extension Course; Sixty-Third Year 1972-1973*, Commision on Extension Course HUE 25,510
R.ローウェルからコナントへの手紙 May 27, 1946
コナントからR.ローウェルへの手紙 June 13, 1946
上記2通 Harvard University Archives UA 1 445 5186 Box 15
Hawes, William (1996), *Public Television: American's First Station*, Sunton Press
Hobbs, Vicki M. (1997), *Virtual Classroom: Educational Opportunity Through Two-Way Interactive Television*, Technomic Publishing Co Inc.
Horovitz, David & Jarvik, Laurence ed. (1995), *Publlic Broadcasting and the Public Trust*, Second Thought Books
Hoynes, William (1994), *Public Television for Sale-Media, the Market, and the Publilc Sphere*, West View Press
Jordan, Patoricias (1954), *Profile of WILL*, NAEB NEWSLETTER Vol.10
Kaplan, Marshall, Gans, & Kahn (1972), *Children and the Urban Enrironment: A Learning Experience-evaluation of the WGBH-TV Educational Project*, Praeger Publishers
Killian, Jr., James R. (1985), *The Education of a College President: A Memory*, The MIT Press
Landy, Jerry (1991), *The Cardle of PBS*, Illinois Quarterly: Winter 1991
Lazarsfeld, Paul (1949), *Seminar on Educational Radio; Remarks of Paul Lazarsfeld*,

引用文献一覧 259

Coleman R.Gliffith, O.H.Mowrer, Willard Spalding and J.W.Albig, University of Illinois Archives
LIEBC (1948), *The Colleges and Education by Radio*, ラジオ番組スクリプトより Harvard University Archives
Lowell Institute Cooperative Broadcasting Council (1957), *Annual Report 9, 1956-8, 1957*
Lowell Institute Cooperative Broadcasting Council (1959), *Annual Report 9, 1958-8, 1959*
Lowell Institute Cooperative Broadcasting Council (1962), *Annual Report 9, 1961-8, 1962*
Lowell Institute Cooperative Broadcasting Council, *WGBH Listener Letters 1956-59*, Harvard University Archives U.A.V. 536, 294
Lowell Institute Cooperative Broadcasting Council (1948), *The Colleges and Education by Radio*, Harvard University Archives HUF 5337
Morgan, Hoy Flmer (1936), *Horace Mann: His Ideas and Ideals*, National Home Foundation, Washington D.C.
O'Connor, Thomas H. (1991), *Bibles, Brahmins, and Bosses: A short history of Boston*, Trustees of the Public Library of the City of Boston
O'Connor, Thomas H. (1996), *The Bston Irish*, Northeastern University Press
Pember, Don R. (1993), *Mass Media Law*, Brown & Benchmark, Indiana
Perciva, Fred, Carig, David, & Buglass, Dorothy eds. (1987), *Flexible Learning System*, Kogan Page
Pool, Sola, & Adler, Barbara (1962), *The Out-of-Classroom: Audience of WGBH: Study of Motivation in Viewing*
Robertson, Jim (1993), *Televisionaries: In their own words, public televesion founders tell how it all began*, Tabby House Books
Rockhill, Kathleen (1983), *Academic Excellence and Public Service: A History of University Extension in California*, Transaction Books
Rogers, Everett M. (1994), *A History of Communication Study*, Free Press
Sanders, Claire (1994), *The Right Foot-Guide to the University of Illinois at Urbana-Champaigen*, Tall Order Press Demographic
Schooley, F. (1955), *WILL Annual Report: 1954-55*, University of Illinois Archives
Schooley, F. (1956), *WILL Annual Report: 1955-56*, University of Illinois Archives
Schramm, W.Lyle, Jack & de Sola Pool, Ithiel (1963), *The People Look at Educational Television*, Greenwood Press Publisher
Schramm, Wilbur ed. (1967), *The New Media-Memo to Educational Planners*, UNESCO Institute for Educational Planning, Paris
Sears, Jesse Brundage (1992), *Philanthropy in the History of American Higher Education*, The Government Printed Office
Shinagel, Michael (1980), *Probono Public*, A Harvard Magazine 1980 May-June, Harvard Magazine, Inc.
Slosson, David E. (1910), *Great American Universities*, Macmillan
Smith, William Bentinck ed. (1953), *The Harvard Book*, Harvard University Press
Smith, William Bentinck ed. (1982), *The Harvard Book: Selection from three centuries*, Harvard University Press

Steinberg, Theodore (1991), *Nature Incorporated Industrialization and the Waters of New England*, Cambridge University Press

Stoddard, G. (1952), *Fact about THE UNIVERSITY OF ILLINOIS AND TELEVISION*, 学長演説 Univsersity of Illinois Archives

Stoddard, G. (1946), *How Can Educational Television Improve the Quality of Citizenship and Strengthen Democratic Institutions?*, New York Univerity Educational Television and Raido Center, University of Illinois Archives

Stoddard, G.D. (1981), *The Pursuit of Education: And autobiography*, Vantage Press

Story, Ronald ed. (1992), *Five Colleges: Five Histories*, The University of Massachusetts Press

University Extension Commission (1948), *Course Guide*, Harvard University Archives HUE 25-510

University of Illinois (1951), *University of Illinois News* 8/2

University of Illinois President Documents (1951), イリノイ放送者協会宛　学長書簡 University of Illinois Archives

Warner, W.Lloyd & Lunt, Paul S. (1955), *The Social Life of a Modern Community*, Yankee City Series Vol.1, Yale University Press

Warner, W.Lloyd, Havighurst, Robert J. & Loeb, Martin (1944), *Who Shall Be Educated?*, Harper & Brothers Publishers

Warner, W. Lloyd directed, Davis, Allison & Others (1947), *Deep South*, University of Chicago Press

Warren Publishing (1999), *The Public Broadcasting Report*, Vol.21, No.1, Warren Publishing Inc.

Weeks, Edward (1966), *The Lowells and Their Institute*, An Atlantic Monthly Press Book Little, Brown and Company

WGBH (1995), *Guide to the Administrative Records of the Lowell Institute Cooperative Broad-casting Council and WGBH Educational Foundation 1945-1994*, WGBH Archives

WGBH *Listner Letters 1956-1957*, January-June Harvard University Archives UAV 536, 294

Yeomans, Henry Aaron (1977), *Abbot Lowrence Lowell: 1856-1943*, Arno Press A New York Company Press

Ziegrell, James (1991), *The Use of Television in American Higher Education*, Praeger

○邦文文献

赤堀正宜（1994）「放送と教育」『教育工学関連学協会連合第4回全国大会講演論文集第一』日本教育工学会

赤堀正宜（1996）「アメリカの良心　公共放送―イリノイ大学WILL局―」『放送教育』VOL.50 No.11、放送教育協会

秋山隆志郎（1994）「放送教育の特性について―情報生産システムからの考察―」『放送教育研究』19号、日本放送教育学会

アメリカ学会（1953）『原点アメリカ史』第3巻、岩波書店

ボック，D.C.、小原芳明監訳（1989）『ハーバード大学の戦略』玉川大学出版部
ブラウン，J.、西本三十二訳（1951）『教育社会学』（下）東洋館
金子忠史（1994）『変革期のアメリカ教育』[大学編] 東信堂
喜多村和之（1994）『現代アメリカ高等教育論』東信堂
ニールセン，A.、林雄二郎訳（1984）『アメリカの大型財団』河出書房
ローウェル，パーシバル、川西瑛子訳（1977）『極東の魂』公論社
　上記の著書以外に日本で翻訳出版されているパーシバルに関する図書は次の通りである。
　　パーシバル・ローウェル、伊吹浄編（1979）『日本と朝鮮の暗殺：ローウェルリポート』公論社
宮崎正明（1995）『知られざるジャパノロジスト・ローウェルの生涯』丸善ライブラリー、No148
NHK学校放送部（1961）『学校放送研究』臨時増刊号
ノートン，メアリー・ベス他、白井洋子他訳（1996）『アメリカ合衆国の発展』三省堂
ライシャワー，エドウィン・O.、徳岡孝夫訳（1987）『ライシャワー自伝』文藝春秋
リースマン，D.・ジェンクス，C.、国広正雄訳（1968）『大学革命』(*The Academic Revolution*) サイマル出版会
シーブマン，C.、真木進之介・曽田規知正訳（1954）『テレビと教育』法政大学出版局
土持ゲーリー法一（1991）『米国教育使節団の研究』玉川大学出版部
渡部　晶（1973）『ホーレス・マン教育思想の研究』学芸図書株式会社
山口秀夫（1979）「アメリカにおける公共放送―その生成と史的発展について―」『NHK放送文化研究年報』24、NHK放送文化研究所

# 資　　料

資料 I 　米国教育放送の発達に関する年譜（1890年〜1967年）
資料 II 　WGBH（ボストン公共放送）局年譜
資料 III 　フォード財団からWGBH局へ提供された補助金（1866年6月
　　　　1日現在）
資料 IV 　教育テレビ局の開局数の推移と放送システムの統計
資料 V 　アメリカ公共（教育）放送局一覧（1999年）

## 資料 I 米国教育放送の発達に関する年譜 (1890年～1967年)

| | |
|---|---|
| 1894年 | マルコーニの無線電信の発明 |
| 1912年 | ラジオ法 (Radio Act) |
| 1915年 | 全米大学拡張協会設立される。22大学加盟　放送による遠隔教育討議 |
| 1919年 | ウイスコンシン大学実験局 9MX 放送開始 |
| 1919年 | アメリカラジオ放送協会 (the Radio Corporation of America) が多くの企業の共同体として設立される。略称 RCA |
| 1920年 | ピッツバーグウエッチングハウス社 KDKA 局ラジオ放送開始 |
| 1923年 | BBC 放送開始　1927年勅許により BBC となる。 |
| 1925年 | 全米大学放送協会結成 (the Association of College and University Broadcasting Stations; ACUBS) 11月12日　本部 D.C. |
| 1926年 | RCA が NBC (the National Broadcasting Company) を設立する。 |
| 1927年 | CBS (the Columbia Broadcasting System) 設立される。 |
| 1927年 | フーバー大統領の指導により、連邦ラジオ委員会 (the Federal Radio Commission (FRC)) 結成、1929年永続委員会となる。ラジオ電波の割り当ての権限をもつ。ラジオ法を検討　ラジオの社会的使命を明確にする。 |
| 1927年 | ラジオ法成立 (Radio Act 1927) |
| 1931/2/1 - 1955/6/21 | シカゴ大学ラウンドテーブル放送 (NBC) 開始　日曜日午後 |
| 1934年 | FRC が FCC (the Federal Communications Commission) に発展 |
| 1934年 | ACUSB は全米教育放送者協会 (the National Association of Educational Broadcaster: NAEB) と名称を変更、事務局をミシガン州アナーバに置く。 |
| 1934年 | コミュニケーション法成立 |
| 1936年 | フォード財団設立される。本部ミシガン州デトロイト |
| 1940年 | FCC　FM40 チャンネルを教育局に割り当てる。45+20 channel |
| 1947年 | W. シュラム　イリノイ大学コミュニケーション研究所長に就任55年まで |
| 1947年 | FCC テレビジョンチャンネル割り当て再開　3月18日 |
| 1948年 | テレビジョンチャンネル割り当て一時凍結 (Freeze)　9月29日 |
| 1949年 | 第一回アラートンハウスセミナー開催される（イリノイ大学） |
| 50年 | 第二回アラートンハウスセミナー開催される（イリノイ大学） |
| 1950年 | JCET（教育テレビジョン合同委員会）結成（10月16日）議会活動を開始　電波を天然資源になぞらえて教育局に割り当てるよう FCC へ要請する |
| 1950年 | NAEB 本部　ミシガン州アナーバからイリノイ大学へ |
| 1951年 | フォード財団　2つの基金を設立　成人教育基金、教育刷新基金　本部をニューヨークへ移転する　成人教育基金委員長 C.S. フレッチャー |
| 1951年 | テレビジョンチャンネル割り当て凍結解除　3月21日　FCC 教育局に209チャンネルを割り当て提案　公聴会を開催　JCET　成人教育基金から9万ドルの援助を受ける。　FCC838 の提案をまとめて第7次リポートとして発表 |

資料　265

| | |
|---|---|
| 1952年 | FCC242チャンネルを教育局に割り当てることを発表 |
| | 後に269チャンネルに増加 |
| 1952年 | 成人教育基金　JCETに32万6千4百ドルを援助 |
| | 22教育機関が教育TV建設をFCCに申請する |
| 1952年 | 成人教育基金　ハドソン報告に基づき10万ドル（大学と教育セ）15万ドル（大都市セ）に一律援助 |
| | 成人教育基金担当者　教育局設立希望地訪問調査　援助決定 |
| 1952年 | 教育テレビジョン・ラジオセンター（ETRC）設立される。 |
| | －1958年　フォード財団　運営費100万ドル、制作費300万ドルを補助　本部ミシガン州アナーバ会長H.ニューバーン |
| 1953年 | 第一回全米教育TV会議　ワシントンDCで開催される。 |
| | FCC教育チャンネル確保を確約する。 |
| 1953年 | ヒューストン大学KUHT局開局 |
| 54年 | WQED局ピッツバーグ市で開局 |
| | セントルイス市教育市長委員会　KETC局開局 |
| | ネブラスカ大学局KUON局開局 |
| 1954年 | ETRC番組供給開始（1月） |
| 1955年 | イリノイ大学局WILL開局 |
| | ボストンWGBH局開局　NCCET解散 |
| 1956年 | フォード財団　メリーランド州ヘーガースタウンにおいて閉回路TVによる学校放送効果実験を実施—63年まで3千万ドル支出 |
| 1958年 | 教師教育番組「コンチネンタル・クラスルーム」始まる。1963年まで5年間継続 |
| | NBCから放送　スプートニクショックによる、フォード財団170万ドル援助 |
| 1959年 | ETRC名称を全米教育テレビジョン（NET）に改称、本部をミシガン州アナーバからニューヨーク市へ移転 |
| 1961年 | 成人教育基金任務終了、廃止（C.S.フレッチャー退任） |
| 1962年 | 公共放送施設法（the Educational Television Facilities Act）成立 |
| | 公共放送にはじめて公的資金が投じられた。各州に百万ドル支給 |
| 1963年 | フォード財団ニューヨーク市東43番街に新本部建設移転 |
| 1965年 | カーネギー教育TV委員会設立　J.キリアン委員長となる。 |
| | (the Carnegie Commission on Educational Television) |
| 1967年 | カーネギー報告書発表　1月26日 |
| | Public Television: A Program for Action Newyork: Harper & Row |
| 1967年 | L.B.ジョンソン大統領　公共放送法1967年11月　署名 |

資料Ⅱ　WGBH（ボストン公共放送）局年譜

1836年
　ローウェル放送協会とWGBH教育財団の起源としてJ.ローウェル、Jr（John Lowell, Jr）によるローウェル協会講座の発足

1946年
　ハーバード大学長J.Bコナントのローウェル協会講座の普及のためにラジオを利用したらどうかという勧めにより、ラルフ・ローウェルによって、ローウェル放送協会委員会が設立される。2年間の試行期間、予算4万5千ドル
　参加6大学（ハーバード大学、ボストン大学、ボストンカレッジ、タフツ大学、マサチューセッツ工科大学、ノースイースタン大学、）とローウェル協会
　その後ボストン交響楽団、ボストン美術館、ボストン科学博物館、ニューイングランド音楽学院、シモンズカレッジ、スアフロクカレッジ、マサチューセッツ大学、ウイスレイカレッジが参加した。

1947年
　最初の30分ラジオ番組を制作、商業放送局から放送、参加大学は施設と講師をする。ハーバード大学の卒業生で国務大臣マーシャルが番組の中でマーシャル計画を明らかにした。

1950年
　2年間の試行を終了、ハーバード大学が中心となりFCCに対してラジオ局の認可を申請

1951年
　WGBH教育財団認可（4月5日）主目的は教育局の運営　92フィートのアンテナ塔をGreat Blue Hillへ建設、放送エリアはメイン、ニューハンプシャ、ロードアイランド、マサチューセッツ、コネチカットの各州に住む500万人、出力2万ワット、89.7マイクロヘルツ
　10月6日午後8時25分ボストン交響楽団定期演奏会により公式放送開始

1952年－53年
　1952年FCCがTV電波割り当て認可凍結を終了する。WGBH局にチャンネル2が割当てられる。開局準備に入る。

1953年－55年
　1953年6月16日WGBH教育財団へTV電波割り当て認可　R.ローウェルは精力的に活動を開始、教育財団の主要5メンバー決定（ファイリーン家族、フォード財団　成人教育基金、ローウェル協会、ハーバード大学）
　募金目標額100万ドル　TV局会長にガン（Hartford Gunn）局長にウイートレイ（Parker Wheatley）が就任
　放送局がMITの屋内スケートリンクを改装して建設される。WGBH-TV局の最初のテストパターンが1955年1月30日午後3時30分に放送される。正式放送開始は5月2日、子

どもをスタジオに招待して歌と踊りと観察番組「きて、みて」(Come and See) が人気番組となり1973年まで8年間続いた。

1955年－57年
　放送時間が月曜日から金曜日までの午後5時30分から9時まで、一週間17時間、4時間がナマ放送、残りはミシガン州のアナーバのNETRCから送られてくるキネレコによる放送、ボストン子ども博物館とマサチューセッツ・オードボン博物館（鳥の博物館）の協力による「発見」(Discovery)」が放送開始、「発見」は全米シルバニアテレビ賞を受賞
　WGBHは21番組をキネレコに録画してNETRCへ送り、他の放送局へ提供した。
　ボストン交響楽団の演奏ナマ放送を1955年10月3日に開始、またボストン美術館からの中継放送開始
　公立学校向け放送を計画、マサチューセッツ州学校部長エベレット（Dr Barnard Everett）委員会設置、フォード教育革新財団、14,963ドルの補助金を提供する。この計画は「21インチ・クラスルーム」と呼ばれ1958年1月に設立、35校がこの計画に参加した。3月28日に最初のシリーズとして小学校6年生向け理科番組が放送開始、1959年4月まで180校が参加、1962年8月には175校が参加

1958年
　放送出力を増強しマサチューセッツ州住民の82％をカヴァー
　「21インチ・クラスルーム」が公式の放送となり、大学向けの放送も開始

1959年
　「東部教育ネットワーク」(EEN)構築
　ボストン（MA）―ダーラム（NH）―オーガスタ（ME）―ニューヨーク（NY）―シェネクタデー（NY）

1961年（火災）
　1961年10月14日　84マサチューセッツ通りの局舎が全焼する。
　2日後に商業放送局に協力により放送を再開する。ダーラムのWENH局は「21インチ・クラスルーム」をボストン地域へ中継した。カトリックTVセンターおよび商業放送WNAC-TVは施設を提供した。またボストン美術館はスターンズ・ホールをスタジオとして使用することを認めた。

1962年
　「フランスシェフ」(French Chef) 番組スタート、著者のジュリア・チャイルド（Julia Child）が招聘される。人気番組となり全米へネットされる。チャイルドは雑誌タイムの表紙を飾った。

1963年－64年
　局舎再建に向けて募金活動を実施　3階建ての局舎がボストン西通り125に建設される。チャールス河近くハーバードビジネススクールの隣である。新しいスタジオは「R.ローウェルスタジオ」と銘々され1965年5月1日に運用を開始した。

1966年
　募金活動のために放送によるオークションを開催し13万ドルを得た。

## 1967年

1964年12月、R.ローウェルは教育放送局の財政安定を目的としてジョンソン大統領へ手紙を出した。結果として「教育TVに関するカーネギー委員会」が組織され、1967年報告書がジョンソン大統領に提出された。1967年11月に「公共放送法」(the Public Broadcasting Act) が議会を通過し、公共放送協会(the Corporation for Public Broadcasting: CPB)と番組配布機関として公共放送サービス(the Public Broadcasting Service: PBS)が1969年に、そして全米公共ラジオ(the National Public Radio: NPR) が1970年に設立された。

この他番組の中央集権化を避けるためにフォード財団の援助により1974年「全米番組サービス」(the National Program Service) が設立された。

1969年WGBHはPBSのための主要番組制作局に指名されCPBから制作費の援助を受けることとなった。1973年PBSは公共放送局のうちの代表的な250局を会員局とし番組配信を行うこととした。1975年公共放送財政法の成立後、WGBHはCPBからの制作費の援助を受け、PBS会員局の夜の番組の36％を担当することになった。

同様にFM放送においても1971年後NPRの依頼により主要制作局としてその役割を遂行した。

## 1970年

1957年から会長の任にあったガン(Hartford Gunn)がPBSの最初の会長として転出し、アイビス(David Ives) が2代目の会長に就任した。

## 1972年

字幕センター(the Caption Center) を設置、アメリカで最初の字幕放送を、「フレンチシェフ」と「ズーム」で実施した。1973年から82年の10年間、ABCのニュース番組「今日の世界ニュース」に字幕をスーパーする仕事を行った。

## 1974年

科学番組「ノバ」(NOVA) 放送開始　小沢征爾指揮「夜のシンフォニー」放送開始、財政的にCPBからの独立を目的に「独立基金」を設立

## 1975年

園芸番組「コオロギのビクトリー・ガーデン」後の「ビクトリー・ガーデン」放送開始、6ヶ月の準備期間

## 1976年

ニュース番組「10時のニュース」(the Ten O'Clok News) 放送開始、1977年よりライドン(Christopher Lydon) キャスターを勤める。

## 1977年

視聴率調査実施

## 1978年

創立者R.ローウェル死去　87歳
「フレンチ・シェフ」最終シリーズ「アドボケイト」、ドキュメンタリー番組「世界」(World) スタート

1978年-79年
　「公共地域社会法」(the Public Community Act) 成立、公共放送局に諮問委員会の設置を義務づける。WGBH 1979年4月26人による助言委員会設置

1980年
　PBS 聾者のための字幕放送を計画、WGBHは援助して隠れた字幕を読みとる特別受信装置を開発する。

1981年
　在郷軍人記念日にドキュメンタリー番組「ベトナム帰還兵」制作、放送

1982年
　趣味番組「アメリカン・プレーハウス」放送開始

1983年
　テレビ史「ベトナム」制作、ジュリー・チャイルドによる「ジュリアの夕食」(Dinner at Julia's) 放送開始

1984年
　アイビス退職、新会長ベクトン (Henry Becton) 就任
　道を隔てて別館を建築本館とブリッジによって連絡

1985年
　ザルツブルグ音楽祭を記念して大西洋横断デジタルラジオ放送実施
　1987年小沢征爾指揮のボストン交響楽団演奏を東京へデジタル放送
　WGBHはデジタル放送のパイオニアとなる。
　NPRの依頼によりFM放送の科学評論番組「10時のニュース」をテレビと同時放送する。またボストン地域の最初のステレオ音声放送を実施した。
　Boston CitiNet による on-Line 放送開始、学校間相互の情報交換

1987年
　新しいタイプの語学番組「いきいきフランス語」(French in Actions) 新設

1988年
　音声多重放送開始、盲人への音声サービス改善、アメリカ史を扱った新シリーズ「アメリカ人の経験」(The American Experience) 放送

1989年
　趣味の木工番組「新しいヤンキーの仕事」(The New Yankee Workshop)、児童向け昔話シリーズ「むかしむかし」(Long Ago & Far Away)、時事番組「原子時代の戦争と平和」(War and Peace in the Nuclear Age)
　双方向放送 NOVA-MAX 開始またエイズを扱った「エイズ」を放送

1991年
　マルチメディア時代へ突入、本、ビデオテープ、CD双方向ビデオデスクその他の教材による教育放送を実施
　新シリーズ「コロンブスと発見の時代」をコロンブスアメリカ大陸発見500年記念とし

て放送、地理番組「カルメン・サンディエゴは世界の何処に」(Where in the World Is Carmen Sandiego) を放送

1995年
　イギリス放送協会 (BBC) と共同制作で「市民の20世紀」(The People's Century) を13本制作、日本で放送された。

出典) WGBH (1995), *Guide to the Administrative Records of the Lowell Institute Cooperative Broadcasting Council and WGBH Educational Foundation 1945-1994*, (1951-1991) WGBH Media Archives (pp.3-15)

資料　271

資料Ⅲ　フォード財団から WGBH 局へ提供された補助金（1966年6月1日現在）

1．補助金領域別総額
　(1)　学校放送補助　　　　　　　　　　　23,317,343ドル
　(2)　教育テレビジョン補助　　　　　　　64,093,097ドル
　(3)　育革新基金からの補助　　　　　　　 6,734,227ドル
　(4)　成人教育基金からの補助　　　　　　11,811,828ドル
　　　　総　　計　　　　　　　　　　　　105,956,495ドル

2．WGBH 局への直接補助
　(1)　WGBH 教育財団　ボストン　　　　　 1,725,000ドル
　　　火災後の局舎の再建、ニューヨーク市との番組交換、指定補助
　　　（1962年、1966年）
　(2)　WGBH 教育財団　ボストン　　　　　　　44,800ドル
　　　北東地域ネットワーク構築
　　　（1960年）
　(3)　ローウェル放送協会委員会（LICBC）　　 14,963ドル
　　　マサチューセッツ州教育テレビジョン学校放送、放送準備
　(4)　WGBH 教育財団　ボストン
　　　①　東部教育ラジオネットワーク構築　　15,000ドル
　　　②　北東部教育テレビジョンネットワーク構築　15,000ドル
　(5)　ローウェル放送協会委員会　　　　　　550,000ドル
　　　①教育ラジオネットワーク計画　　　　450,000ドル
　　　②教育 FM ラジオネットワーク計画　　100,000ドル
　　　（1951年－1961年）
　(6)　WGBH 教育財団　ボストン　　　　　　150,166ドル
　　　放送局建設のため

3．WGBH 局への間接補助
　(1)　教育番組出演にともなう給与カットへの補助
　　　①ボストンカレッジ（1958年）　　　　37,500ドル
　　　②ボストン大学　（1957年）　　　　　37,350ドル
　　　③ハーバード大学（1956年）　　　　　37,494ドル
　(2)　マサチューセッツ教育委員会（1959年）　81,067ドル
　　　ボストン地域小学校の教育テレビジョンによるフランス語教育調査
　(3)　マサチューセッツ州教育委員会　　　　402,220ドル
　　　ボストン地域における教育テレビジョン人間学番組の開発のため
　(4)　ノースイースタン大学　　　　　　　　 15,000ドル
　　　教育テレビジョンコースによるティーチングマシンの利用実験

出典) Ford Foundation (1966), *The Ford Foundation and Educational Television*, Ford Foundation Archives, pp.1-23

資料IV　教育テレビ局の開局数の推移とアメリカ放送システムの総計

(1)教育テレビ局の開局数の推移

| 年度 | UHF局 | VHF局 | 合計 |
|---|---|---|---|
| 1954 | 1 | 1 | 2 |
| 1955 | 8 | 3 | 11 |
| 1956 | 13 | 5 | 18 |
| 1957 | 17 | 6 | 23 |
| 1958 | 22 | 6 | 28 |
| 1959 | 28 | 7 | 35 |
| 1960 | 34 | 10 | 44 |
| 1961 | 37 | 15 | 52 |
| 1962 | 43 | 19 | 62 |
| 1963 | 46 | 22 | 68 |
| 1964 | 53 | 32 | 85 |
| 1965 | 58 | 41 | 99 |
| 1966 | 65 | 49 | 114 |
| 1967 | 71 | 56 | 127 |
| 1968 | 75 | 75 | 150 |
| 1969 | 78 | 97 | 175 |
| 1970 | 80 | 105 | 185 |
| 1971 | 86 | 113 | 199 |
| 1972 | 90 | 123 | 213 |
| 1973 | 93 | 137 | 230 |
| 1974 | 92 | 149 | 241 |
| 1975 | 95 | 152 | 247 |
| 1976 | 97 | 162 | 259 |
| 1977 | 101 | 160 | 261 |
| 1978 | 102 | 164 | 266 |
| 1979 | 107 | 167 | 274 |
| 1980 | 109 | 168 | 277 |
| 1981 | 111 | 171 | 282 |
| 1982 | 112 | 176 | 288 |
| 1983 | 114 | 179 | 293 |
| 1984 | 117 | 180 | 297 |
| 1985 | 121 | 193 | 314 |
| 1986 | 121 | 195 | 316 |
| 1987 | 121 | 201 | 322 |
| 1988 | 122 | 212 | 334 |
| 1989 | 124 | 218 | 342 |
| 1990 | 125 | 225 | 350 |
| 1991 | 126 | 235 | 361 |
| 1992 | 126 | 237 | 363 |
| 1993 | 127 | 241 | 368 |
| 1994 | 126 | 241 | 367 |
| 1995 | 126 | 245 | 371 |
| 1996 | 122 | 237 | 359 |
| 1997 | 127 | 242 | 369 |
| 1998 | 124 | 244 | 368 |
| 1999 | 124 | 245 | 369 |

(2)アメリカ放送システムの総計　1999年

| | UHF | VHF | システム | 合計 |
|---|---|---|---|---|
| 商業放送局 | 562 | 654 | | 1,216 |
| 公共放送局 | 124 | 245 | | 369 |
| 放送局合計 | 686 | 899 | | 1,585 |
| ケーブルTV局 | | | 10,719 | 10,719 |
| 総計 | 686 | 899 | 10,719 | 12,304 |

注）ハワイを含むアメリカ合衆国主要地域のみ

出典）"Factbook Television & Cable 1999" Warren Publishing Inc.
　注）ハワイを含むアメリカ合衆国主要地域のみ

資料V

アメリカ公共(教育)放送局一覧 (1999年)

| NO | 州 | C・S | 場　　所 | CH | スタジオ | 免許所有者 | 開局日 |
|---|---|---|---|---|---|---|---|
| 1 | AL✽ | WBIQ | Birmingham | 10 | Birmingham AL | アラバマ TV委員会 | 1955 |
| 2 | AL | WIIQ | Demopolis | 41 | WBIQ Birming | アラバマ TV委員会 | 1970 |
| 3 | AL | WDIQ | Dozier | 2 | WBIQ Birming | アラバマ TV委員会 | 1956 |
| 4 | AL | WFIQ | Florence | 36 | WBIQ Birming | アラバマ TV委員会 | 1967 |
| 5 | AL | WHIQ | Huntsville | 25 | WBIQ Birming | アラバマ TV委員会 | 1965 |
| 6 | AL | WGIQ | Louisville | 43 | WBIQ Birming | アラバマ TV委員会 | 1968 |
| 7 | AL | WEIQ | Mobile | 42 | WBIQ Birming | アラバマ TV委員会 | 1964 |
| 8 | AL | WAIQ | Montgomery | 26 | WBIQ Birming | アラバマ TV委員会 | 1962 |
| 9 | AL | WCIQ | M, C, State Park | 7 | WBIQ Birming | アラバマ TV委員会 | 1955 |
| 10 | AK | KAKM | Anchorage | 7 | Anch0rage | アラスカ公共 TV | 1975 |
| 11 | AK | KYUK-TV | Bethel | 4 | Bethel | Behtel Bcstg Inc | 1972 |
| 12 | AK✽ | KUAC-TV | Fairbanks | 9 | アラスカ大 | University of AK | 1971 |
| 13 | AK | KTOO-TV | Juneau | 3 | Juneau | Capital Community | 1987 |
| 14 | AZ | KAET | Phonex | 8 | Tempe | 州立大地方委員会 | 1961 |
| 15 | AZ | KUAS-TV | Tucson | 27 | アリゾナ州立大 | アリゾナ州立大 | 1988 |
| 16 | AZ✽ | KUAT-TV | Tuscon | 6 | アリゾナ州立大 | 同上 | 1959 |
| 17 | AR | KETG | Arkadelphia | 9 | KETS Little R | アーカンソ TV委員会 | 1976 |
| 18 | AR | KAFT | Fayetteville | 13 | KETS Little R | 同上 | 1976 |
| 19 | AR | KTEJ | Jonesboro | 19 | KETS Little R | 同上 | 1976 |
| 20 | AR✽ | KETS | Little Rock | 2 | Conway | 同上 | 1966 |
| 21 | AR | KEMV | Mountain View | 6 | KETS Little R | 同上 | 1980 |
| 22 | AR | KLEP | Newark | 17 | Newark | Newark 公立学校 | 1985 |
| 23 | CA | KRCB-TV | Cotati | 22 | Rohnert Park | 地方 CA 放送協会 | 1984 |
| 24 | CA | KEET | Eureka | 13 | Eureka | R. W. Public TV Inc | 1969 |
| 25 | CA | KVPT | Fresno | 18 | Fresno | V. Public TV Inc | 1977 |
| 26 | CA | KOCE-TV | Huntington Beach | 50 | Huntig Beach | Coast Com College | 1972 |
| 27 | CA | KCET | Los Angeles | 28 | LA | 南カリフ地域教 TV | 1964 |
| 28 | CA | KLCS | Los Angeles | 58 | LA | ロス市教育委員会 | 1973 |
| 29 | CA | KIXE-TV | Redding | 9 | Redding CA | 北カリフ地域教 TV | 1964 |
| 30 | CA | KVIE | Sacramento-STo | 6 | Sacramento | KVIE Inc | 1959 |
| 31 | CA | KUCR-TV | San Bernardino | 24 | San Berna | San Bernard Com C | 1962 |
| 32 | CA | KPBS | San Diego | 15 | San Diego | UCLA San diego 校 | 1967 |
| 33 | CA | KMTP-TV | San Francisco | 32 | San Fran | Minority TV Proj | 1991 |
| 34 | CA✽ | KQED | San Francisco | 9 | San Fran | KQED Inc | 1954 |
| 35 | CA | KTEH | San Jose | 54 | San Jose | KTEH-TY Fcundation | 1964 |
| 36 | CA | KCSM-TV | San Metro S. F | 60 | San Metro | San metro 郡地域大 | 1964 |
| 37 | CA | KNXT | Visalia | 49 | Visalia | フレゾノ教育協会 | 1986 |

資料 275

| | | | | | | | | |
|---|---|---|---|---|---|---|---|---|
| 38 | CA | KCAH | Watsonville | 25 | Salinas | CA地域TVネット | 1989 |
| 39 | CO | KBDI-TV | Broomfield | 12 | Denver | 教育メディア協会 | 1980 |
| 40 | CO* | KRMA-TV | Denver | 6 | Denver | 公共放送DV委員会 | 1956 |
| 41 | CO | KRMT | Denver | 41 | Morrison | COキリスト大学 | 1988 |
| 42 | CO | KRMJ | Grand Junction | 18 | Grand Junction | ロッキー山公共放送網 | 1997 |
| 43 | CO | KTSC | Pueblo-CO-Spring | 8 | Pueblo | 南コロラド大学 | 1971 |
| 44 | CT | WEDW | Bridgeport | 49 | Stamfort | CT公共放送会社 | 1967 |
| 45 | CT* | WEDH | Hartford | 24 | WEDH Hartford | 同上 | 1962 |
| 46 | CT | WEDY | New Haven | 65 | WEDH Hartford | 同上 | 1974 |
| 47 | CT | WEDN | Norwich | 53 | WEDH Hartford | 同上 | 1967 |
| 48 | DE* | WDPB | Seaford | 64 | WHYY-TV ST | WHYY会社 | 1986 |
| 49 | DE | WHYY | Wilmington | 12 | Wikmington | 同上 | 1963 |
| 50 | WDC* | WETA-TV | Washington D.C. | 26 | Arington VA | 大ワシントンET協会 | 1961 |
| 51 | WDC | WHUT-TV | Washington D.C. | 32 | Wash D.C. | Howard大学 | 1980 |
| 52 | FL | WBCC | Cocoa | 68 | Cocoa FL | Brevard地域大学 | 1987 |
| 53 | FL | WSFP-TV | Fort Myers | 30 | Bonita Spri | 南フロリダ大学 | 1983 |
| 54 | FL | WTCE | Fort Pierce | 21 | Fort Pierce | Jacksonville教育者放送 | 1990 |
| 55 | FL | WUFT | Gainsville | 5 | フロリダ大 | フロリダ州立大放委 | 1958 |
| 56 | FL | WJCT | Jacksonville | 7 | Jacksonville | WJCT | 1958 |
| 57 | FL | WJEB-TV | Jacksonville | 59 | | 地域教育TV | 1991 |
| 58 | FL | WLRN-TV | Maiami | 17 | Maiami FL | Dade郡学校委員会 | 1962 |
| 59 | FL* | WPBT | Lauderdale | 2 | Maiami FL | 南フロ地域TV財団 | 1955 |
| 60 | FL | WCEU | NewSmyrna Beach | 15 | Daytona Beach | Daytona地域大学 | 1988 |
| 61 | FL | WMFE-TV | Orlando | 24 | Orlando FL | 地域コミュニケ会社 | 1965 |
| 62 | FL | WFSG | Panama City | 56 | WFSU-TV | フロリダ州立大放委 | 1988 |
| 63 | FL | WSRE | Pensacola | 23 | Pensacola | Pensacolaジュニア大学 | 1960 |
| 64 | FL | WFSU-TV | Tallahasse | 11 | State U Tallaha | フロリダ州立大放委 | 1960 |
| 65 | FL | WEUD | Petersburg | 3 | Tampa FL | FLO西海岸公共放送 | 1958 |
| 66 | FL | WUSF-TV | Petersburg | 16 | Tampa FL | 南フロリダ大州委 | 1966 |
| 67 | FL | WXEL-TV | West Palm Beach | 42 | Boyton Beach | 南フロ公共コミ会社 | 1982 |
| 68 | GA* | WGTV | Athens Atlanta | 8 | Atlanta GA | GA公テレコム委員会 | 1960 |
| 69 | GA | WATC | Atlanta | 57 | Norcross GA | アトランタ地域TV Ir | 1996 |
| 70 | GA | WPBA | Atlanta | 30 | Atlanta GA | アトランタ市教育委員会 | 1958 |
| 71 | GA | WCLP-TV | Chatsworth Dalto | 18 | WGTV-Studio | GA公テレコム委員会 | 1967 |
| 72 | GA | WDCO-TV | Cochran | 29 | 同上 | 同上 | 1968 |
| 73 | GA | WJSP-TV | Warm Spring | 28 | 同上 | 同上 | 1964 |
| 74 | GA | WACS-TV | Dawson-Americus | 25 | 同上 | 同上 | 1967 |
| 75 | GA | WABW-TV | Pelham Albany | 14 | 同上 | 同上 | 1967 |
| 76 | GA | WVAN-TV | Sava-Pembrok | 9 | 同上 | 同上 | 1963 |
| 77 | GA | WXGA-TV | Waycross-Valados | 8 | 同上 | 同上 | 1963 |
| 78 | GA | WCES-TV | Wrens-Augusta | 20 | 同上 | 同上 | 1966 |

| # | State | Call | City | Ch | Location | Licensee | Year |
|---|---|---|---|---|---|---|---|
| 79 | HI* | KHET | Honolulu | 11 | Honolulu | ハワイ公共放送機構 | 1966 |
| 80 | HI | KMEB-TV | Wailuku, Maui | 10 | 同上 | 同上 | 1966 |
| 81 | ID | KAID | Boise | 4 | Boise ID | アイダホ州教育委員会 | 1971 |
| 82 | ID | KCDT | Coeur D' Alene | 26 | RTcenter ID U | 同上 | 1992 |
| 83 | ID | KBGH | Filer & Twin Falls | 19 | Twin Falls | 南アイダホ大学 | 1995 |
| 84 | ID | KUID-TV | Macomb | 12 | RTcenter ID U | アイダホ州教育委員会 | 1965 |
| 85 | ID | KISU-TV | Pocatello | 10 | ID U Pocatello | 同上 | 1971 |
| 86 | ID | KIPT | Twin Fails | 13 | KAID Boise | 同上 | 1992 |
| 87 | IL | WSIU-TV | Carbondale | 8 | IL U Carbondale | 南イリノイ大放委 | 1961 |
| 88 | IL | WEIU-TV | Charleston | 51 | IL U CH RTcent | 東イリノイ大学 | 1986 |
| 89 | IL* | WTTW | Chicago | 11 | Chicago | シカゴ教育TV協会 | 1955 |
| 90 | IL | WYCC | Chicago | 20 | Chicago | 地域大学No508 | 1965 |
| 91 | IL | WSEC | Jacksonville | 14 | WMEC-Studio | 西部中央イリテレ協会 | 1984 |
| 92 | IL | WMEC | macomb | 22 | Peoria IL | 同上 | 1984 |
| 93 | IL | WOPT-TV | Moline | 24 | Moline IL | Black Hawk College | 1983 |
| 94 | IL | WUSI-TV | Olney | 16 | W of Dundas | 南イリノイ大放委 | 1968 |
| 95 | IL | WQEC | Quincy | 27 | WMEC Studio | 西部中央イリテレ協会 | 1985 |
| 96 | IL* | WILL-TV | Urubana Champaig | 12 | Urubana IL | イリノイ大学 | 1955 |
| 97 | IN | WTIU | Bloomington | 30 | RTcent IN Univ | INdiana University | 1969 |
| 98 | IN | WNIN | Owensboro KY | 9 | Evansville | 南西IN公共放送会社 | 1973 |
| 99 | IN | WFWA | Rort Wayne | 39 | Fort Wayne IN | FW公共放送会社 | 1986 |
| 100 | IN | WYIN | Gary | 56 | Merrillville | 北西IN公共放送会社 | 1987 |
| 101 | IN* | WFYI | Indianapolis | 20 | Indianapolis | 首都公共放送機構 | 1970 |
| 102 | IN | WTBU | Indianapolis | 69 | Indianapolis | Butler大学 | 1992 |
| 103 | IN | WIPB | Munic | 49 | Ball州立大学 | Ball州立大学 53-71 | *1953 |
| 104 | IN | WNIT-TV | South Bend | 34 | Elkhart ID | Michiana公共放送機構 | 1974 |
| 105 | IN | WVUT | Vincennes | 22 | Vincennes ID | Vincennes大学 | 1964 |
| 106 | IA | KBIN | Council Bluffs | 32 | KDIN-TV Studio | アイオア公共テレビ | 1975 |
| 107 | IA | KQCT | Davenport | 32 | Black Hawk Colleg | Black Hawk大学 | 1991 |
| 108 | IA* | KDIN-TV | Des Moines | 11 | Johnston IA | アイオア公共テレビ | 1959 |
| 109 | IA | KTIN | Fort Dodge | 21 | KDIN-TV Studio | 同上 | 1977 |
| 110 | IA | KIIN-TV | Iowa City | 12 | 同上 | 同上 | 1970 |
| 111 | IA | KYIN | Mason City | 24 | 同上 | 同上 | 1977 |
| 112 | IA | KHIN | Red Oak | 36 | 同上 | 同上 | 1975 |
| 113 | IA | KSIN | Sloux City | 27 | 同上 | 同上 | 1975 |
| 114 | IA | KRIN | Waterloo | 32 | 同上 | 同上 | 1974 |
| 115 | KS* | KOOD | Bend-Salina | 9 | Bunker Hill KS | Smoky Hill公共TV会社 | 1982 |
| 116 | KS | KSWK | Lakin | 3 | 同上 | 同上 | 1989 |
| 117 | KS | KDCK | Doge City | 21 | Smoky Hill | 同上 | 1998 |
| 118 | KS | KTWU | Topeka | 11 | Topeka KS | トペカワシュバーン大 | 1965 |
| 119 | KS | KPTS | Wichita-Hutchins | 8 | Wichita KS | KSTVサービス会社 | 1970 |
| 120 | KY | WKAS | Ashland | 25 | WKLE-Studio | ケンタッキーETV機構 | 1968 |

資料 277

| | | | | | | | |
|---|---|---|---|---|---|---|---|
| 121 | KY | WKGB-TV | Bowling Green | 53 | 同上 | 同上 | 1968 |
| 122 | KY | WKYU-TV | Bwoling Green | 24 | Bowling Green KY | 西ケンタッキー大学 | 1989 |
| 123 | KY | WCVN | Covington | 54 | WKLE-Studio | ケンタッキーETV機構 | 1969 |
| 124 | KY | WKZ-TV | Elzabethtown | 23 | 同上 | 同上 | 1968 |
| 125 | KY | WKHA | Hazard | 35 | 同上 | 同上 | 1968 |
| 126 | KY* | WKLE | Lexington-Richmo | 46 | Lexington KY | 同上 | 1968 |
| 127 | KY | WKMJ | Lousville | 15 | Lousville KY | 同上 | 1970 |
| 128 | KY | WKPC-TV | Lousville | 15 | Lousville KY | 第15テレコム会社 | 1958 |
| 129 | KY | WKMA | Madisonville | 35 | WKLE-Studio | ケンタッキーETV機構 | 1968 |
| 130 | KY | WKMR | Morehead | 38 | 同上 | 同上 | 1968 |
| 131 | KY | WKMU | Murray-Mayfield | 21 | 同上 | 同上 | 1968 |
| 132 | KY | WKOH | Owensboro | 31 | 同上 | 同上 | 1979 |
| 133 | KY | WKON | Owenton | 52 | 同上 | 同上 | 1968 |
| 134 | KY | WKPD | Paducah | 29 | 同上 | 同上 | 1979 |
| 135 | KY | WKPI | Pikeville | 22 | 同上 | 同上 | 1969 |
| 136 | KY | WKSO-TV | Somerset | 29 | 同上 | 同上 | 1968 |
| 137 | LA | KLPA-TV | Alexandria | 25 | WLPB-TV Baton | ルイジアナETV公社 | 1983 |
| 138 | LA* | WLPB-TV | Baton Rouge | 27 | Baton Rouge LA | 同上 | 1975 |
| 139 | LA | KLPB-TV | Lafayette | 24 | 同上 | 同上 | 1981 |
| 140 | LA | KLTL-TV | Lake Charles | 18 | 同上 | 同上 | 1981 |
| 141 | LA | KLTM-TV | Monroe | 13 | 同上 | 同上 | 1976 |
| 142 | LA | WLAM-TV | New Orleans | 32 | New Orleans | WLAE教育放送財団 | 1984 |
| 143 | LA | WYES-TV | New Orleans | 12 | New Orleans | 大NE教育放送財団 | 1970 |
| 144 | LA | KLTS-TV | Shreveport | 24 | WLPB-TV Baton | ルイジアナETV公社 | 1978 |
| 145 | ME | WCBB | Portland | 10 | Leviston ME | メイン公共放送会社 | 1961 |
| 146 | ME | WMEA-TV | Biddeford | 26 | WMEB-TV Orono | 同上 | 1975 |
| 147 | ME | WMED-TV | Calais | 13 | 同上 | 同上 | 1964 |
| 148 | ME* | WMEB-TV | Orono | 12 | Bangor ME | 同上 | 1963 |
| 149 | ME | WMEM-TV | Phreveport | 10 | 同上 | 同上 | 1964 |
| 150 | MD | WMPT | Annapolis | 22 | WMPB Baltimore | メリーランド公共放送 | 1975 |
| 151 | MD* | WMPB | Owing Smills | 67 | Owingsmills | 同上 | 1969 |
| 152 | MD | WFPT | Frederick | 62 | 同上 | 同上 | 1987 |
| 153 | MD | WWPB | Hagerstown | 31 | 同上 | 同上 | 1974 |
| 154 | MD | WGPT | Oakland | 36 | 同上 | 同上 | 1980 |
| 155 | MD | WCPB | Salisburg | 28 | 同上 | 同上 | 1971 |
| 156 | MA* | WGBH-TV | Boston | 2 | Boston MA | WGBH教育財団 | 1955 |
| 157 | MA | WGBX-TV | Boston | 44 | 同上 | 同上 | 1967 |
| 158 | MA | WGBY-TV | Springfield | 57 | Springfield MA | 同上 | 1971 |
| 159 | MI | WCML-TV | Alpena | 6 | WCMU-TV Mount | 中央ミシガン大学 | 1975 |
| 160 | MI | WUCX-TV | Bad Axe | 35 | Delta College Ce | デルタ カレッジ | 1986 |
| 161 | MI | WCMV | Cadillac | 27 | WCMU-TV Mount | 中央ミシガン大学 | 1984 |

| | | | | | | | | |
|---|---|---|---|---|---|---|---|---|
| 162 | MI | WTVS | Detroit | 56 | Detroit MA | デトロ教育 TV 財団 | | 1955 |
| 163 | MI | WKAR-TV | East Lansing | 23 | MA State Univ | ミシガン州立大委員会 | | 1954 |
| 164 | MI | WFUM | Flint | 28 | Flint MI | ミシガン大学 | | 1980 |
| 165 | MI | WGVU | Grand Rapids | 35 | Grand Rapids | グランドバレー州立大 | | 1972 |
| 166 | MI | WGVK | Kalamazoo | 52 | WGVU | グランドバレー州立大 | | 1984 |
| 167 | MI | WGMW | Manistee | 21 | WCMU-TV | 中央ミシガン大学 | | 1984 |
| 168 | MI | WNMU-TV | Marquette | 13 | 北ミシガン大 | 北ミシガン大学 | | 1972 |
| 169 | MI | WCMU-TV | Mount Pleasant | 14 | 中央ミシガン大 | 中央ミシガン大学 | | 1967 |
| 170 | MI | WUCM-TV | Bay City | 19 | Delta College ce | デルタ　カレッジ | | 1964 |
| 171 | MN | KWCM-TV | Appleton | 10 | Appleton MN | 西中央 MEETV 公社 | | 1966 |
| 172 | MN | KSMQ | Austin | 15 | Austin MN | 独立学校区492 | | 1972 |
| 173 | MN* | KAWE | Bemidji | 9 | Bemidji University | 北部ミネソタ公共 TV | | 1980 |
| 174 | MN | KAWB | Brainerd | 22 | 同上 | 同上 | | 1988 |
| 175 | MN | WDSE-TV | Duluth-Superior | 8 | Duluth MN | Duluth-Superior 地区 | | 1964 |
| 176 | MN | KTCA-TV | St. Paul MN | 2 | St. Paul MN | Twin-City 公共 TV 公社 | | 1957 |
| 177 | MN | KTCI-TV | 同上 | 17 | 同上 | 同上 | | 1965 |
| 178 | MN | KSMN | Worthington | 20 | Appleton MN | 西中央 MEETV 公社 | | 1996 |
| 179 | MS | WMAH-TV | Biloxi | 19 | 同下 | 同下 | | 1972 |
| 180 | MS | WMAE-TV | Booneville | 12 | 同下 | 同下 | | 1974 |
| 181 | MS | WMAU-TV | Bude | 17 | 同下 | 同下 | | 1972 |
| 182 | MS | WMAO-TV | Greenwood | 23 | 同下 | 同下 | | 1972 |
| 183 | MS* | WMPN-TV | Jaskson | 29 | Jackson MS | ミシシッピー ETV 機構 | | 1970 |
| 184 | MS | WMAWTV | Meridian | 14 | 同上 | 同上 | | 1972 |
| 185 | MS | WMAB-TV | Mississppi State | 2 | 同上 | 同上 | | 1971 |
| 186 | MS | WMAV-TV | Oxford | 18 | 同上 | 同上 | | 1972 |
| 187 | MO | KOZJ | Joplin | 26 | KOZK Springfield | Ozark 公共 TV 機構 | | 1986 |
| 188 | MO | KCPT | Kansas City | 19 | Kansas City | 公共 TV 19公社 | | 1961 |
| 189 | MO | KMOS-TV | Sedalia-Warrensb | 6 | CMSU Campus | ? | | 1954 |
| 190 | MO* | KOZK | Springfield | 21 | Springfield MO | Ozark 公共 TV 機構 | | 1975 |
| 191 | MO | KETC | St. Louis | 9 | St. Louis MO | セ地区公共 ETV 公社 | | 1954 |
| 192 | MT* | KUSM | Bozeman | 9 | MUS Bozeman | モンタナ州立大学 | | 1984 |
| 193 | MT | KUFM-TV | Missoula | 11 | Univ of Monyana | モンタナ大学 | | 1997 |
| 194 | NE | KTNE-TV | Alliance | 13 | KUON-TV Lincoln | ネブラスカ教育 TV 機構 | | 1966 |
| 195 | NE | KMNE-TV | Bassett | 7 | 同上 | ネブラスカ教育 TV 機構 | | 1967 |
| 196 | NE | KHNE-TV | Hastings | 29 | 同上 | ネブラスカ教育 TV 機構 | | 1968 |
| 197 | NE | KLNE-TV | Lexington | 3 | 同上 | ネブラスカ教育 TV 機構 | | 1965 |
| 198 | NE* | KUON-TV | Lincoln | 12 | Lincoln NE | ネブラスカ教育 TV 機構 | | 1954 |
| 199 | NE | KRNE-TV | Merriman | 12 | KUON-TV Lincoln | ネブラスカ教育 TV 機構 | | 1986 |
| 200 | NE | KXNE-TV | Norfolk | 19 | KUON-TV Lincoln | ネブラスカ教育 TV 機構 | | 1967 |
| 201 | NE | KPNE-TV | North Platte | 9 | KUON-TV Lincoln | ネブラスカ教育 TV 機構 | | 1966 |
| 202 | NE | KYNE-TV | Omaha | 26 | KUON-TV Lincoln | ネブラスカ教育 TV 機構 | | 1965 |
| 203 | NV | KLVX | Las Vegas | 10 | Las Vegas NV | クラーク郡学区 | | 1968 |

資料 279

| | | | | | | | |
|---|---|---|---|---|---|---|---|
| 204 | NV | KNPB | Reno | 5 | 教育大 | チャンネル5公共放送機構 | 1968 |
| 205 | NH* | WENI | Durham | 11 | Broad Cent Durham | NH大ダルハム | 1959 |
| 206 | NH | WEKW-TV | Keene | 52 | Broad Cent Durham | NH大ダルハム | 1968 |
| 207 | NH | WLED-TV | Durham | 49 | Broad Cent Durham | NH大ダルハム | 1968 |
| 208 | NJ | WNJS | Caden | 23 | WNJT Trenton | ニュージャ公共放送機構 | 1972 |
| 209 | NJ | WNJN | Montclair | 50 | WNJT Trenton | ニュージャ公共放送機構 | 1973 |
| 210 | NJ | WNJB | New Brunswick | 58 | WNJT Trenton | ニュージャ公共放送機構 | 1973 |
| 211 | NJ* | WNJT | Trenton | 52 | WNJT Trenton | ニュージャ公共放送機構 | 1971 |
| 212 | NJ | WFME-TV | West Orange NJ | 66 | West Orange NJ | ファミリーステイション | 1996 |
| 213 | NE | KAZQ | Albuquerque | 32 | Albuquerque | アルハオメガ放送協会 | 1987 |
| 214 | NE* | KNME-TV | Albuquerque | 5 | BLVD大学 | ニューメキ大教育委 | 1958 |
| 215 | NE | KRWG-TV | Las Cruces | 22 | NM State Univ | ニューメキ州立大 | 1973 |
| 216 | NE | KENW | Portales | 3 | 東NM大 | 東ニューメキシコ大 | 1974 |
| 217 | NY | WSKG | Binghamton | 46 | Vestal | WSKG公共放送協会 | 1968 |
| 218 | NY | WMHQ | Albany-Schenecta | 45 | Schenectady | WMHT教育放送 | 1993 |
| 219 | NY | WNED-TV | Buffalo NY | 17 | Buffalo NY | 西ニューヨーク公共放送 | 1959 |
| 220 | NY | WNEQ | Buffalo | 23 | 同上 | 同上 | 1987 |
| 221 | NY | WLIW | Garden city | 21 | Plainview | Long Island ETV 委員会 | 1969 |
| 222 | NY | WNYE-TV | New York | 25 | BRooklyn NY | New York 市教育委員会 | 1967 |
| 223 | NY* | WNET | Newark New Jerse | 13 | New York New York | 教育放送会 | 1962 |
| 224 | NY | WNPI-TV | Norwood | 18 | WNEP-TV | St.Lawrence Valley ETV | 1971 |
| 225 | NY | WCFE-TV | Plattsburg | 57 | Plattsburg | 北東NY公共放送委 | 1977 |
| 226 | NY | WXXI-TV | Rochester | 21 | Rochester NY | WXXI公共放送委員会 | 1966 |
| 227 | NY | WMHT | Albany-troy | 17 | Schenectady | WMHT教育放送 | 1962 |
| 228 | NY | WCNY-TV | Syracuse | 24 | Liverpool NY | 中央NY公共放送委 | 1965 |
| 229 | NY | WNPE-TV | Watertown | 16 | Watertown | St.Lawrence Valley ETV | 1971 |
| 230 | NC | WUNF-TV | Asheville | 33 | WUNC-TV | ノースカロライナ大学 | 1967 |
| 231 | NC* | WINC-TV | Chapel Hill | 4 | Traiangle Park | ノースカロライナ大学 | 1955 |
| 232 | NC | WTVI | Charlott | 42 | Charlotte NC | チャーロット公共放送機構 | 1965 |
| 233 | NC | WUND-TV | Columbia | 2 | WUNC-TV | ノースカロライナ大学 | 1965 |
| 234 | NC | WUNG-TV | Concord | 58 | WUNC-TV | ノースカロライナ大学 | 1967 |
| 235 | NC | WUNK-TV | Greenville | 25 | WUNC-TV | ノースカロライナ大学 | 1972 |
| 236 | NC | WUNM-TV | Jacksonville | 19 | WUNC-TV | ノースカロライナ大学 | 1982 |
| 237 | NC | WUNE-TV | Linville | 17 | WUNC-TV | ノースカロライナ大学 | 1967 |
| 238 | NC | WUNU | Lumberton | 31 | WUNC-TV | ノースカロライナ大学 | 1996 |
| 239 | NC | WUNP-TV | Roanoke Rapids | 36 | WUNC-TV | ノースカロライナ大学 | 1986 |
| 240 | NC | WUNJ-TV | Wilmington | 39 | WUNC-TV | ノースカロライナ大学 | 1971 |
| 241 | NC | WUNL-TV | Winston-Salem | 26 | WUNC-TV | ノースカロライナ大学 | 1973 |
| 242 | ND | KBME | Bismarck | 3 | KFME Fargo | プレイン公共放送公社 | 1979 |
| 243 | ND | KDSE | Dicknson | 9 | KFME Fargo | プレイン公共放送公社 | 1982 |
| 244 | ND | KJRE | Ellendale | 19 | KFME Fargo | プレイン公共放送公社 | 1992 |

| | | | | | | | | |
|---|---|---|---|---|---|---|---|---|
| 245 | ND* | KFME | Fargo | 13 | Fargo ND | プレイン公共放送公社 | 1964 |
| 246 | ND | KGFE | Grand Forks | 2 | KFME Fargo | プレイン公共放送公社 | 1974 |
| 247 | ND | KSRE | Minot | 6 | KFME Fargo | プレイン公共放送公社 | 1980 |
| 248 | ND | KWSE | Williston | 4 | KFME Fargo | プレイン公共放送公社 | 1983 |
| 249 | OH | WEAO | Akron | 49 | Kent OH | オハイオ北東ETV公社 | 1975 |
| 250 | OH | WNEO | Alliance | 45 | WEAO-TV | オハイオ北東ETV公社 | 1973 |
| 251 | OH | WOUB-TV | Athens | 20 | Ohio Univ Athens | オハイオ大学 | 1962 |
| 252 | OH | WBGU-TV | Bowling Green | 27 | Bowling Green | Bowling Green 州立大 | 1964 |
| 253 | OH | WOUC-TV | Cambridge | 44 | Ohio Univ Athens | オハイオ大学 | 1973 |
| 254 | OH | WCET | Cincinnati | 48 | Cincinnati | Great CIN TV 教育財団 | 1954 |
| 255 | OH | WVIZ-TV | Cleveland | 25 | Cleveland | クリブ ETV 協会 | 1965 |
| 256 | OH* | WOSU-TV | Columus | 34 | Columus | オハイオ州立大学 | 1956 |
| 257 | OH | WPTD | Dayton | 16 | Dayton | 大 Dayton 公共放送公社 | 1967 |
| 258 | OH | WPTO | Oxford | 14 | WPTD Dayton | 大 Dayton 公共放送公社 | 1959 |
| 259 | OH | WPBO-TV | Portsmouth | 42 | WOSU-TV | オハイオ州立大学 | 1973 |
| 260 | OH | WGTE-TV | Toledo | 30 | Toledo | 北西オハ公共放送財団 | 1960 |
| 261 | OK | KWET | Cheyenne | 12 | KETA OKlahoma | オクラホマ ETV 機構 | 1978 |
| 262 | OK | KRSC-TV | Claremore | 35 | State College | Rogers 州立カレジ | 1987 |
| 263 | OK | KOET | Eufaula | 3 | KETA Oklahoma | オクラホマ ETV 機構 | 1977 |
| 264 | OK* | KEAT | Oklahome City | 13 | Oklahome OK | オクラホマ ETV 機構 | 1956 |
| 265 | OK | KTLC | Oklahome City | 43 | KETA Oklahome | オクラホマ ETV 機構 | 1980 |
| 266 | OK | KOED-TV | Tulas | 11 | KETA Oklahome | オクラホマ ETV 機構 | 1959 |
| 267 | OR | KOAB-TV | Bend | 3 | KOPB-TV Portland | 公共放送 OR 委員会 | 1976 |
| 268 | OR | KOAC-TV | Corvallis | 7 | KOPB-TV Portland | 公共放送 OR 委員会 | 1957 |
| 269 | OR | KEPB-TV | Eugen | 28 | Eugene OR | 公共放送 OR 委員会 | 1990 |
| 270 | OR | KFTS | Klamath Falls | 22 | KSYS Medford | 南部 OR 公共放送公社 | 1988 |
| 271 | OR | KTVR | La Grande | 13 | KOPB-TV Portland | 公共放送 OR 委員会 | 1978 |
| 272 | OR | KSYS | Medford | 8 | Medford OR | 南部 OR 公共放送公社 | 1977 |
| 273 | OR* | KOPB-TV | Portland | 10 | Portland OR | 公共放送 OR 委員会 | 1961 |
| 274 | PA | WLVT-TV | Bethlehem Easton | 39 | Bethlehem | Lehigh Valley 公共放送 | 1977 |
| 275 | PA | WPSX-TV | Clearfield | 3 | Univ Park Pen | ペン州立大放委 | 1965 |
| 276 | PA | WQLN | Erie | 54 | Erie PA | 北西ペン公共放送公社 | 1967 |
| 277 | PA | WITF-TV | Harrisburg | 33 | Harrisburg | WITF 会社 | 1964 |
| 278 | PA | WYBE | Philadelphia | 35 | Philadelphia | 独立フィラ公共メディア | 1990 |
| 279 | PA* | WQED | Pittsburgh | 13 | Pittsburgh | QED 委員会 | 1954 |
| 280 | PA | WQEX | Pittsburgh | 16 | WQED | QED 委員会 | 1963 |
| 281 | PA | WVIA-TV | Hazleton | 44 | Pittston | 北東ペン公共放送公社 | 1966 |
| 282 | RI* | WSBE-TV | Providence | 36 | Providence | ロードアイ公共放送機構 | 1967 |
| 283 | SC | WEBA-TV | Barnwell | 14 | WRLK-TV | 南キャロ ETV 委員会 | 1967 |
| 284 | SC | WJWJ-TV | Beaufort | 16 | WRLK-TV | 南キャロ ETV 委員会 | 1975 |
| 285 | SC | WITV | Charleston | 7 | WRLK-TV | 南キャロ ETV 委員会 | 1964 |
| 286 | SC* | WRLK-TV | Columbia | 35 | Columbia | 南キャロ ETV 委員会 | 1966 |

資料　281

| | | | | | | | |
|---|---|---|---|---|---|---|---|
| 287 | SC | WHMC | Conway | 23 | WRLK-TV | 南キャロETV委員会 | 1980 |
| 288 | SC | WJPM-TV | Florence | 33 | WRLK-TV | 南キャロETV委員会 | 1967 |
| 289 | SC | WNTV | Greenville | 29 | WRLK-TV | 南キャロETV委員会 | 1963 |
| 290 | SC | WNEH | Greenwood | 38 | WRLK-TV | 南キャロETV委員会 | 1984 |
| 291 | SC | WNSC-TV | Rock hill | 30 | Rock hill | 南キャロETV委員会 | 1963 |
| 292 | SC | WRET-TV | Spartanburg | 49 | Spartanburg | 南キャロETV委員会 | 1980 |
| 293 | SC | WRJA-TV | Sumter | 27 | Sumter SC | 南キャロETV委員会 | 1975 |
| 294 | SD | KDSD-TV | Aberdeen | 16 | KESD-TV | 南ダゴダ州 | 1972 |
| 295 | SD* | KESD-TV | Brookings | 8 | 南ダゴダ州立大 | 南ダゴダ州 | 1968 |
| 296 | SD | KPSD-TV | Eagle Butte | 13 | KESD-TV | 南ダゴダ州 | 1974 |
| 297 | SD | KQSD-TV | Lowry | 11 | KESD-TV | 南ダゴダ州 | 1978 |
| 298 | SD | KZSD-TV | Martin | 8 | KESD-TV | 南ダゴダ州 | 1978 |
| 299 | SD | KTSD-TV | Pierre | 10 | KESD-TV | 南ダゴダ州 | 1967 |
| 300 | SD | KBHE-TV | Rapid City | 9 | KESD-TV | 南ダゴダ州 | 1967 |
| 301 | SD | KCSD-TV | Sioux Falle | 23 | KESD-TV | 南ダゴダ州 | 1995 |
| 302 | SD* | KUSD-TV | Vermillion | 2 | 南ダゴダ州立大VEF | 南ダゴダ州 | 1961 |
| 303 | TN | WTCI | Chattanooga | 45 | Chattanooga | 大カタ公共放送協会 | 1970 |
| 304 | TN | WCTE | Cookeville | 22 | Cookeville | Upper Cumberland放委 | 1985 |
| 305 | TN | WKOP-TV | Knoxville | 15 | Knoxville | テネシ公共放送協会 | 1990 |
| 306 | TN | WLJT-TV | Lexington | 11 | Tenne UNiv Martin | 西テネシ公共放委 | 1968 |
| 307 | TN | WKNO-TV | Memphis | 10 | Memphis | 中南部公共放送委 | 1956 |
| 308 | TN | WDCN | Nashville | 8 | Nashville | ナッシュ公教育委員会 | 1962 |
| 309 | TN | KSJK-TV | Sneedville | 2 | Univ TENN Knoxvil | 東テネシ公共放送委 | 1967 |
| 310 | TX | KACV-TV | Amarllo | 2 | Amarllo | アマロジュニアカレッジ | 1988 |
| 311 | TX | KLRU | Austin | 18 | TEX UNiv Aust | テキ首都公共放委 | 1979 |
| 312 | TX | KITU | Beaumont | 34 | Orange TX | 地域教育テレビ委員会 | 1986 |
| 313 | TX | KNCT | Belton | 46 | 中央テキカレジ | 中央テキサスカレッジ | 1970 |
| 314 | TX | KAMN-TV | college Station | 15 | college Station | テキサスA&M大学 | 1970 |
| 315 | TX | KEDT-TV | Corpus Christi | 16 | Corpus Christi | 南テキ公共放送機構 | 1972 |
| 316 | TX* | KERA-TV | Dallas | 13 | Dallas TX | 北テキサス公共放送機構 | 1985 |
| 317 | TX | KDTN | Denton | 2 | Dallas TX | 北テキサス公共放送機構 | 1988 |
| 318 | TX | KCOS | El Paso | 13 | Univ Texas | エルパソ公共TV財団 | 1978 |
| 319 | TX | KSCE | El Paso | 38 | El Paso TX | キリスト者TV | 1989 |
| 320 | TX | KLJT | Galveston | 22 | Pasadena | 信仰と喜び教会 | 1989 |
| 321 | TX | KLUJ | Harlingen | 44 | Harlingen | 地域教育TV公社 | 1984 |
| 322 | TX | KMBH | Harlingen | 60 | Harlingen | RGV教育放送公社 | 1983 |
| 323 | TX | KETH | Huston | 8 | Huston TX | 地域教育テレビ委員会 | 1987 |
| 324 | TX* | KUHT | Huston | 8 | Huston TX | Huston大学 | 1953 |
| 325 | TX | KTXT | Lubbock | 5 | Tx Tech Campus | テキサス工科大学 | 1962 |
| 326 | TX | KOCV-TV | Odessa | 36 | W.Univ | オデッサジュニアーC | 1986 |
| 327 | TX | KHCE | San Antonio | 23 | San Antonio | ヒスパニック地域ETV | 1989 |

| | | | | | | | |
|---|---|---|---|---|---|---|---|
| 328 | TX | KLRN-TV | San Antonio | 9 | San Antonio | Alma 公共テレビ委員会 | 1962 |
| 329 | TX | KCTF | Waco | 34 | Waco Tx | 中央テキサスカレッジ | 1989 |
| 330 | UT | KULC | Oden | 9 | Univ of Utah | ユタ大学 | 1986 |
| 331 | UT | KBYU-TV | Provo | 11 | Fine Art C Pro | Brigham Young Univ | 1965 |
| 332 | UT* | KUED | Salt Lake City | 7 | Univ of UTAH | ユタ大学メディアサービス | 1958 |
| 333 | VT* | WETK | Burlington | 33 | Colchester | バーモント ETV 公社 | 1967 |
| 334 | VT | WVER | Rutland | 28 | WETK | バーモント ETV 公社 | 1968 |
| 335 | VT | WVTB | ST. Johnsbury | 20 | WETK | バーモント ETV 公社 | 1968 |
| 336 | VT | WVTA | Windsor | 41 | WETK | バーモント ETV 公社 | 1968 |
| 337 | VA | WHTJ | Charlottesville | 41 | WCVE-TV | 中央バージニア ETV 公社 | 1989 |
| 338 | VA | WNVC | Fairfax | 56 | Falls Church | 中央バージニア ETV 公社 | 1983 |
| 339 | VA | WVPY | Front Royal | 42 | Port Republic Rd | S.V. 教育 TV 公社 | 1996 |
| 340 | VA | WNVT | Goldvein | 53 | Falls Church | 中央バージニア ETV 公社 | 1972 |
| 341 | VA | WHRO-TV | Hampton Norfolk | 15 | Norfolk | Hamputon 教育 Tv 公社 | 1961 |
| 342 | VA | WMSY-TV | Marion | 52 | WBRA-TV | Blue Ridge 公共 TV 公社 | 1981 |
| 343 | VA | WSBN-TV | Norton | 47 | WBRA-TV | Blue Ridge 公共 TV 公社 | 1971 |
| 344 | VA* | WCVE-TV | Richmond | 23 | Richmond | 中央バージニア ETV 公社 | 1964 |
| 345 | VA | WCVW | Richmond | 57 | Richmond | 中央バージニア ETV 公社 | 1966 |
| 346 | VA* | WBRA-TV | Roanoke | 15 | Roanoke | Blue Ridge 公共 TV 公社 | 1967 |
| 347 | VA | WVPT | Staunton | 51 | Harrisonburg | Shenandoath Valley ETV | 1968 |
| 348 | WA | KCKA | Centralia | 15 | KBTC-TV | 地域、工科カレジ州委員会 | 1982 |
| 349 | WA* | KWSU-TV | Pullman | 10 | ワシントン州立大 | ワシントン州立大 | 1962 |
| 350 | WA | KTNW | Richland | 31 | KWSU-TV | ワシントン州立大 | 1954 |
| 351 | WA* | KCTS-TV | Seattle | 9 | Seattle | KCTSTV | 1954 |
| 352 | WA | KSPS-TV | Spokane | 7 | Spokane | Spokane 学校区 | 1967 |
| 353 | WA | KBTC-TV | Tacoma | 28 | Tacoma | 地域、工科カレジ州委員会 | 1961 |
| 354 | WA | KYVE-TV | Yakima | 47 | Yakima VA | 中央ワシントン公共 TV | 1962 |
| 355 | WV | WSWP-TV | Grandview | 9 | Beckley | 西バジニア公共放送機構 | 1970 |
| 356 | WV* | WPBY-TV | Huntington | 33 | Huntington | 西バジニア公共放送機構 | 1969 |
| 357 | WV | WNPB-TV | Morgantown | 24 | Morgantown | 西バジニア公共放送機構 | 1969 |
| 358 | WI* | WPNE | Green Bay | 38 | Green Bay | ウイスコンシン教育委員会 | 1972 |
| 359 | WI | WHLA-TV | La Crosse | 31 | WPNE | ウイスコンシン教育委員会 | 1973 |
| 360 | WI* | WHA-TV | Madison | 21 | Univ Ave. MaDISON | ウイスコンシン教育委員会 | 1954 |
| 361 | WI | WHWC-TV | Mencmomie | 28 | WPNE | ウイスコンシン教育委員会 | 1973 |
| 362 | WI | WMVS | Milwaukee | 10 | Milwaukee | ミルヲーキ地域教育委員会 | 1957 |
| 363 | WI | WMVT-TV | Milwaukee | 36 | WMVS | ミルヲーキ地域教育委員会 | 1962 |
| 364 | WI | WLEF-TV | Park Falls | 36 | WMVS | ミルヲーキ地域教育委員会 | 1977 |
| 365 | WI | WHRM-TV | Wausau | 20 | WPNE green | ウイスコンシン教育委員会 | 1975 |
| 366 | WY* | KCWC-TV | Lander-Riverton | 4 | 中央ワイオカレジ | 中央ワイオミングカレッジ | 1983 |
| 367 | GM* | KGFT | Agana | 12 | Mangilao | ガム ETV 協会 | 1970 |
| 368 | PR | WELU | Aguadilla | 32 | Atalaya Park | Christian Family Media | 1992 |
| 369 | PR | WUJA | Caguas | 58 | Caguas | Caguas ETV 協会 | 1985 |

| 370 | PR | WMTJ | FAjardo | 40 | Rio Piedras | Ana Mendez教育財団 | 1985 |
| 371 | PR✽ | WIPM-TV | Mayaguez | 3 | Mayaguez | プエルトリコ共和国 | 1961 |
| 372 | PR | WQTO | Ponce | 26 | Rio Piedras | Ana Mendez教育財団 | 1986 |
| 373 | PR | WIPR-TV | San-Juan | 6 | Hato Rey | プエルトリコ共和国 | 1958 |
| 374 | VRI | WTJX-TV | Charlotte Amalie | 12 | Charlotte | VI米政府 | 1972 |

注) ✽印 Main Stations
出典) Fact Book, *TV & Cable 1999*, Warren Publishing Inc

# あとがき

　アメリカにおける公共放送の発達史に興味をもって、ボストン公共放送局に的を絞った理由は、大学学部と大学院在学中のボストンへの想いの中で、R.ブレイクリーが紹介した主要公共放送局の中にボストン公共放送局（WGBH）を見出したことによる。

　1994年8月にボストンを最初に訪問してからほぼ隔年に資料収集をかねてアメリカを訪問している。いずれの時でも、大学図書館、公文書館では快く資料を読むことができた。ハーバード大学パーシ公文書館、イリノイ大学公文書館、フォード財団公文書館、WGBH公文書室、メリーランド大学アメリカ公共放送公文書館など大学図書館、公文書館では自由に資料を公開してくれて、必要な資料を手に入れることができ、感謝するとともにアメリカの教育機関の懐の広さを実感した次第である。

　ボストン公共放送局の第二代の局長のデイビッド・アイビス（David Ives）氏は、私が放送局を訪問した際に面接に応じてくれて、局の発展期における番組開発の苦労を話してくれた。彼はH.ガンが公共放送サービス（PBS）の会長に転出した跡を継いで局長になり、趣味番組、理科番組、語学番組などの開発に腕を振るいボストン公共放送局の方向づけをし、MIT学長を勤めたJ.キリアンから彼自身の自叙伝の中で、最も優れたテレビ人と賞賛された放送人である。改めて謝意を表したい。

　また、本書をまとめるにあたって、3本の論文を放送教育開発センター（現メディア教育開発センター）の研究紀要に投稿したが、未熟な内容と規定の分

量をオーバーしていた原稿にも拘わらず、掲載して下さり、助言をして下さった放送教育開発センター（現メディア教育開発センター）のご好意と、いつも励まして下さった坂元昂所長および所員の皆様に感謝を申し上げたい。そして、研究を継続することを常に励ましてくださった鵜川昇桐蔭横浜大学長のご好意を忘れることができない。

さらに、資料収集に同行し限られた時間の中で必要な資料を手に入れることができ、また原稿の完成後に細かい校正ができたのも妻の千栄子の援助があったからである。

最後に、本書を恩師故馬場四郎先生にお捧げする。

なお本書は日本学術振興会の平成12年度研究成果公開促進費の交付を受けて、出版したものである。出版に際し常に暖かい励ましと助言を下さった東信堂社長下田勝司氏に心からお礼を申し上げる次第である。

また、本書に関係する、『放送教育開発センター研究紀要』および『メディア教育開発センター研究紀要』に掲載された論文は以下の3本である。

「アメリカにおける公共放送の発達と大学の役割」―ボストン公共放送局とハーバード大学の事例―『放送教育開発センター研究紀要』第13号、1996年、pp.1-17

「アメリカにおける公共放送の成立と大学の役割」―イリノイ大学公共放送TV局と学長D.ストッダードの場合―『放送教育開発センター研究紀要』第15号、1997年、pp.1-27

「アメリカ公共放送の発達におけるフォード財団の貢献とその思想」『メディア教育研究』第1号、1998年、pp.1-18

著　者

## 事項索引

### ア行
アイルランド系移民 ……………………………………62, 64
「アドボケイト」 …………………………………………163
アナーバ …………………………………………144, 155
『アメリカ高等教育史における博愛主義』……………………166
アメリカ住宅、都市開発局（HUD）……………………179
「アメリカの声（Voice of America）」……………………214, 216
アラートンハウスセミナー ……………………………157, 205
イエズス会 …………………………………………………63
イギリス公共放送 …………………………………………232
イギリス放送協会（the British Broadcasting Corporation：BBC）…………… i , 144
一般教育（Universal Educatoin）……………………………19
イマジズム ………………………………………………77
　　──詩人 …………………………………………………47
イリノイ産業大学 …………………………………………198
イリノイ大学 ……………………………………………199, 200
イリノイ大学局（WILL）………………………………154, 200
イリノイ放送協会（Illinois Broadcast Association）……207, 211
ウイスコンシン大学 ………………………………………100
ウエスティングハウス社 ……………………………………98
ウォルサム ……………………………………9, 23, 38, 40
「美しい庭（園芸）」………………………………………135
英語検定試験（TOEFL）…………………………………93
英語筆記検定資格（TWE）………………………………93
エール大学（Yale University）……………………………112
「エレクトリックカンパニー」 ……………………………163
遠隔教育 ……………………………………………100, 143
「園芸愛好者の一年」 ……………………………………137
エンサイクロペディア・ブリタニカ ……………………215
「オークション」 …………………………………………250
オードボン鳥類博物館 ……………………………………42
「オムニバス（Omunibus）」………………………………162

### カ行
カーネギー財団（the Carnegire Foundation）……………141, 146
ガイザー報告 ………………………………………………148, 149
夏期講座 …………………………………………………81
合衆国議事堂 ……………………………………………30
カトリック系大学 …………………………………………63
環境保護教育 ……………………………………………180

寄宿舎学校 ……………………………………………………………………78
キャンパス外教育 ……………………………………………………239, 241
キャンパス外の学習者 …………………………………………………218
教育革新基金（the Fund for the Advancement of Education）………148, 175
教育施設実験室（the Educational Facilities Laboratories）……………150
教育テレビジョン局（the Educational Television Station：ETS）………193
教育テレビジョン連合委員会（the Joint Committee on Educational Television：JCET）……151, 159, 235
教育テレビジョン全米市民委員会（the National Citizen's Committee for Educational Television：NCCET）……………………………………152
教育テレビジョンに関するカーネギー委員会（Carnegie Commission on Educational Television）………………………………………………192
教育テレビジョン・ラジオ番組センター（ETRC）………158, 159, 191, 219
教育放送 ………………………………………………………………142, 234
──局（Educational Broadcasting Station）……………………234, 235
『教育放送に関するカーネギー報告書』……………………………………234
教育メディア …………………………………………………102, 128, 144
教育ラジオ局（WHA）……………………………………………………101
教育ラジオ協会（the Association for Education by Radio）……………228
教育ラジオテレビ番組交換センター……………………………………191
協業（形式・体）（Corporation）……………………………vi, 12, 15, 55
教師科学学校（teacher science school）…………………………………50
教授テレビジョン（Instructional Television）…………………………142
キングス礼拝堂 …………………………………………………………51, 99
禁止令（Jeffersonian Embargo）…………………………………………7
経験主義教育 ……………………………………………………………239
継続教育（Continuing Education）…………………86, 129, 143, 237, 238
ケーブルテレビジョン局 …………………………………………………251
ケロッグ財団（the Kellogg Foundation）………………………………148
建築家（The Builder）……………………………………………………75
現職教師の再教育 …………………………………………………………87
講演運動（Lyceum Movement）………………………………v, 31, 33, 37
公共テレビジョン（public television）…………………………………194
公共への奉仕 ……………………………………………………………236
公共放送 …………………………………………………193, 232, 234, 235
──局 ……………………………………………193, 194, 236, 240, 251
──の基本原則 ………………………………………………………233
公共放送協会（Corporation for Public Broadcasting：CPB）……157, 166, 192, 240
公共放送サービス（the Public Broadcasting Service：PBS）…159, 168, 176, 178, 194, 200, 226, 245
公共放送修正法（the Public Broadcasting Amendment Act of 1981）………249
公共放送法（the Public Broadcasting Act 1967）………………ii, 194, 234
公共の利益（public interests）……………………………………142, 235, 236
公立学校 …………………………………………………………………19, 20
コールレター ……………………………………………………………110
国有地交付大学（the Land Grand College）…………………………198, 236
国有地交付大学協会（the Association of Land-Granted Colleges and Universities）………228
国有地交付法（モリル法）（the Morill Act）……………………………56, 198
コナント報告 ………………………………………………………………60
「この古い家（木工と園芸）」………………………………………………135
コミュニケーション研究所 ………………………………………………204

事項索引 289

コミュニケーション法（the Communication Act of 1934）・・・・・・・・・・・・・・・・・・・・151
コミュニティ・カレッジ ・・・・・・・・・・・・・・・・・・・・・・・・・・・・・・・・・・・・・・・・・・・・・・・・237
「コンチネンタル・クラスルーム」 ・・・・・・・・・・・・・・・・・・・・・・・・・・・・・・・・・・・・・・・・165

## サ行

サリバン記念局（the Sullivan Memorial Station）・・・・・・・・・・・・・・・・・・・・・・・・・200
産学連携 ・・・・・・・・・・・・・・・・・・・・・・・・・・・・・・・・・・・・・・・・・・・・・・・・・・・・・・・・・・・・・・69
シカゴラウンドテーブル ・・・・・・・・・・・・・・・・・・・・・・・・・・・・・・・・・・・・・・102, 214, 215
自己開発（Self-Education）・・・・・・・・・・・・・・・・・・・・・・・・・・・・・・・・・・・・・・・・・・・・141
自己教育 ・・・・・・・・・・・・・・・・・・・・・・・・・・・・・・・・・・・・・・・・・・・・・・・・・・・・・75, 76, 143
自己教育力 ・・・・・・・・・・・・・・・・・・・・・・・・・・・・・・・・・・・・・・・・・・・・・・・・・・・・・・・・・・・・76
自己統制力 ・・・・・・・・・・・・・・・・・・・・・・・・・・・・・・・・・・・・・・・・・・・・・・・・・・・・・・・・・・・・76
自己発見 ・・・・・・・・・・・・・・・・・・・・・・・・・・・・・・・・・・・・・・・・・・・・・・・・・・・・・・・・・・・・・143
視聴における学習動機 ・・・・・・・・・・・・・・・・・・・・・・・・・・・・・・・・・・・・・・・・・・・・・・・・125
実践的技術教育 ・・・・・・・・・・・・・・・・・・・・・・・・・・・・・・・・・・・・・・・・・・・・・・・・・・・・・・237
自転車ネットワーク ・・・・・・・・・・・・・・・・・・・・・・・・・・・・・・・・・・・・・・・・・・・・・・・・・・203
師範学校（Normal School）・・・・・・・・・・・・・・・・・・・・・・・・・・・・・・・・・・・・・・・・・23, 24
市民教育 ・・・・・・・・・・・・・・・・・・・・・・・・・・・・・・・・・・・・・・・・・・・・・・・・・・・・・・・・・・・・・240
シモンズ・カレッジ（Simmons College）・・・・・・・・・・・・・・・・・・・・・・・・・・・・・・・・112
「十字路のアメリカ（America at Crossroad）」 ・・・・・・・・・・・・・・・・・・・・・・・・・・108
「ジュリアス・シーザー」 ・・・・・・・・・・・・・・・・・・・・・・・・・・・・・・・・・・・・・・・・・・・・・126
準教養学士 ・・・・・・・・・・・・・・・・・・・・・・・・・・・・・・・・・・・・・・・・・・・・・・・・・・・・・・・・・・・・78
生涯教育 ・・・・・・・・・・・・・・・・・・・・・・・・・・・・・・・・・・・・・・・・・・・・・・・・・・・・・・・・・・・・・237
商業放送 ・・・・・・・・・・・・・・・・・・・・・・・・・・・・・・・・・・・・・・・・・・・・・・・・・・231, 232, 235
　──局 ・・・・・・・・・・・・・・・・・・・・・・・・・・・・・・・・・・・・・・・・・・・・・・・・・・・・・・・213, 251
情報伝達媒体の多様化 ・・・・・・・・・・・・・・・・・・・・・・・・・・・・・・・・・・・・・・・・・・・・・・・・248
情報ハイウエー時代 ・・・・・・・・・・・・・・・・・・・・・・・・・・・・・・・・・・・・・・・・・・・・・・・・・・251
ショートクア運動 ・・・・・・・・・・・・・・・・・・・・・・・・・・・・・・・・・・・・・・・・・・・・・・・・・・・・・89
ショートクア大学 ・・・・・・・・・・・・・・・・・・・・・・・・・・・・・・・・・・・・・・・・・・・・・・・・・・87, 88
「ズーム」 ・・・・・・・・・・・・・・・・・・・・・・・・・・・・・・・・・・・・・・・・・・・・・・・・・・・・・・・・・・・163
スプートニク ・・・・・・・・・・・・・・・・・・・・・・・・・・・・・・・・・・・・・・・・・・・・・・・・・・・・・・・・167
「スペイン語講座」 ・・・・・・・・・・・・・・・・・・・・・・・・・・・・・・・・・・・・・・・・・・・・・・・・・・・135
成人教育（Adult Education）・・・・・・・・・・・・・・・・・・・・・・・・・・・・103, 129, 237, 238
成人教育基金（Adult Education Fund）・・・・・・・・・・・・・・・・・・・・・・・・112, 149, 207
「セサミ・ストリート」 ・・・・・・・・・・・・・・・・・・・・・・・・・・・・・・・・・・・・・・162, 163, 168
船舶無線法（the Wireless Ship Act）・・・・・・・・・・・・・・・・・・・・・・・・・・・・・・・・・・・・97
全米教育委員会（the American Council on Education）・・・・・・・・・・・・・・・・・・222
全米教育協会（the National Education Association）・・・・・・・・・・・・・・・・・・・・・222
全米教育テレビジョン（National Educational Televison : NET）・・・・・・157, 174, 191
全米教育テレビジョン・ラジオ番組センター（the National Educational Television and
　Radio Center : ETRC）・・・・・・・・・・・・・・・・・・・・・・・・・・・・・・・・・・・・・・・・・・・・・120
全米教育番組交換センター（the National Television Program Exchange Center）・・・・・・・・・・210
全米教育放送者協会（the National Association of Educational Broadcasters : NAEB）・・・・・・113,
　　　　　　　　　　　　　　　　　　　　　　　　　　　　　　　　　154, 197, 199, 228, 235
全米州教育事務局委員会（the National Council of Chief State School Office）・・・・・・・・・・228
全米州立大学協会（the National Association of State Universities）・・・・・・・・・・228
全米大学拡張協会（the National University Extension Association）・・・・・・90, 237
全米放送者協会学校ネットワーク ・・・・・・・・・・・・・・・・・・・・・・・・・・・・・・・・・・・・・・217
総合教科的学習 ・・・・・・・・・・・・・・・・・・・・・・・・・・・・・・・・・・・・・・・・・・・・・・・・・・・・・・179
総合制高等学校 ・・・・・・・・・・・・・・・・・・・・・・・・・・・・・・・・・・・・・・・・・・・・・・・・・・・・・・・61

組織的な一般教育（systematic popular education） ……………………81, 82
空の放送局 …………………………………………………………………165
尊敬すべき公共放送の父 …………………………………………………190

## タ行

第一回アラートン会議（Allerton Seminar） ……………………………202
大火災（The Great FIRE） ……………………………………………30, 45
大学拡張委員会（the Commission on Extension Course） ………55, 56, 60, 70, 79, 81-83, 241
大学拡張運動（the University Extension Movement） ……………………87, 89
大学拡張学部（the University Extension Course） ……………60, 73, 79, 81
大学拡張教育 ………………………………………………………………237
大学拡張講座 …………………………………42, 43, 45, 51, 60, 70, 76, 78, 80, 83, 213, 240
　　　──番組 ……………………………………………………………241
大学放送局協会（the Association of College and University Broadcasting
　　Stations : ACUBS） ……………………………………………100, 151, 203
大学ユニバーサル化 ………………………………………………………57
大学ランキング ……………………………………………………………83
大学レクチャー番組 ………………………………………………………133
旅人（the Traveller） ……………………………………………………37, 39
タフツ大学 …………………………………………………………………61
多メディア時代 ……………………………………………………………251
男女共学 ……………………………………………………………………68
地域社会（Community） ……………………………………………………vi
　　　──の放送局 ………………………………………………………243
チャールズ川 ……………………………………………………………6, 10
チャリティ（Charity） …………………………………………………16, 17
チルドレンテレビジョン・ワークショップ（CTW） ……………………163
通信教育 ……………………………………………………………………89
テューターシステム ………………………………………………………74
電波に対する自由開放（Laissez Faire） ………………………………242
東京英語法律学校 …………………………………………………………48
凍結（Freeze） ……………………………………………………………119
東部教育テレビネットワーク（the Eastern Educational Television Network : EEN） ………182, 188
篤志行為（Philanthropy） ……………………………………………17, 18, 141
篤志財団（Philanthropic Foundation） …………………………………167
篤志主義（博愛主義） ……………………………………………………167
読書の時（reading period） ………………………………………………76
独立（independent）系大学 ………………………………………………198
都市環境教育プロジェクト（the Urvan Conservation Project） ………180
都市環境保護 …………………………………………………………180, 181
　　　──倫理 ………………………………………………………181, 185
「富の福音（The Gospel of Wealth）」 ……………………………………147

## ナ行

南北戦争 ………………………………………………………………44, 45, 63
「21インチ・クラスルーム」 ……………………………………122, 178, 187
日本賞教育番組国際コンクール …………………………………………253
日本の神秘主義 ……………………………………………………………46
人間主義 ……………………………………………………………………148
ノースイースタン大学 …………………………………………………50, 66

農民教化 ······226
「ノバ（NOVA）」······135, 186, 246

## ハ行

パーキンス研究所 ······16
バックベイ（Back Bay）······67
「発見」（ディスカバリー）······120, 136
ハッチ法（the Hatch Act）······89
ハーバードカレッジ（Harvard College）······59
ハーバード大学（Harvard University）······58, 106, 108
ハーバード大学大学拡張学部（the Harvard Extension School）······90
番組供給機関 ······157
万人に高等教育を ······238
非エリートの私立大学（nonelite private university）······69
非商業放送システム ······234
非伝統的教育 ······92
非伝統的授業形態 ······76
ヒューストン大学局（KUHT）······235
フィルム録画システム（キネレコ）······121, 129
フォード財団（the Ford Foundation）······141
復員軍人援護法（the Servicemens Readjustment Act）······240, 241
復員軍人学習計画 ······133
普通教育（Common Education）······18
プラグマティズム（pragmatism）······239
「フランス語（講座）」······121, 133, 136, 137
ブランダイース大学（Brandeis University）······112
「フレンチ・シェフ」······132, 135, 245
プロデューサー（番組制作局）······154, 163, 178
閉回路放送（ケーブルTV放送）······142
米国対日教育使節団長 ······215, 225, 226
ヘーガースタウン（Hagerstown）······164
ペニー財団（the Penney Foundation）······148
放送の公共性（publicness）······232
ボストンアテナウム（the Boston Athenaeum）······14, 44
ボストン科学博物館 ······66, 187
ボストンカレッジ（the Boston College）······62
ボストン協会（the Boston Associates）······11
ボストン・ケンブリッジ派 ······194
ボストン交響楽団（ボストンシンフォニーオーケストラ）······67, 121, 128
ボストン公共図書館（the Boston Public Library）······16
ボストン公共放送局（WGBH）······i, 111, 121, 133, 161, 180, 236, 243
ボストン産業会社（the Boston Manufacturing Company : BMC）······6
ボストン大学（the Boston University）······66, 108, 127
ボストン茶会（Boston Tea Party）······31
ボストン・テク（BOSTON TEC）······65
ボストン美術館 ······44, 66, 125
ボストンブラーミン（Boston Brahmins）······v, 12, 40
ボストン有益な知識を普及する会（the Boston Society for the Diffusion of Useful Knowledge）······34, 37
ホームページ ······247

## マ行

マサチューセッツ学校法 ……………………………………………………21
マサチューセッツ教育通信機構（the Massachusetts Corporation for Educational
　Telecommunication : MCET）……………………………………………251
マサチューセッツ教育テレビ委員会 ………………………………………124
マサチューセッツ工科大学（the Massachusetts Institute of Technology : MIT）………43, 64
マサチューセッツ総合病院（the Massachusetts General Hospital）……………14
マスコミュニケーション学部 ………………………………………………120
マックニール（報道番組）……………………………………………………176
マンハッタン計画 ………………………………………………………58, 192
無月謝学校（Free School）………………………………………………20, 21, 33
無線法（1912年）……………………………………………………………200
メディアの効果研究 …………………………………………………………205
メリマック川 ……………………………………………………………6, 10
モールス信号による放送（code broadcasting）………………………………99

## ヤ行

夜間コース ……………………………………………………………………81
ユニテリアン ……………………………………………………………13, 22, 70
ユニバーサリスト ………………………………………………………62, 70
「夜の大学（Evening College）」……………………………………………129
「夜のポップス」………………………………………………………………163

## ラ行

ライシャム運動（Lyceum Movement, 講演運動）…………………………88
ライズ・マネー ……………………………………………………………250
ラジオ教育研究所（the Institute for Education by Radio）…………………100
「ラジオによるカレッジと大学」……………………………………………109
ラジオ法（the Radio Act 1912）…………………………………………97, 242
ラジオ放送の自由 ……………………………………………………………242
理科教育の改革 ………………………………………………………………165
リカレント教育 ………………………………………………………………88
履修自由選択制度（free elective system）……………………………………74
レーラーアワー（報道番組）…………………………………………………176
連邦通信委員会（the Federal Communications Commission : FCC）……103, 151, 211, 227, 235
連邦ラジオ委員会（the Federal Radio Commission : FRC）………………200, 242
老判事（the Old Judge）………………………………………………………28
ローウェル協会（the Lowell Institute）…………………………………27, 28, 31
──講座（the Lowell Lecture）………………15, 16, 27, 37-39, 41-43, 51, 77, 78, 98
──放送委員会（the Lowell Institute Cooperative Broadcasting Council : LICBC）………64,
　　　　　　　　　　　　　　　　　　　　　　　　　　　66, 69, 106, 107, 238
ローウェルデザイン美術学校 …………………………………………46, 50, 69
ローウェル・テレビ講師 ……………………………………………………127
ローウェル天文台 ……………………………………………………………48
ローウェル布 …………………………………………………………………11
ロックフェラー財団（the Rockeffeller Foundation）………………………146

## ワ行

ワイドナー記念図書館（the Widener Memorial Library）……………………75

## 英字

- KUHT-TV局 …………………………………… 154
- MPATIプロジェクト …………………………… 164
- YMCA …………………………………………… 70
- WGBH-FM ……………………………………… 114
- WGBH-TV2チャンネル ………………………… 133
- WGBH-TV44チャンネル ……………………… 133
- WGBH-TV局 …………………………………… 135
- WGBH教育財団 ………………………………… 111
- WGBH特別教育奉仕プロジェクト …………… 135
- WGBHの父 ……………………………………… 110

## 人名索引

### ア行

アームストロング（Edwin Howard Armstrong） ……110
アイビス（Dabid Ives） ……112, 132, 191
アタック（Jeremy Atack） ……8, 9, 11, 17
アップルトン（Nathan Appleton） ……6, 10, 13, 38
アンドリュース（Wayne Andrews） ……43
ウィークス（Edward Weeks） ……27–29, 31, 37, 40, 42, 50, 73, 74, 98, 177
ウィートリー（Parker Wheatley） ……109, 111, 135, 190, 191
ウイッテム（Arthur F. Whittem） ……82
ウェーバー（Max Weber） ……vi
ウエブスター（Daniel Webster） ……34, 37
ウォーナー（Lloyd Warner） ……iii
ウッドフル（Victoria C. Woodhull） ……45
エイベリー（Robert Avery） ……234
エベレット（Edward Everett） ……41
エリオット（Charles William Eliot） ……16, 44, 50, 51, 59, 73, 79
エル（C. S. Ell） ……105, 109
エンゲルマン（Ralph Engelman） ……141, 152, 176, 193, 234
オーチス（Harrison Gray Otis） ……13
オードボン（John J. Audobon） ……42
オコナー（Thomas H. O'Connor） ……13, 16, 21, 22, 29, 30, 62, 64
オルコット（Louisa May Alcott） ……77

### カ行

カークランド（John Thronton Kirkland） ……39
カーネギー（Andrew Carnegie） ……3, 4, 147
カーペンター（Frank M. Carpenter） ……113
カーマイケル（Leonard Carmichael） ……62, 105, 109
カーン（Howard M. Kahn） ……179
ガイザー（H. Rowan Gaither Jr） ……148
カストナー（Chales Kastner） ……45
金子忠史 ……217
カボット（George Cabot） ……29
ガン（Hartford N. Gunn） ……102, 112, 135, 176, 178, 191, 193, 203
キャンベル（James Campbell） ……240
キリアン（James R. Killian Jr） ……165, 168, 192
グリック（Edwin L. Glick） ……103, 136
クルーズ（Tom Cruise） ……17
クレミン（Lawrence A. Cremin） ……19
ケイペン（Elmer Capen） ……60, 64

ケマラー（Walter William Kemmerer） ……………………………………235
ケラー（F. W. Keleher） ………………………………………………64, 105, 109
コープランド（Charles T. Copeland） ………………………………51, 80, 82
コナント（James Bryant Conant） ……60, 62, 64-66, 69, 99, 103-107, 109, 168, 225, 236, 238
コンプトン（Karl Taylor Compton） ……………………62, 65, 66, 105, 109, 119

## サ行
シアーズ（J. Brundage Sears） …………………………………………166
シープマン（Charkes A. Siepmann） ……………………………102, 103, 145
ジェイムス（William James） …………………………………………239
ジェファーソン（Thomas Jefferson） ……………………………………7
ジグレル（James Zigerell） ………………………………………………165
ジャクソン、ジェイムス（James Jackson） ………………………………13, 15
ジャクソン、パトリック（Patrick Tracy Jackson） ………………5, 6, 10, 13, 14
シュネーゲル（Michael Shinagel） ………………………………79, 80, 82
シュラム（Wilbur Schramm） …………………………vi, 202, 204, 205, 235
ジョーダン（Patoricias Jordan） …………………………………199, 200
ジョンソン（Lyndon B. Johnson） ……………………………………ii, 193
スイフト（Mary Swift） ……………………………………………………22
スコーニア（Harry Skornia） ………………………………………203, 205
スコーレ（Frank E. Schoolay） ……………………………………217, 218, 221
スタインバーグ（Theodore Steinberg） …………………………………5, 6
ストッダード（George D. Stoddard） ……vi, 154, 190, 202, 204, 205, 207, 208, 224, 235
ストリー（Ronald Story） …………………………………………………56
スピアー（Frank P. Speare） ………………………………………………67
スレイター（Samuel Slater） ………………………………………………8
セプスツラップ（Preben Sepstrup） ……………………………………233
ソロー（Henry Thoreau） …………………………………………………77

## タ行
ターナー（Jonathan B. Turner） ………………………………………198
タフツ（Charles Tufts） ……………………………………………………61
ダボフ（Richard B. Duboff） ………………………………………………10
ダルゼル（Robert F. Dalzell Jr） …………………………11, 12, 14, 17, 24
ダンスター（Hennry Dunster） ……………………………………………58
土持ゲイリー法一 ……………………………………………………………215
デューイ（John Dewey） ……………………………………………239, 240
ドワイト（Edmond Dwight） ……………………………………………20, 22

## ナ行
ナサニエル（Treradwell Nathaniel） ……………………………………42
ナットオール（Thomas Nuttall） …………………………………………42
西本三十四 ……………………………………………………………………iv
ニューバーン（Harry Newburn） ………………………………………225
ノートン（Mary Beth Norton） …………………………………………12, 23

## ハ行
パーキンス（Thomas Handasyd Perkins） ………………………………16
パース（Charles Sanders Peirce） ………………………………………239
バートン、クララ（Clara Barton） ………………………………………45

バートン、ピート (Pete Barton) ･････････････････････････････････････････103
ハーニィ (Gregory G. Harney) ････････････････････････････････････････194
ハーバード (John Harvard) ･････････････････････････････････････････56, 57
バークベック (George Birkbeck) ･･････････････････････････････････････31, 32
パーマー (George H. Palmer) ･･･････････････････････････････････････････51
ハーレー (William Harley) ･････････････････････････････････････････････207
ハイズ (C. R. Van Hise) ･････････････････････････････････････････････101
パイファー (Alan Pifer) ･････････････････････････････････････････････192
ハウ (Samuel Girdley Howe) ････････････････････････････････････････････16
ハザード (Leland Hazard) ････････････････････････････････････････････190
ハスキンス (Charles H. Haskins) ･･･････････････････････････････････････51
パッセル (Peter Passell) ････････････････････････････････････････････8, 9
ハッチンス (Robert M. Hutchins) ･････････････････････････････････150, 214
ハドソン (Robert B. Hudson) ･･････････････････････････････････････157, 205
パルフレイ (John Gorham Palfrey) ････････････････････････････････････39, 42
ハワード (Ron Haward) ･････････････････････････････････････････････17, 18
バンディ (Mcgeorge Bundy) ･･･････････････････････････････････････････176
ピッカリング (Timothy Pickering) ･･･････････････････････････････････････29
ビッグロー (John P. Bigelow) ･････････････････････････････････････････39
ビンセント (John H. Vincent) ･････････････････････････････････････････88
ファラー (Paul G. Faler) ･････････････････････････････････････････････12
フィドラー (Arthur Fiedler) ･････････････････････････････････････････177
プール (Sola Pool) ･････････････････････････････････････････････････125
フォード、エドセル (Edsel Ford) ･････････････････････････････････････146
フォード、ヘンリー (Henry Ford) ････････････････････････････････････146
フライ (James Fly) ･････････････････････････････････････････････････103
ブラムラー (Jay G. Blumler) ･････････････････････････････････････････232
フリーランド (Richard M. Freeland) ･････････････････････55-57, 59, 65-69, 74, 241
ブレイクリー (Robert J. Blakely) ･････････････････････iv, 100, 141, 153, 216, 242
フレッチャー (C. Scott Fletcher) ･････････････････････････････････150, 177
ブルフィンチ (Charles Bulfinch) ･･･････････････････････････････13, 29, 30, 45
ヘイズ (Williiam Hawes) ･････････････････････････････････････････････248
ベイリー (David W. Bailey) ･･････････････････････････････････････････102
ヘノック (Freida Hennock) ･･･････････････････････････････････････････119
ペリス (Cyrus Peirce) ･･･････････････････････････････････････････････22
ベントン (William Benton) ･････････････････････････････････････････214-216
ホイットモアー (Grace C. Whitmore) ･･････････････････････････････････123
ホイネス (Williiam Hoynes) ･･････････････････････････････････････231, 234
ボード (Carl Bode) ･･････････････････････････････････････････････････32-34
ボック (Derek C. Bok) ･･･････････････････････････････････････････････91
ホッフマン (Paul Hoffman) ･･････････････････････････････････････146, 149
ホトキンソン (Harold D. Hodkinson) ･･･････････････････････････････120, 176
ホルブルーク (Josia Holbrook) ･･････････････････････････････････33, 36, 88
ボローマン (Merle L. Borrowman) ････････････････････････････････････････22
ホロビッツ (David Horowitz) ･････････････････････････････････････････175
ホワイト (Stephen White) ････････････････････････････････････････････194

## マ行

マーシュ (D. L. Marsh) ･･････････････････････････････････････････105, 109
マーリン (Lemuel Murlin) ･････････････････････････････････････････････68

## 人名索引

マクドナルド（Dwight Macdonald） ……………………………………145, 166
マチノー（Harriet Machineau） ………………………………………………40
マックギル（William McGill） …………………………………………………195
マルコーニ（Guglielmo Marconi） ……………………………………………97
マン（Horace Mamn） …………………………………………iv, 16, 18-23, 33
ミラー（Lewis Miller） …………………………………………………………88
森有礼 ………………………………………………………………………………48
モリソン（Samuel Eliot Morison） ……………………………………………39
モリル（Justin Morill） ………………………………………………………198
モルガン（Hoy Flmer Morgan） …………………………………………19, 23

### ヤ行
山口秀夫 …………………………………………………………………………200
ヨーマンズ（Henry Aaran Yeomans） ……………………………28, 75, 76

### ラ行
ライアソン（Edward L. Ryerson） ………………………………………190
ライエル（Sir Charles Lyell） ……………………………………………43
ライシャワー（Edwin O. Reischuar） ……………………………………89
ラザースフェルド（Paul Lazarsfeld） …………………………………206
ラスウェル（Harold Lasswell） ……………………………………190, 191
ランディ（Jerry Landy） …………………………………………………202
ラント（Paul S. Lunt） ……………………………………………………iii
リースマン（David Riesman） ……………………………………………58
リッチ（Isaac Rich） ………………………………………………………68
リブゼイ（Ray Livesay） …………………………………………………212
リンカーン（Abraham Lincoln） …………………………………………19
ルーズベルト（Franklin D. Roosevelt） …………………………98, 102
レッティー（Dwight F. Rettie） …………………………………………180
ローウェル、ローレンス、アボット（Abbott Lawrence Lowell） ……13, 17, 28, 44, 47, 50-52, 56, 59, 73-76, 82, 92
ローウェル、アミー（Amy Lowell） ………………………………………47
ローウェル、オーガスタス（Augustus Lowell） ……………………44-46
ローウェル、キャサリン（Catherine Lowell） ……………………………47
ローウェル、ジョン（John Lowell） …………………………………28, 29, 31
ローウェルJr.、ジョン（John Lowell Jr） ……16, 18, 24, 27, 28, 30, 31, 37-39, 41, 51
ローウェル、ジョン・アモリー（John Amory Lowell） ……37-39, 41, 42, 64
ローウェル、パーシバル（Percival Lowell） ……………………………46-48
ローウェル、フランシス（Francis Cabot Rowell） ……6, 9-11, 14, 15, 37, 38, 49
ローウェル、ラルフ（Ralph Lowell） ……27, 98, 99, 105-107, 109, 176, 187, 190, 191
ロジャース、ウイリアム（William Barton Rogers） ……………………44-46, 65
ロジャース、エベレット（Everett M. Rogers） ………………………204
ロックヒル（Kathreen Rockhill） …………………………………………87
ロバートソン（Jim Robertson） ……………………………………110, 190
ロープス（James Hardy Ropes） …………………………………79, 81, 83
ローランドJr（Willard Rowland Jr.） ……………………………………235
ロングフェロー（Henry Wadsworth Longfellow） ………………………77

### ワ行
ワイドナー（Harry Elkins Widener） ……………………………………75

ワシントン（George Washington） ……………………………………19
ワレン（John C. Warren） ……………………………………13, 15
渡部晶 ……………………………………………………………………20

## 著者紹介

赤堀正宜（あかほり まさよし）

1931年静岡県生まれ
東京教育大学大学院教育学研究科博士課程終了、教育学修士
1959年NHKに入社、教育番組の制作に従事、その後
1983年放送教育開発センター（現メディア教育開発センター）
1990年国際武道大学を経て現在桐蔭横浜大学教授
専門は教授メディア論

所属学会
　日本教育工学会、日本教育社会学会、日本教育学会
　日本教育メディア学会理事

著書
　『アジアで学んだこと、教えたこと』共著、明治図書（1987年）
　『メディアと教育』編著、小林出版（1993年）
　『現代教育概説』共著、学術図書出版（1995年）
　『国際協力としての放送教育』共著、放送教育協会（1997年）

Boston Public Broadcasting Station (WGBH)
and its Mission of Education for Citizens
— In Cooperation with the Industrial Elite of Massachusetts
and Universities and Colleges—

ボストン公共放送局(WGBH)と市民教育——マサチューセッツ州産業エリートと大学の連携

2001年2月28日　初　版第1刷発行　〔検印省略〕

＊定価はカバーに表示してあります

著者© 赤堀正宜／発行者 下田勝司　　印刷・製本／中央精版印刷

東京都文京区向丘1-5-1　郵便振替00110-6-37828
〒113-0023　TEL (03)3818-5521　FAX (03)3818-5514

発行所　株式会社 東信堂

Published by TOSHINDO PUBLISHING CO., LTD.
1-5-1, Mukougaoka, Bunkyo-ku, Tokyo, 113-0023, Japan

ISBN4-88713-385-5 C3037　¥4700E
E-mail : tk203444@fsinet.or.jp

## 東信堂

|  |  |  |
|---|---|---|
| 比較・国際教育学〔補正版〕 | 石附 実編 | 三五〇〇円 |
| 日本の対外教育——国際化と留学生教育 | 石附 実 | 二〇〇〇円 |
| 比較教育学の理論と方法 | J・シュリーバー編著 馬越徹・今井重孝監訳 | 二八〇〇円 |
| 世界の教育改革——21世紀への架け橋 | 佐藤三郎編 | 三六〇〇円 |
| 教育は「国家」を救えるか〔現代アメリカ教育1巻〕 | 今村令子 | 三五〇〇円 |
| 永遠の「双子の目標」——質・均等・選択の自由〔現代アメリカ教育2巻〕 | 今村令子 | 二八〇〇円 |
| ドイツの教育——多文化共生の社会と教育 | 天野正治 別府昭郎編結城忠 | 四六〇〇円 |
| 21世紀を展望するフランス教育改革——一九八九年教育基本法の論理と展開 | 小林順子編 | 八六四〇円 |
| フランス保育制度史研究——初等教育としての保育の論理構造 | 藤井穂高 | 七六〇〇円 |
| 変革期ベトナムの大学 | D・スローパー編 大塚豊監訳 レ・タク・カン | 三八〇〇円 |
| フィリピンの公教育と宗教——成立と展開過程 | 市川誠 | 五六〇〇円 |
| 国際化時代日本の教育と文化 | 沼田裕之編 | 二四〇〇円 |
| ホームスクールの時代——学校へ行かない選択…アメリカの実践 | M・メイベリー/J・ナウルズ他 秦明夫・山田達雄監訳 | 四六〇〇円 |
| 社会主義中国における少数民族教育 | 小川佳万 | 四六〇〇円 |
| 東南アジア諸国の国民統合と教育——多民族社会における葛藤 | 村田翼夫編 | 四四〇〇円 |
| ボストン公共放送局と市民教育——「民族平等」理念の展開 | 赤堀正宜 | 四七〇〇円 |
| 現代英国の宗教教育と人格教育(PSE)——教育の危機のなかで | 柴沼晶子 新井浅浩編 | 五二〇〇円 |
| 現代の教育社会学——マサチューセッツ州産業エリートと大学の連携 | 能谷一乗 | 二五〇〇円 |
| 子どもの言語とコミュニケーションの指導 | D・バーンスタイン他編 池内山・緒方訳 | 二八〇〇円 |
| 教育評価史研究——教育実践における評価論の系譜 | 天野正輝 | 四〇七八円 |
| 日本の女性と産業教育——近代産業社会における女性の役割に | 三好信浩 | 二八〇〇円 |

〒113-0033 東京都文京区向丘1-5-1　☎03(3818)5521　FAX 03(3818)5514　振替 00110-6-37828
※税別価格で表示してあります。

― 東信堂 ―

|  |  |  |
|---|---|---|
| 大学の自己変革とオートノミー ―点検から創造へ― | 寺﨑昌男 | 二五〇〇円 |
| 大学教育の創造 ―歴史・システム・カリキュラム― | 寺﨑昌男 | 二五〇〇円 |
| 立教大学〈全カリ〉のすべて ―リベラル・アーツの再構築― | 寺崎昌男監修 絹川正吉 | 二一〇〇円 |
| 大学の授業 | 宇佐美寛編著 | 二五〇〇円 |
| 作文の論理 ―〈わかる文章〉の仕組み | 宇佐美寛 | 一九〇〇円 |
| 高等教育システム ―大学組織の比較社会学 | バートンR.クラーク編 有本章訳 | 五六〇〇円 |
| 大学院教育の研究 | バートンR.クラーク 潮木守一監訳 | 四四六六円 |
| 大学史をつくる ―沿革史編纂必携 | 寺﨑・別府・中野編 | 五〇〇〇円 |
| 大学の誕生と変貌 ―ヨーロッパ大学史断章 | 横尾壮英 | 三三〇〇円 |
| 新版・大学評価とはなにか ―自己点検・評価と基準認定 | 喜多村和之 | 一九四二円 |
| 大学設置・評価の研究 | 飯島・戸田・西原編 | 三〇〇〇円 |
| 大学評価の理論と実際 ―自己点検・評価ハンドブック | H・R・ケルズ 喜多村・舘・坂本訳 | 三二〇〇円 |
| 大学評価と大学創造 ―大学自治論の再構築に向けて | 細井・林編 | 三二〇〇円 |
| 大学力を創る・FDハンドブック | 千賀・佐藤 大学セミナー・ハウス編 | 二五〇〇円 |
| 私立大学の財務と進学者 | 丸山文裕 | 三三八一円 |
| 短大ファーストステージ論 | 舘昭編 | 三五〇〇円 |
| 夜間大学院 ―社会人の自己再構築 | 高鳥正夫 | 二〇〇〇円 |
| 現代アメリカ高等教育論 | 喜多村和之 | 三二〇〇円 |
| アメリカの女性大学・危機の構造 | 坂本辰朗 | 三六八八円 |
| 日本の女性学教育 | 内海崎貴子編 | 二四〇〇円 |
| 国際成人教育論 ―ユネスコ・開発・岩橋・猪飼他訳 | H・S・ボーラ | 二〇〇〇円 |
| 高齢者教育論 ―成人の学習 | 松井・山野 井・山本編 | 三三〇〇円 |

〒113-0023 東京都文京区向丘1－5－1　☎03(3818)5521　FAX 03(3818)5514／振替00110-6-37828

※税別価格で表示してあります。

# 東信堂

| 書名 | シリーズ | 著者 | 価格 |
|---|---|---|---|
| 開発と地域変動——開発と内発的発展の相克 | 現代社会学叢書 | 北島　滋 | 三二〇〇円 |
| 新潟水俣病問題——加害と被害の社会学 | 現代社会学叢書 | 飯島伸子・舩橋晴俊編 | 三八〇〇円 |
| 在日華僑のアイデンティティの変容——華僑の多元的共生 | 現代社会学叢書 | 過　放 | 四四〇〇円 |
| 健康保険と医師会——社会保険創始期における医師と医療 | 現代社会学叢書 | 北原龍二 | 三八〇〇円 |
| 事例分析への挑戦 | 現代社会学叢書 | 水野節夫 | 四六〇〇円 |
| 海外帰国子女のアイデンティティ——生活経験と通文化的人間形成 | 現代社会学叢書 | 南　保輔 | 三八〇〇円 |
| 有賀喜左衛門研究——社会学の思想・理論・方法 | 現代社会学叢書 | 北川隆吉編 | 三六〇〇円 |
| 福祉政策の理論と実際——福祉社会学研究入門 | 入門シリーズ | 平岡公一編 | 三〇〇〇円 |
| ホームレス ウーマン——知ってますか、わたしたちのこと | | E・リーボウ 吉川徹・轟里香訳 | 三二〇〇円 |
| 戦後日本の地域社会変動と地域社会類型 | | 小内　透 | 七九六一円 |
| 白神山地と青秋林道——地域開発と環境保全の社会学 | | 井上孝夫 | 三三〇〇円 |
| 現代環境問題論——理論と方法の再定置のために | | 井上孝夫 | 二三〇〇円 |
| 現代日本の階級構造——理論・方法・計量分析 | シリーズ世界の社会学・日本の社会学 | 橋本健二 | 四三〇〇円 |
| タルコット・パーソンズ——社会的主義者 | シリーズ世界の社会学・日本の社会学 | 中野秀一郎 | 一八〇〇円 |
| ゲオルク・ジンメル——最後の近代主義者 | シリーズ世界の社会学・日本の社会学 | 居安　正 | 一八〇〇円 |
| ジョージ・H・ミード——現代分化社会における個人と社会 | シリーズ世界の社会学・日本の社会学 | 船津　衛 | 一八〇〇円 |
| 奥井復太郎——都市社会学と生活論の創始者 | シリーズ世界の社会学・日本の社会学 | 藤田弘夫 | 一八〇〇円 |
| 新明正道——社会学の探究 | シリーズ世界の社会学・日本の社会学 | 山本鎮雄著 | 一八〇〇円 |
| アラン・トゥーレーヌ——現代社会のゆくえと新しい社会運動 | シリーズ世界の社会学・日本の社会学 | 杉山光信著 | 一八〇〇円 |
| アルフレッド・シュッツ——主観的時間と社会的空間 | シリーズ世界の社会学・日本の社会学 | 森　元孝 | 一八〇〇円 |

〒113-0023　東京都文京区向丘1−5−1　☎03(3818)5521　FAX 03(3818)5514　／振替 00110-6-37828

※税別価格で表示してあります。